TopEnergy 绿色建筑论坛　组织编写

Green Building Assessment

绿色建筑评估

中国建筑工业出版社

图书在版编目（CIP）数据

绿色建筑评估/TopEnergy绿色建筑论坛组织编写.
—北京：中国建筑工业出版社，2007
ISBN 978-7-112-09163-8

Ⅰ.绿… Ⅱ.绿… Ⅲ.建筑工程—无污染技术
—评估 Ⅳ.TU-023

中国版本图书馆CIP数据核字(2007)第036623号

本书详细地分析了当前中国绿色建筑发展的状况，并从绿色建筑评估这个角度，系统地梳理了世界上几套运行得比较成功的绿色建筑评估体系。内容包括当前中国绿色建筑发展的状况以及台湾地区的绿建筑九大标章，美国绿色建筑评估体系（LEED），英国绿色建筑评估体系（BREEAM），日本建筑物综合环境性能评价体系（CASBEE），荷兰绿色建筑评价标准软件（GreenCalc +），新西兰绿色建筑之父 Rober Vale 关于绿色建筑的思想，以及基于生态足迹理论的绿色建筑评价方法。

本书可供绿色建筑方向设计与技术人员学习和参考，还可作为高校相关专业教学用书，也可以作为一本各种评估体系的应用指南。

责任编辑：陈 桦
责任设计：赵明霞
责任校对：刘 钰 王金珠

绿色建筑评估
Green Building Assessment
TopEnergy 绿色建筑论坛 组织编写
*
中国建筑工业出版社出版、发行（北京西郊百万庄）
各地新华书店、建筑书店经销
北京千辰公司制版
世界知识印刷厂印刷
*
开本：787×1092 毫米 1/16 印张：19¾ 字数：476 千字
2007 年 10 月第一版 2009 年 3 月第三次印刷
印数：4501—6000 册 定价：**36.00** 元
ISBN 978-7-112-09163-8
(15827)

前言

绿色建筑评估是目前一个比较热门的话题，尤其是我国建筑业面对高消耗高污染的现状，发展绿色建筑和节能建筑是一件刻不容缓的事情。面对鱼龙混杂的房地产市场和众说纷纭的概念，建设部于2006年联合国家环保总局等单位共同编制并颁布实施了《绿色建筑评价标准》，并以之作为“绿色建筑创新奖”的评审标准，这无疑对澄清概念，引导建筑市场朝健康、科学的方向发展起了莫大的作用。

“他山之石可以攻玉”，英国、荷兰、日本和美国作为最早实现工业化的国家，其学者对可持续发展的意义和理解相对于目前中国的大部分人要深刻得多。这本书的意义正在于此。通过几位在国外求学或工作，又热心于关注国内绿色建筑发展的博士们对西方发达国家在如何推动建筑业可持续发展方面的细心观察和研究，我们可大致清楚一个良好运作的绿色建筑评价体系是如何在影响和推动一个传统建筑市场向可持续的方向转型的。以美国为例，本书通过对美国绿色建筑委员会（US. Green Building Council）发展的历史和运作机制的叙述，让我们了解了LEED及其关联的产品是如何产生，并深刻地影响了当前美国的房地产市场的。虽然之前读到过一些关于海外各国绿色建筑评价体系的研究报告或文章，但他们的侧重点在研究这些评价体系的理论基础、知识构成和评价方法，反映了当时我们对绿色建筑概念的模糊认识。而对绿色建筑评价标准是通过何种运行机制来影响建筑市场，他们是如何发生和发展的，他们产生的历史背景和将来的发展趋势，这些研究报告却提及甚少。对于关心这方面问题的研究人员，《绿色建筑评估》这本书将是一个很好的选择。

同时，这本书也是一个很好的向导，对于那些希望自己的产品获得国际认可的开发商和业主而言，也是一本有价值的参考书。书中详细地描述了美国绿色建筑评估体系 LEED（Leadership in Energy and Environment Design）能源及环境设计先锋奖的注册、申请和认证流程，并系统地介绍了基于 LEED NC（适用于新建筑的 LEED 评估体系）的其他产品体系，比如适合于“核心与外观”开发模式的 LEED CS 和 LEED CI，适合既有建筑改造的 LEED EB，适合社区开发的 LEED ND，因而也不妨将这本书看作一本各种评估体系的应用指南。

本书的目的不在于从理论上论述绿色建筑评估标准的制定、条款的解释，而是希望通过分析各国评估体系能够得到落实背后的社会原因，绿色建筑概念是如何对建筑市场发生影响，进而形成一股发展潮流的，我们试图通过彼此的借鉴找到适合中国国情的绿色建筑评估运行机制。

本书第 1 章由清华大学黄献明博士、北京启迪德润能源科技有限公司黄俊鹏、全国工商联房地产商会赵凤山副总工程师、清华大学田蕾博士、中国建筑科学研究院王有为院长编写，该章系统地分析了当前中国绿色建筑发展的状况，从观念、技术和制度三方面论述了中国绿色建筑发展面临的机遇和挑战。其中第 6 节由台湾文化大学建筑及都市计划研究所杨谦柔博士，中国文化大学建筑及都市计划研究所张世典教授编写，以绿色建筑九大标章为线索，介绍了台湾的绿色建筑的发展脉络。

第 2 章由瑞安房地产发展有限公司黄宇鹏先生编写，北京启迪德润能源科技公司王艳丽女士，介绍了美国绿色建筑评估体系（能源及环境设计先锋奖 LEED）的内容、案例和市场运行机制。

第 3 章由华南理工大学建筑学院王静老师编写，介绍了英国绿色建筑评估体系（BREEAM）的发展与案例。

第 4 章由清华大学田蕾博士编写，介绍了日本建筑物综合环境性能评价体系（CASBEE）。

第 5 章由荷兰皇家豪思康宁公司建筑模拟专家，天津大学特邀教授于兵老师编写，以绿色建筑评估标准软件GreenCalc +的发展为线索，介绍了荷兰绿色建筑的发展过程。

第 6 章由新西兰奥克兰大学建筑学院黄宁博士编写，介绍了澳大利亚的国家绿色建筑评估体系 NABERS。

第 7 章由清华大学黄献明博士撰写，论述了基于生态足迹理论的绿色建筑评估方法。

在本书的编写过程中得到了 TopEnergy 绿色建筑论坛上众多朋友的支持，特别感谢论坛管理员、华南理工大学建筑学院建筑技术系王莹同学在本书调研阶段的支持和帮助，感谢会员 dodo、guangqing、sophiadele 等朋友的翻译工作。

本书的编写由 TopEnergy 绿色建筑论坛身处不同国家的会员完成，时间和空间的阻隔导致本书在内容的协调统一和文字风格的一致性等方面都还有一定的完善空间，TopEnergy 绿色建筑论坛将坚持自己的方向，团结更多关心绿色建筑和可持续发展的朋友，为大家提供更多有益的精神食粮。

目录

1 中国绿色建筑及其评估体系的发展现状

1.1 绿色建筑的内涵

根据《绿色建筑评价标准》(GB/T 50378—2006) 的定义，“绿色建筑”是指在建筑的全寿命周期内，最大限度地节约资源（节能、节地、节水、节材）、保护环境和减少污染，为人们提供健康、适用和高效的使用空间，与自然和谐共生的建筑。

通过我们在绿色建筑领域的工程实践，以及我们对不同领域的专家调研，我们认为在考察绿色建筑的内涵时，需要兼顾到以下几个方面的问题：

1.1.1 绿色建筑的社会性

发展绿色建筑必须立足于现代人的生活水平、审美要求和道德、伦理价值观。通过我们的调研得知，至少在目前阶段，绿色建筑面临的最大问题是观念问题。

由于绿色建筑的内涵要求我们在日常生活中约束自己的行为，比如在建筑的设计阶段，建筑师或设备工程师须有意识地考虑到生活垃圾的回收利用，考虑到如何控制吸烟气体对非吸烟人群的危害，在建筑的运营阶段，要做到节能，就需要自觉地做到人走关灯，关电脑，节约用水，将空调温度调到26℃等，这些都不是技术能解决的问题，而是一个人的意识问题，生活习惯问题，这不仅仅是一种单纯的利己行为，也是一种利他的行为。而这种利他性，则需要公共道德的监督，和自我道德的约束。这种道德，即是所谓的“环境道德”或“生态伦理”。

另一方面，现代生活和工作的节奏快，压力大，对舒适度和健康的关注程度，在很多时候远远高于产生这种舒适度所消耗的能源和资源。比如对大面积玻璃幕墙的追求(图1-1)，如果没有合理的配套遮阳设计会带来高昂的运营成本，更不用说光污染和维护清洗的难度。尽管如此，在北京、上海等大城市，全玻璃幕墙建筑还是一天比一天多。

这就提示我们，在提倡绿色建筑的时候，应该尽可能地以满足现代人的心理需求为前提，否则，片面地强调绿色建筑对资源和能源的节约、对生活的约束，不仅会增加绿色建筑在社会中推广的难度，甚至会产生一定的误解和抵触。

1.1.2 绿色建筑的技术性

发展绿色建筑必须立足于现有的资源状况和现代的技术体系，用现代的技术来解决现代人面临的问题，满足现代生活产生的需求。

就建筑对环境的影响而言，传统的木结构建筑也许是最生态和环保的，除此以外，

图 1-1 大面积玻璃幕墙结构

福建客家的土楼、陕北的窑洞（图 1-2、图 1-3）尽可能地应用了当地的资源，而且所用的材料皆为原生的自然资源，由于黏土、岩石等材料本身优异的环境性能，使得土楼和窑洞的室内温湿度常年恒定在一定的范围，是现代人梦寐以求的“恒温恒湿”、“冬暖夏凉”的建筑形式。如果说到环境的污染，原始人的穴居、构巢等则更是最环保的居住方式，但我们可能回到那个时代么？

图 1-2 客家的木楼

图 1-3 陕北的窑洞

因而，绿色建筑本身也代表了一系列新技术和新材料的应用，代表了设计师更新的设计方法，比如全生命周期的设计、整体设计、环境设计等，代表了一种新的，各个专业之间的融合和交叉的趋势。在建筑领域内环保问题的解决，是基于新能源，或可再生能源应用技术的成熟和发展，基于设计师、工程师设计理念和工具的更新，同时也基于新技术对传统设备的升级改造。

1.1.3 绿色建筑的经济性

绿色建筑的环境效益和社会效益毋庸置疑是有利于社会可持续发展的，但由于其初始投资往往较高，通常不被投资商所看好。若期望企业能够自愿投资建设生态建筑，那么就必须从全生命周期的角度出发，综合地考虑绿色建筑的价值，即充分考虑建筑在使用过程中运行费用的降低，甚至对人体健康、社会可持续发展影响，作出全面、客观评估。

全生命周期是指从事物的产生至消亡的过程所经历的时间。对建筑而言，从能源和环境的角度，其生命周期是指从材料与构件生产（含原材料的开采）、规划与设计、建造与运输、运行与维护直到拆除与处理（废弃、再循环和再利用等）的全循环过程，即建筑的全生命周期。从使用功能的角度，是指从交付使用后到其功能再也不能修复使用为止的阶段性过程，即建筑的使用（功能、自然）生命周期。

在绿色建筑的建设成本和后期的运营维护成本之间有一个全生命周期的最佳的平衡点，而建筑师和工程们的主要职责就是找到这个平衡点（图1-4）。

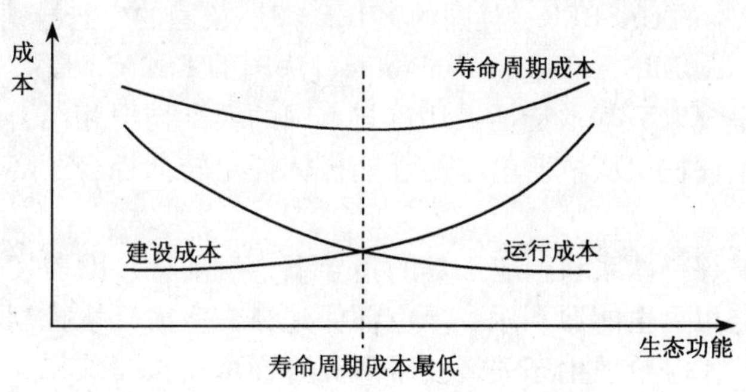

图1-4　建筑的生命周期成本❶

1.2　中国绿色建筑的发展背景

1.2.1　世界绿色建筑发展简史

1969年，美籍意大利建筑师鲍罗·索勒里首次综合生态与建筑两个独立概念提出"生态建筑"理念；20世纪70年代的石油危机，使人们意识到耗用自然资源最多的建筑产业必须走可持续发展之路；20世纪80年代，随着节能建筑体系逐渐完善，建筑室内环境问题凸显，以健康为中心的建筑环境研究成为发达国家建筑研究的新热点。到了1992年巴西的里约热内卢"联合国环境与发展大会"，与会者第一次明确提出了"绿色建筑"

❶ 林铧，郁勇，王颖，狄蓓，蕾胡昊．生态建筑的全寿命周期技术经济评价方法。上海建科建设监理咨询有限公司，上海交通大学船舶海洋与建筑工程学院。

的概念，绿色建筑由此渐成一个兼顾环境关注与舒适健康的研究体系，并在越来越多的国家实践推广，成为当今世界建筑发展的重要方向。

由于地域、观念和技术等方面的差异，目前国内外还未对绿色建筑的准确定义达成普遍共识，但是，都认同绿色建筑应具备的三个基本主题：减少对地球资源与环境的负荷和影响；创造健康和舒适的生活环境；与周围自然环境相融合。目前国际上比较认可的定义是：绿色建筑是指为人类提供一个健康、舒适的活动空间，同时最高效率地利用资源，最低限度地影响环境的建筑物。

为了使绿色建筑的概念具有切实的可操作性，发达国家在 1997 ~ 2006 年的时间里还相继开发了适应不同国家特点的绿色建筑评估体系，通过定量地描述绿色建筑中节能效果、节水率、减少 CO_2 等温室气体对环境的影响、3R 材料的生态环境性能评价以及绿色建筑的经济性能等指标，为决策者和设计者提供决策依据。目前影响较大的有美国的 LEED 评估体系、日本的 CASBEE、英国的 BREEAM、德国的生态导则 LNB、澳大利亚的建筑环境评价体系 NABERS、挪威的 EcoProfile、法国的 ESCALE 等。国际上绿色建筑评估工具的发展总体呈现以下基本特征：注重与本国的实际情况相结合；评估工具由早期的定性评估转向定量评估；从早期单一的性能指标评定转向综合了环境、经济和技术性能的综合指标评定。

在这些绿色建筑评价体系和相应工具的指导下，目前许多欧美发达国家已在绿色建筑设计、建筑节能与可再生能源利用、绿色环保建材、室内环境控制改善技术、资源回用技术、绿化配置技术等单项生态关键技术研究方面取得大量成果，并在此基础上，发展了较完整的适合当地特点的绿色建筑集成技术体系。这些国家还根据各自的特点，结合自然通风、自然采光、太阳能利用、地热利用、中水利用、绿色建材和智能控制等高新技术，建造了一大批绿色建筑示范工程，加快了绿色建筑理念、技术及产品的发展和普及。

因而本书将通过对各国绿色建筑评估体系的分析来把握其他国家和地区在绿色建筑方面的发展现状。尤其是绿色建筑评估体系在促进各国建筑市场的向生态和绿色转型方面，是如何通过市场机制发挥作用的。

1.2.2 中国发展绿色建筑的原因

我国选择绿色建筑作为建筑房地产业的发展方向，是外因和内因共同作用下的一种历史发展的必然。

1）外因

（1）全球可持续发展运动正步入区域与国家实质性合作阶段（图 1-5）

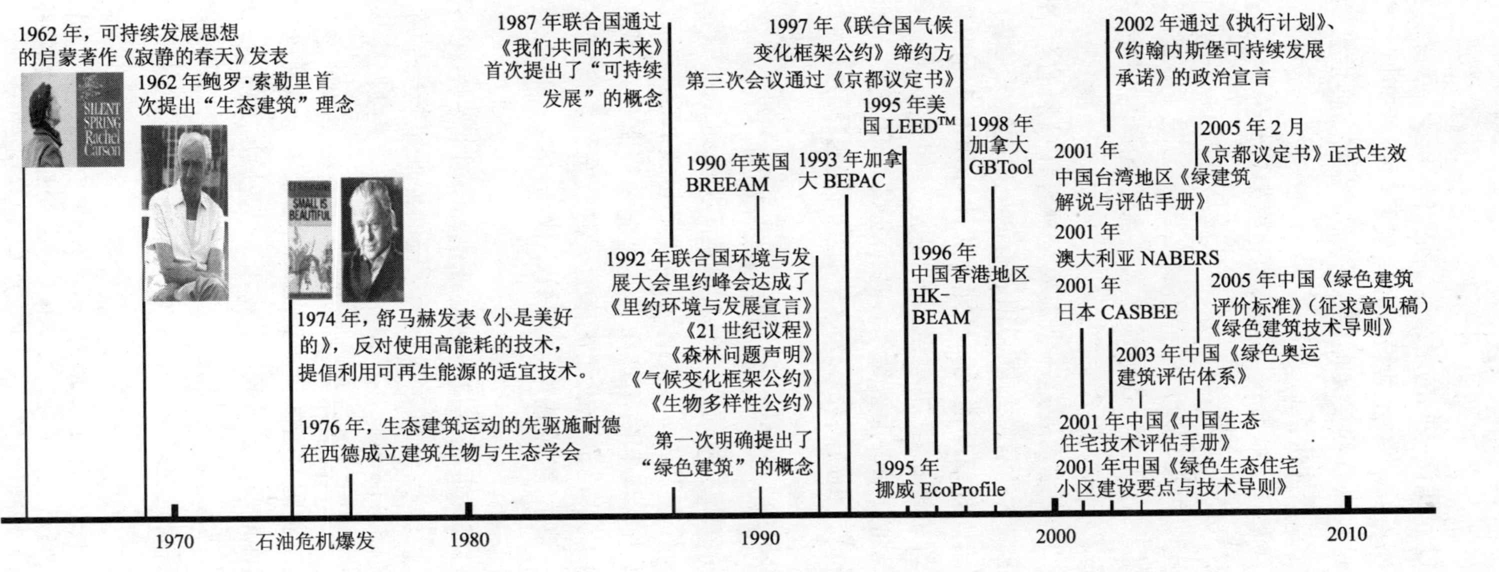

图1-5　世界绿色建筑发展线路图

1987 年，联合国通过《我们共同的未来》，首次提出了“可持续发展”的概念；

1992 年，联合国环境与发展大会里约峰会达成了《里约环境与发展宣言》、《21 世纪议程》、《森林问题声明》、《气候变化框架公约》、《生物多样性公约》等文件，标志着全球可持续发展合作进入实质性阶段；

1997 年，在日本京都召开的联合国《气候变化框架公约》缔约方第三次会议，通过了旨在限制发达国家温室气体排放量以抑制全球变暖的《京都议定书》；

2002 年，约翰内斯堡“可持续发展世界首脑会议”通过了《执行计划》和《约翰内斯堡可持续发展承诺》的政治宣言，各国领导人再次郑重表达了实施可持续发展的承诺；

2005 年 2 月，《京都议定书》正式生效。

所有这些行动表明，可持续发展是一项需要全球合作开展的运动，而且随着各项公约的生效，可持续发展正成为所有缔约国必须履行的一项国际义务。

在我国，到 2000 年末，建筑年消耗商品能源共计 3.76 亿 t 标准煤，占全社会终端能耗总量的 27.6%，而建筑用能的增加对全国的温室气体排放“贡献率”已经达到了 25%，因建筑耗能高，仅北方采暖地区每年多耗标准煤 1 800 万 t，直接经济损失达 70 亿元；多排二氧化碳 52 万 t[1]，由高能耗建筑带来的环境问题已经成为社会整体环境问题的重要组成部分。

（2）以能源为核心的资源“瓶颈”制约我国经济发展

我国能源发展主要存在四大问题。一是人均能源拥有量低、储备量低；二是我国的能源结构依然以煤为主，约占 75%，全国年耗煤量已超过 13 亿 t，而燃煤效率低，对环境污染严重，造成我国大气污染和酸雨严重；三是能源资源分布不均，经济发达地区能源短缺、农村商业能源供应不足，造成北煤南运、西气东送、西电东送；四是能源利用效率低，有关研究表明，我国能源终端利用效率仅为 33%，比发达国家低 10 个百分点。[2]

2003 年以来，全国各省先后出现拉闸限电现象，同时对一些耗电较大的生产企业实行在用电高峰期间暂时停产、一些商场娱乐场所夜间停业错峰等措施，全力保障居民用电。长三角地区大量民营经济体企业甚至自备柴油机发电，以保障生产。与大规模拉闸限电现象相呼应的是大量煤炭安全事故和与周边地区日益频繁的能源经济、外交活动。种种迹象表明，当中国成为继美国之后的世界第二大石油和电力消费国后，主要能源的供求格局已发生较大变化，资源对经济发展的制约作用开始显现，并且呈现越来越大之势。

与此同时，随着城市建设的高速发展和人民生活水平的提高，建筑能耗逐年大幅度上升，已成为中国能源消费的主体之一。目前我国的建筑总能耗已达全国能源总量的

---

[1] 陶建群．能源危机与高能耗之困．时代潮．2005，（19）：19.

[2] 卢求，刘飞．建筑生态节能的宏观策略与实施技术体系．第五届中国城市住宅研讨会论文集——城市化进程的人居环境和住宅建设：可持续发展和建筑节能．北京：中国建筑工业出版社．2005，787.

45%（包括建筑的直接消耗和建材生产、运输等间接能耗）。预计到2020年，总建筑面积将达到700亿m^2。更为可怕的是，根据2003年初，国务院发展研究中心对我国综合能源状况的调研结果显示，目前我国已建房屋有近400亿m^2属于高耗能建筑，新建房屋有95%以上是高耗能建筑，而且不合乎节能要求的类似建筑，在我国的农村和城市遍地都是。

“如果任由这种状况继续发展，到2020年我国建筑耗能将达到1 089亿t标准煤，超过2000年的3倍。”

“到2020年，空调夏季高峰负荷将相当于10个三峡电站建成后满负荷出力，相形之下，2002年夏季全国空调高峰负荷已经达到4 500万kWh，相当于2.5个三峡电站建成后满负荷出力。”

建设部科技司副司长武涌认为“仅空调一项，2001年全国新增房间空调装机容量已经超过三峡电站竣工后的发电总装机容量。”❶

因此，解决经济发展所面临的能源问题，建筑行业首当其冲。

2）内因

（1）房地产业进入转型期，产品质量成为决定企业成败的关键要素

2005年3月30日，国务院出台《关于切实稳定住房价格的通知》，这个被称为“国八条”的中央文件，将房价问题提高到政治的高度，同时标志着随着国家宏观调控力度的加大，地产竞争将从追逐短期利益最大化、单纯追求建设规模、建设速度的低层次竞争阶段进入品质、品牌致胜的阶段。

在这一新阶段中，房地产企业不仅面临着内部结构重组的压力，同时由于政府产业导向和市场竞争环境的演变，其向市场提供产品的质量也必须进一步提升，以在更为激烈的竞争中生存发展，因此以绿色建筑为核心的所谓“科技地产”成为房地产企业产品转型中的一支新军。特别是随着中央关于发展节能省地型住宅相关政策的发布，以及与之相配合的《绿色建筑评价标准》、《绿色建筑技术导则》等文件相继出台，绿色建筑日益成为中国房地产从资本外延型向技术内涵式的产业转化进程中，一个重要的产品发展方向。

（2）提高建筑质量是消费者的普遍要求

在解决了基本居住问题之后，提高建筑的健康性与舒适性、改善建筑的环境质量成为社会发展的内在要求。二十多年来，我国居民住房水平有了很大提高，但还是与“基本小康”的发展阶段相适应的低水平的发展，高能耗建筑不仅耗费大量的资源，同时也降低了建筑的舒适性，冷凝、漏风、结露等问题普遍存在。在经济不断取得进步，生活水平逐渐提高的今天，建筑的质量已经成为人们衡量生活水平的一项重要心理指标。

在2001年由中国质协、全国用户委员会共同组织了“百万用户评住宅”活动，在北

---

❶ 陶建群. 能源危机与高能耗之困. 时代潮. 2005,（19）: 19.

京、上海、天津、哈尔滨、西安、广州等20个城市进行问卷、面访调查，结果显示住户对当时住宅评价的综合满意度为45.5%，处于一般与不太满意之间的水平，47%的住户把“建筑质量”放到了“重视程度”的第一位。可见大部分被调查的住户迫切希望提高居住质量，建筑质量成为广大群众最关心的问题。❶

2003年的SARS风波更从社会安全的角度，将对建筑质量的讨论从传统的功能、舒适性层面提高到社会安全与健康的高度。

当然，人们对于建筑质量的认识不可避免要经历一个从肤浅到内在的发展过程，从豪华装修到豪华绿化再到今天的绿色建筑，人们最终会发现，只有强调环境友好、健康高效的绿色建筑所带来的建筑质量，才是深刻而本质的。

正是由于可持续发展、能源危机、房地产转型和消费者需求变化都在绿色建筑中找到了共同的契合点，绿色建筑在中国的兴起成为了发展的必然选择。

1.2.3 中国绿色建筑发展历程简要回顾

从20世纪90年代开始，绿色建筑概念开始引入我国，1994年我国发表《中国21世纪议程》，同时启动《国家重大科技产业工程——2000年小康型城乡住宅科技产业工程》，1996年发表《中华人民共和国人类住区发展报告》，对进一步改善和提高居住环境质量提出了更高要求和保证措施。

与国外相比，我国目前在单项生态关键技术研发方面还处在深化的过程中：如在建筑节能方面，与气候相近的国家相比，我国采暖地区的建筑能耗约是他们的3倍左右；在绿色建筑设计、自然通风、可再生能源利用、绿色环保建材、室内环境技术、资源回用技术、绿化配置技术等研究方面均需加快应用研究。

在相关的绿色建筑评价体系制定方面，2001年始，建设部住宅产业化促进中心制订了《绿色生态住宅小区建设要点与技术导则》、《国家康居示范工程建设技术要点（试行稿）》，同时《中国生态住宅技术评估手册》、《商品住宅性能评定方法和指标体系》和《上海市生态住宅小区技术实施细则》、《绿色奥运建筑评估体系》也陆续推出。作为国家十五重点攻关计划的“绿色建筑规划设计导则和评估体系研究”已取得初步成果，《绿色建筑技术导则》已经于2005年10月由建设部和科技部共同推出，北京、上海等地方的“绿色建筑评估规范”也正在陆续出台。

基于绿色建筑理论研究的成果，北京、上海、广州、深圳、杭州等经济发达地区结合自身特点，积极开展了绿色建筑关键技术体系的集成研究和应用实践，一系列示范建筑、节能示范小区、生态小区陆续建成，并成为我国绿色建筑技术展示、教育基地和后续研发的平台。作为先行的建筑节能工程从点到面逐步扩展，目前已从最初的在少数北

---

❶ 李禹. 中质协“百万用户评住宅”活动揭晓　大部分群众迫切希望提高居住质量. 中国质量. 2002,(1).

方城市建造单栋节能试点住宅，发展为几十个北南方城市成批建设建筑节能示范小区，全国陆续建成的示范工程已超过100万 m^2。据不完全统计[❶]，全国每年建成的节能建筑，从“九五”初期刚超过1千万 m^2 发展到“九五”末期的5千万 m^2，到2000年我国已累计建成节能建筑面积1.8亿 m^2，建成太阳房一千多万 m^2，太阳能热水器拥有量2 600万 m^2，居世界第一位，并以每年平均25%的速度增长；地热等建筑新能源也开始得到应用。中国的绿色建筑正处在一个新发展阶段的前夜。

1.3　中国绿色建筑的发展现状

1.3.1　观念的发展现状与存在的问题

1）绿色建筑概念的认知现状

由于绿色建筑概念传入我国只有短短不到十年的时间，同时基础研究起步较晚、总体建筑质量较差、区域差异巨大、制度体系不完善、人们的绿色环保观念欠缺等多方面特殊的国情，使得我们在发展绿色建筑的过程中将会遇到比发达国家更多的困难。由于“问题不可能在造成它们的精神状态中得到解决”（爱因斯坦），作为为扭转全球环境不断恶化努力作一部分的绿色建筑运动，首先代表着的是一种观念的革新，如何理解绿色建筑概念的内涵与外延，将不仅影响人们对于这一命题的态度，更直接关系到在推动绿色建筑发展的过程中，人们将建立什么制度、应用并发展怎样的技术，并最终影响整个运动的发展进程。

当前对于如何定义“绿色建筑”的基本含义，即使在学术界依然存在分歧，这造成了整个社会认识的混乱。

（1）业界人士的看法

2005年10～12月，在“TopEnergy绿色建筑论坛”组织的“中国绿色建筑发展现状与趋势”系列访谈调研活动中，专门就绿色建筑的理解问题请接受采访的业界人士们（共80人）发表各自的看法。归纳起来业界人士的看法大致可以分为两类：

- 目标说

这是一种比较经典的定义绿色建筑方式，即将“绿色建筑”看作是一个包含了诸多内容的理想目标，现在也许不能达到，但是我们实践努力的方向，代表性的看法包括：

“绿色建筑就是节材、节能、高效、环保、舒适、健康”（栗德祥[❷]）；

“绿色建筑是在建筑全寿命周期中平衡人对资源的消耗，对环境的影响。在该前提下

---

❶ 建设部. 建筑节能“十五”计划纲要. http://www.cin.gov.cn/tech/other/2005060306.htm.

❷ 清华大学建筑学院教授。

创建的建筑空间，能够满足人的功能性需求，使人实现一种高效的、健康的工作生活”（林波荣[1]）；

“绿色建筑是十分全面的，涉及到建筑材料的生产，建筑的设计，施工，以及使用，在整个建筑过程中即全寿命周期中都有广泛的内容…它包含了人的观念、生产的观念、消费的观念、生活方式的观念、价值的观念是非常广阔的内容”（黄光宇[2]）；

“基本上可以从三个层面理解绿色建筑，第一个层面是节约能源和资源，第二个层面是要保护环境，第三个层面是体现人文的色彩、本土的文化”（廖晓义[3]）。

“目标说”的最大价值在于为我们总结了“绿色建筑”的基本原则和构成绿色建筑的基本框架，即：

①绿色建筑要有利于保护环境：尽量保持和开辟绿地，在建筑物周围种植树木，以改善景观，保持生态平衡，并取得防风、遮荫等效果；要有意识节约土地，争取既不受到不良自然环境的危害，同时将人类的建筑活动对生物多样性的影响降到最低程度；

②绿色建筑要有效地使用水、能源、材料和其他资源，要使建筑对于能源和资源的消耗降至最低程度：建筑物的围护结构、外墙、窗户、门与屋顶，应该采用高效保温隔热构造；要减小建筑物的体型系数（建筑表面积与其体积的比值），以减少采暖与制冷能耗；要充分利用太阳能（如尽量采取可以获取更多太阳热量的建筑物朝向）；良好的自然采光系统；保证建筑物具有良好的气密性，同时夏季又有充分的自然通风条件；回收并重复使用资源（如从旧有建筑物中拆除的建筑材料，如砖石、钢材、木料和玻璃等）；

③绿色建筑重视室内空气质量：防止由于油漆、地毯、胶合板、涂料及胶粘剂等含有挥发性造成对室内空气的污染；围护结构保温效果好的建筑物，应具备良好的通风系统；

④绿色建筑尊重地方文化传统，积极保护建筑物附近有价值的古代文化或建筑遗址；

⑤绿色建筑追求建筑造价与使用运行管理费用经济的整体合理，既不能单纯强调低建造成本，使建筑付出高昂的使用代价，也不应为一个过高的目标付出不切实际的初投资。

● 过程说

与“目标说”的横向思维不同，绿色建筑的“过程说”以一种发展的眼光动态地定义绿色建筑。

“过程说”认为，对某个具体的建筑个体而言，绿色建筑是一个伴随在建筑全寿命周期每个阶段的持续概念：

在开发决策阶段，“绿色建筑”强调统筹兼顾社会效益、环境效益和经济效益，降低建筑项目的环境与社会风险；

在规划阶段，绿色建筑强调建筑与环境持续和谐相处，通过辨识场地的生态特征和

---

[1] 清华大学建筑学院博士后。

[2] 重庆大学城规学院教授。

[3] 北京地球村文化中心主任。

开发定位充分利用场地的资源和能源，减轻建筑活动对环境的消极影响；

在设计阶段，绿色建筑强调整体性设计方法，将建筑物作为一个完整的系统，综合考虑建筑的间距朝向、形状、结构体系、围护结构等因素；

在施工阶段，绿色建筑的目标是减少建筑生产活动对环境的负面影响，通过采用绿色施工方法，显著减少对周边环境的干扰，减少填埋废弃物的数量以及建造过程中消耗的自然资源数量，并将建筑物建成后对室内空气品质的不利影响降到最低程度；

在运行维护阶段，绿色建筑的技术和方法可以保证建筑规划设计目标的实现，通过合理的环境目标设定和智能化的系统控制，采用科学、适用的消费模式，保证建筑设备系统的安全和清洁运行并降低系统能耗，保障室内空气品质和物理环境（包括热、声、光等要素），减少运行过程中污染物产生，提高建筑整体的运行效率和健康水平。

对于特定区域的绿色建筑而言，在不同的历史发展阶段，绿色建筑又受到经济发展水平、文化传统、自然资源等条件的约束，而呈现出不同的要求和面貌。

简而言之，“过程说”强调绿色建筑不是一个绝对的、高不可攀的理想，而是根据不同情况下提出的有针对性的、通过努力可以达成的目标，而且在建筑的全寿命周期里，有着不同的表现形式。“过程说”秉持的是一种现实主义的态度。

“过程说”的代表性看法包括：

“我更多将绿色建筑视为建筑发展的一个阶段，从历史发展来看，最早的建筑都是一些遮风挡雨的功能性构筑物，工业革命后，由于有了动力装置，开始大量使用煤、矿物燃料等不可再生资源，人们开始追求舒适，到了能源危机，建筑开始要求节能，建筑的密闭性更好，但又带来了健康问题，兼顾节能和健康的当代绿色建筑概念才逐渐形成，绿色建筑还会往下发展，因此只是个阶段性的产物，不是终极目标”（龙惟定❶）；

“‘绿色’程度是随着社会发展而在变化过程中的”（徐强❷）。

在严格意义上，“目标说”与“过程说”并不是两类并置的观点，而是出于不同着眼点而产生的对绿色建筑的不同理解。如果说，“目标说”是从一个静态的视角为我们描绘了绿色建筑的不同方面的话，“过程说”则从动态的方面为我们指出了绿色建筑实现的途径和方法。对绿色建筑的这两种认识，实际共同为我们勾勒出一副关于绿色建筑的完整蓝图：绿色建筑是一个目标，但它并不遥远，在实践的不同阶段中，这个目标可以被分解为有针对性的分目标，不同的经济水平、文化传统、资源条件下的实践都有各自不同的、通过努力可以实现的现实目标，绿色建筑理想的最终实现，有赖于每一个切实可行的分目标的梯次完成，因此绿色建筑应该是一个处在不断发展过程中的目标群体。

国家发布的《绿色建筑技术导则》(2005 年 10 月）和《绿色建筑评价标准》(2006 年 6 月 1 日正式实施）中对“绿色建筑”的定义，也是沿着一个目标与过程相结合的思路

---

❶ 同济大学中德工程学院教授。

❷ 上海建筑科学研究院副总工程师。

作出的。《绿色建筑评价标准》从全寿命周期、“四节一环保”思想、人的需要以及与自然和谐共生四个方面界定了绿色建筑的基本含义，为评价有关绿色建筑的行为确定了完整的框架；《绿色建筑技术导则》则通过分级为不同阶段、不同背景、不同类型项目确定一个恰当的、可操作的目标，从而将绿色建筑的目标与过程统一起来。

当然从这次调研的结果也可以看出，即使是受访对象多为业界专家，他们对于绿色建筑的认识也还存在许多不全面的地方，体现在以下两点：

①人们对于绿色建筑节能性的关注度最高，对于节地性的关注度最低，而在新的《绿色建筑评价标准》中，节地恰恰是中国绿色建筑评价标准有别于国外类似标准的一个重要特征，毕竟人多地少，这是当前中国发展绿色建筑的一个重要背景；

②许多专家仍然将人的需求定义为舒适和健康，而在《绿色建筑评价标准》中已经将其定义为“健康、适用和高效”，凸显了适度的概念，通过其为“舒适”加以界定，使这一概念更加贴近中国的普遍要求。

意见不统一、认识欠全面也大致反映了当前业界对于绿色建筑概念认知的一个基本现状。

（2）消费者的看法

随着中央对环保节能宣传力度的加大，结合近年来有关能源紧张的切身感受，越来越多的消费者将目光转向绿色建筑产品，节能、健康、环保正成为房地产消费市场的普遍呼声，这可以从北京市房地产交易管理网上获取的，一组有关绿色节能新地产，在销售业绩方面的数据得到印证❶：

“以科技地产为主题的当代 Moma 系列建筑产品，尽管房价高却卖得不错，退房现象也很少。记者在北京市房地产交易管理网上看到，2004 年 11 月 28 日，当代万国城 POP Moma 以 2 小时 50 分快速结束了 10 号楼全部认购，12 月 6 日开盘销售当天 390 套房签约 358 套，成交均价为 13 942 元/m^2，只有 1 套退房，退房率仅为 0. 26%。业内人士认为，这与其高科技地产的卖点、恒温恒湿的理念分不开。”

“2000 年竣工的方庄芳古园二区是北京市“一优两示范”试点工程，北京城市开发股份有限公司在建筑科技方面一直走在前列，得到了市场的认可，在业主中有了良好的口碑，也直接带动了公司其他项目的销售。2005 年 9 月 16 日旗下新开盘的时代紫芳，在做好建筑节能的基础上引入了人为节能的理念，提前在小区安装了热计量表和温控阀，为将来集中供暖、分户计量提供技术储备，由于技术的进步和以往打下的良好市场信誉，新楼盘很快实现签约 66 套，退房率为零的好成绩。”

“住总集团旗下的东岸项目由于在很多方面都采取了新的科技技术：智能化全自动停车系统、环保节能技术、钢结构住宅等。在社区引入环保节能技术，采用燃气模块锅炉，

❶ 谭少荣. 京城商品房销售最新调查：节能建筑叫好且叫座. 建筑科技. 2005，（21）：20-22.

分楼供热，无烟尘污染，同时还与芬兰合作建设新型环保节能空间，计划在试验成功后在小区推广，这些举措促使其一度成为北京市场的标志性住宅产品。从楼盘表上看，2005 年 6 月 23 日批准销售的两栋楼共有 276 套房，统计已签约 151 套，而只有 3 套退房，退房率仅为 0.72%。而在此之前 256 套，已签约套数 221 套，成交均价 5829 元/m^2，退房率为零。"

"北京市通州区率先出现全面按照节能建筑标准（从设计到施工都要达到节能 65% 要求）打造的葵花社楼盘，从 2005 年 5 月 30 日批准销售起，到 10 月 12 日已签约总共 480 套中的 390 套，退房率为零。"

2005 年，清华大学建筑学院曾经就"绿色消费观"问题，对深圳某地产开发项目"东海岸"社区的 38 位居民进行过一次简单的问卷调查，结果显示住区的居民对泛绿色产品（指的是节能电器、节水器具、可再生产品等）的关注度正逐步提高，绿色消费的观念初步形成，相当数量的受访者将生态价值上升为购房决策的主要影响因素，1% ~ 10% 的价格涨幅可以被普遍接受❶。

各方的数据显示，中国普通人群对于绿色建筑的态度，正处在从认识向接受并进而主动要求的快速转变阶段。

当然，包括清华大学 2005 年的调查在内的许多同类研究也显示，当前中国普通百姓对于绿色建筑的理解，大多仅集中在节能、节水这两个基本层面，对于交通、材料、效率提高、污染减排等绿色建筑包含的更丰富的生态内容并没有充分的认识。同时，在面临具体的行动时，真正意义的生态环保者非常少，人们的生态觉醒与实践之间存在着脱节，人们对于绿色概念的支持更多停留在观念的层面。

越来越多的人开始认同发展绿色建筑的必要性和紧迫性，同时对于具体概念的认识还不全面，并且存在分歧，这是消费群体对于绿色建筑概念认知的基本现状。

2）政府与开发商在绿色建筑问题上的观念分歧

中国当前发展绿色建筑面临着非常特殊的国情，首先是困难很大，主要体现在许多问题是相互纠缠着的，如地区资源条件与经济发展水平差异大、处在城市化加速期、相关技术储备与基础研究薄弱、存在大量高能耗建筑、人们的绿色环保意识还处于启蒙阶段、经济发展面临的资源压力越来越大等等，单一问题的解决往往牵涉出许多相关、甚至是全局性的问题；其次是政府推动的力度非常大，由于我国体制的特殊性，政府的强制性力度很高，以节能省地住宅为核心的绿色建筑运动，实际是在政府的主导下发展起来的，这与西方发达国家的绿色建筑发展轨迹有着很大的不同（以民间的推动为主）。在这种局面下，采取怎样的绿色建筑发展模式最恰当，成为近期业界争论的另一个焦点，在其中，两种声音最具代表性：

---

❶ 北京清华城市规划设计研究院城市与建筑生态工程研究所，万科企业股份有限公司. 万科住区生态评定. 2005，132.

一个声音来自努力推动普通建筑“绿色化”的政府官员和专家们，他们一直在不同的场合呼吁：建筑的绿色节能目标，可以在投入增加很少的情况下实现。媒体上出现最多的有：

2005 年 2 月 23 日建设部副部长仇保兴在国务院新闻办举行的新闻发布会上说，绿色建筑的造价是完全能够承受的，达到节能 60% 标准的建筑，只是在原来建筑的造价基础上再增加 5 ~7 个百分点，而且增加的造价预计在五年到八年的时间内就可以收回❶。

图 1-6　Pop Moma 的广告毫不掩饰其“贵族化”定位
（资料来源：TopEnergy 中国绿色建筑发展现状与趋势调研报告，2005）

全国工商联房地产商会副总工程师赵凤山给普通生态项目算了一笔账，其成本增加值大致为，建筑维护成本每平方米增长 60 元，管道纯净水 7 元，中水回用 10 元，如果考虑绿化和可再生能源利用，总的成本增加应该是在每平方米 100 ~150 元左右。据此，如果是按 2 000 元/m^2 成本计算，成本应增加 5% ~7.5%❷。

建设部调研组有关负责人曾表示，如果采取经济实用、切合实际的节能措施，新建居住建筑节能投资和既有建筑节能改造成本，约为 80 ~120 元/m^2，一般可以通过产生的节能效益在 5 年左右得到回收❸。

而与此相对的是近年出现的诸如“锋尚”、Moma 等绿色明星楼盘不约而同走的都是贵族化路线，加之对各种绿色示范性建筑高昂造价的误读，绿色建筑给人们的另一个印象反而越来越清晰，“绿色 = 昂贵”似乎日益深入人心。

---

❶ 王京．绿色物语：建筑节能曲高和寡 绿色建筑还有多远．人民网．http:// env. people. com. cn /GB /36686 /3201226. html.

❷ 陆昫．节能环保提上日程．楼市进入技术主导时代．中华工商时报．2005，9.

❸ 朱蕾．能源危机催生绿色地产“绿色 GDP”拒绝资源能耗．中国房地产报．2005，9．www. zgfdcb. com.

如：北京“锋尚”国际公寓的租金16美元/m²，是周边楼盘的3倍，售价14 000～15 000元/m²，是周边楼盘的2倍；南京“锋尚零能耗”、“大宅”的套均售价达到350万元人民币❶；PopMoma国际寓所的平均单价为10 000元/m²，而其所在区域的平均价格通常维持在8 500～9 000元/m²的水平❷；对于正在建设的“上第”Moma项目，当代置业集团总经理韩凤国称“拿地的初衷是要在西三旗成规模地开发，扩大品牌影响力。现在上地区域的楼盘，每平方米的售价基本上是5000～6000元，最高能达七八千元。我们的项目将‘复制’当代万国城Moma的风格，以科技含量高为特点，初步拟定的价格是每平方米八九千元左右，应该是上地区域未来的一个高端产品”。❸上海青浦区的古北佘山国际别墅，应用了加拿大顶级SuperE健康住宅系统，资料显示木结构的房屋能耗比普通混凝土结构节约30%，而SuperE比一般的木结构的建筑还要节约30%，但是SuperE结构住宅的建造成本要比混凝土结构贵700元/m²，项目售价也远远高于同一地区豪华别墅的价格。❹同时期的广州汇景新城则打出了“21世纪中国首个国际生态智能豪宅社区”的口号，深圳的泰格公寓也是租赁性的高档涉外酒店式公寓。所有这些绿色地产项目，风格虽各有不相同，价格却是同样不菲。

图1-7 北京“锋尚”与当代PopMoma项目外观
（资料来源：TopEnergy中国绿色建筑发展现状与趋势访谈研究报告）

对于绿色建筑的“贵族化”定位，开发商的解释大致可以归纳为：

（1）意识定位：在中国购买绿色、节能住宅的基本都是外国人、有国外生活经历的中国人或是成功的商务人士，他们的节能意识更为超前，愿意为节能和持续性发展的环保概念花更多的钱，而普通消费者对于住房的要求价格仍是第一位的。

（2）技术定位：不得不启用昂贵的国外设计师、应用国外的技术，也是当前绿色、

---

❶ 刘欣，包敬静．锋尚“档案”揭秘．金陵晚报．2005，7.

❷ 李乐．豪华暖通不等于豪宅．中国建设报中国楼市．2004，6.

❸ 苏晶．科技地产．机遇OR挑战?．城市开发．2005，9.

❹ 以节能的名义玩地产．中国科技财富．2005/11/09．http：// finance．sina．com．cn/review /observe / 20051109 /14232105971．shtml.

节能住宅陷入高端困境的原因。以保温玻璃为例，进口保温玻璃每平方米最低价是3 000元，国产保温玻璃每平方米最低价只需1 000元，但它的保温率只有进口保温玻璃的50%，开发商为了降低技术风险和赢得高端客户对于高品质的要求只能选择进口材料。

两种似乎各有道理、但表面上看来又针锋相对、背道而驰，仔细分析起来，其实都遵循着同样的内在逻辑。

首先，技术在没有实现产业化之前都是相对昂贵的，这是一条双方都认可的基本经济规律，而产业化不会一夜之间自动完成，总需要第一批实践者为初期的高成本买单，从这一层面看，以舒适度作为一种回报，吸引资金相对雄厚的群体为产业化发展提供第一次动力，不失为一种具有市场可行性的绿色建筑推动策略。

但是，在绿色建筑与高昂的建造成本之间是否存在必然的联系，却是一个值得商榷的问题。实际上，上面所描述的规律只适用于主动式技术策略。由于实现绿色建筑目标除了依靠主动式技术策略之外，还有被动式技术策略可供选择，而被动式技术与经济投入之间的关系往往与主动式技术有很大差别，即被动式技术的应用更多情况下可以在少量增加、甚至在不增加成本的情况下，实现一定的绿色目标（例如对节能措施的具体量化研究结果显示，“采用紧凑整齐建筑外形可每年节约8～15kW·h/m^{2}的能耗，改善外墙保温性能每年可节约11～19kW·h/m^{2}的能耗，加大南窗面积减小北窗面积每年可节约0～12kW·h/m^{2}的能耗，争取良好的朝向，每年可节约6～15kW·h/m^{2}的能耗”，❶ 可见仅仅通过绝少附加经济投入被动式的设计手法，就可以达到节能10%～15%的效果），因此，绿色建筑与建造成本之间其实并不呈现一种简单的相关性。

当然，究竟是主动式技术策略还是被动式技术策略，在实现绿色建筑的过程中扮演决定性角色，取决于综合考虑建筑环境影响与其所实现舒适度的绿色目标的高低。由于受外在因素的影响，被动式技术策略的绿色效能通常是相对恒定的，因此在绿色目标较高时，主动式技术策略的比例会较高，这时通常会较明显地带来建筑初投资的提高；如果绿色目标较低，被动式技术策略成为策略主体，建筑初投资的涨幅就容易得到控制。所以，准确地说，在同样条件下，与建造成本直接相关的是建筑的绿色目标。国外的相关研究为这一判断提供了佐证（图1-8）。

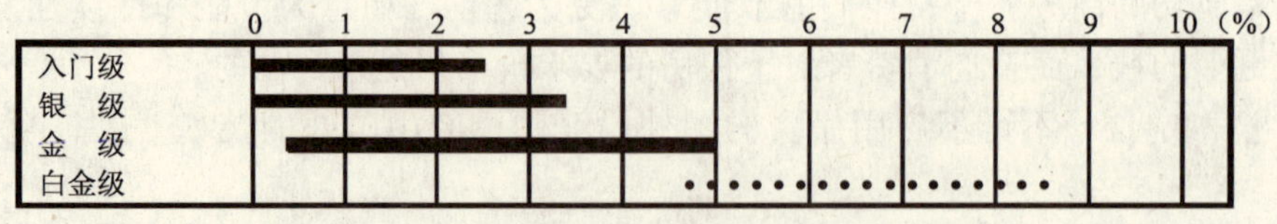

图1-8 美国LEED评级与初投资成本增幅的关系
（资料来源：The Cost and Financial Benefits of GB）

---

❶ 袁镔. 注重技术、讲究实效、崇尚自然——德国生态村建设的启示. 世界建筑. 2002,（12）：19.

通过以上分析，我们不难发现政府官员、专家们的“平民化”绿色建筑观与开发商们的“贵族化路线”实际都认可同一个规律：舒适度与绿色建筑建造成本间存在着互动关系，只是以赢利最大化为首要目标的开发商，在当前制度体系不健全的情况下，选择了风险相对较小、利润空间更大的高端产品作为绿色建筑的切入点（由于低端产品的成本受到更为严格的约束，这迫使它只能以部分牺牲美观、舒适性等为代价，来满足日渐提高的节能等绿色要求，由于大部分的消费者都不会因为“看不见”的节能效益，而理性地放弃他们对所熟悉的、“看得见”的美观、舒适等传统建筑品质的追求，因此低端的绿色建筑产品在缺乏政策支持的情况下，是要冒相当风险的）。与之相对，政府出于自身的职责要求，则更多呼唤人们要追求适度的舒适，希望通过舒适与建造成本之间的平衡，实现中低端绿色建筑产品的“绿色化”（这种倾向可以从建设部最新出台的《绿色建筑评价标准》中对绿色建筑的定义看出一二）。

政府的倡导绿色建筑平民化的态度在政治上无疑是正确的，因为从社会公平的角度出发，仅仅满足于高端产品的“绿色化”显然不是代表大多数人利益的政府应该接受的，而忽略了80%以上的普通建筑，将大多数人排除在绿色建筑之外，无论如何不是政府推动绿色建筑发展的初衷。但是如何去扭转市场做出的“理性”选择？这是个问题。

显然，只靠算账和强制性的政策多少还有些计划经济思维的影子，假如我们确定要走一条政府推动与市场机制相结合的绿色建筑发展道路，那么怎样在政府的职权范围内，更充分利用政策杠杆的调节作用，使市场的理性选择得到理性的结果，同时符合技术发展的客观规律，才是政府应该努力的方向，毕竟开发商不会依据政府开出的“账本”，作出自己的投资决策。

1.3.2 技术的发展现状与存在的问题

1）绿色建筑技术发展现状与预期

基于“中国绿色建筑发展现状与趋势”系列访谈调研活动的成果，我们认为：

（1）当前我国绿色建筑技术发展的现状

- 高端绿色建筑技术研究接近国际先进水平

以2004年建成的上海生态建筑示范楼和2005年建成的清华超低能耗示范楼为代表，中国在搭建高端绿色建筑技术研究平台方面，已经步入国际先进行列。包括双层玻璃幕墙、真空玻璃、光导采光系统、溶液除湿空调系统等在内的一系列绿色建筑技术都达到了国际先进水平，而且像这样大集成度的、以真实建筑为尺度的实验性建筑本身，即使在国外的先进国家中也非常少见，为我们进行相关的科学研究提供了良好的条件。

- 一批具有推广价值的绿色建筑技术体系初步建立

在建设部科技司和建设部住宅产业化促进中心的推动下，经过一系列节能示范项目、康居示范工程的实践，包括“轻质绿色建材 ALC 板性能及应用技术、ETS 生态污水处理系统、FPW 有机固体废弃物生化处理技术、节能环保型地源热泵空调系统、钢筋混凝土免拆技术、钢结构—混凝土组合结构住宅建筑体系、绿色环保隔热保温材料技术、LZF2J 系列再燃连续式多层悬浮燃烧焚烧系统、大面积太阳能集中供热工程、小区智能化系统等在内的一批绿色建筑成套技术，已经初步成熟，具备了推广的价值”。❶ 随着《绿色建筑技术导则》的出台，原来相对分散的绿色建筑设计策略与措施，将逐步统一到《绿色建筑技术导则》所构建的由节能、节水、节材、节地与环境保护组成的技术框架之下，技术的体系化由此将得到加强。

- 绿色建筑技术的产业化处在起步阶段

先进的技术要为市场所接受，技术的产业化是一个必要前提。当前，包括皇明、振利等一批绿色建筑部品生产企业，已经从最初的国外绿色建筑技术引进，向有针对性的自主研发转变，Low-e 玻璃技术、太阳能光热技术、可再生建材等一系列绿色建筑技术的产业化进程开始加快。但是，同时仍有许多技术还处在“终试”阶段，等待绿色建筑市场的成熟。

- 大量基础性研究工作存在空白

全生命周期的关注是绿色建筑的基本理念，这要求对于建筑的研究不仅局限于目标建筑本身，同时上溯至材料的生产、运输，下达建筑的废弃与再利用，为此，对于建筑的基本信息需求有了质的变化，更大量的基础性数据成为必须（如各种材料的全生命周期能耗数据等），而这恰恰是绿色建筑技术从理论走向实践过程中首先需要面对的问题。

- 舶来技术有待本土化

由于国外的绿色建筑技术研究要早于我国，因此在发展的初期引入国外的先进技术，是在短时间内跟近国际先进水平的有效途径。但是，国外先进技术是基于当地特定的气候条件和生活习惯提出的，必然与我国的实际情况存在差异，因此从科学的态度出发，技术的引进首先是本土化，而这一点我们做得还很不够（如将双层玻璃幕墙直接照搬到我国的南方地区、不利朝向只简单采用低辐射玻璃而忽视必要的遮阳措施等）。

技术本土化还意味着成本的降低，意味着消费群体的扩大。目前国内技术在绿色建筑项目中并没有起主导作用，即使是普通的节能技术，其核心技术还是以国外为主，这恐怕也是造成目前绿色建筑多集中于高端产品的一个重要原因。

- 设计领域的运作机制与设计理念有待提高

---

❶ 转引自建设部住宅产业化促进中心网站 http://www.chinahouse.gov.cn/sfgc2/index-2.htm.

由于绿色建筑是近两年才开始真正走向实践，国内普遍缺乏绿色建筑设计经验，同时绿色建筑所要求的“整合设计”理念也对传统的专业合作机制提出了新的要求，而在这些方面，我国的建筑设计机构的发展还普遍滞后。

（2）我国绿色建筑技术发展的基本预期

在技术思维模式上，随着“节流”技术措施潜力得到进一步发挥，为提高绿色建筑的可持续水平，从节流到开源（主要指太阳能、生物质能、风能、地热能等可再生能源）将成为绿色建筑技术发展的基本方向；

在技术组织模式上，以分布式能源—资源系统将取代现有的资源集中分配模式，资源的综合利用效率将进一步提高；

在技术研究重心上，将从以技术创新为主，向技术创新与既有技术集成研究并重的方向转变，逐步形成以技术集成系统为核心的绿色建筑技术综合组织模式，技术豪华主义倾向将向更为理性的适宜技术方向转变；

在设计协作机制上，基于整合设计思想的设计会商模式将取代当前的专业分割、各行其是的设计传统，不仅各个专业的工程师都需要对相关专业有所了解，作为组织者的项目负责人更要同时了解政策的导向、地产开发机构的工作与决策目标等传统设计领域之外的多方面内容，以完成设计团队的有效整合与沟通。

2）绿色建筑技术应用存在的问题

当今中国绿色建筑实践主要表现为两种类型，一类是科研院所主导的以技术展示、科学研究为主要目的的绿色建筑“示范性”项目，如清华的超低能耗楼、上海建科院的生态办公示范楼等；另一类则是一些以开发商主导的“科技地产”项目，如“锋尚”系列、Moma 系列等。

科技部节能示范楼的建筑安装含楼宇自控系统等设备在内，造价为 6 740 万元，每平方米建筑面积造价约为 5 200 元，加上网络及会议系统，总价为 7 780 万元，每平方米建筑面积造价接近 6 000 元[1]，与同类型建筑相比，成本增长率为 50% 以上；清华大学超低能耗示范楼每平方米建筑面积综合造价（含装修及设备造价）约 8000 多元左右，[2] 甚至达到高档地产项目标准[3]；上海生态建筑示范楼每平方米建筑面积造价为 4 603 元（同类型的普通办公楼每平方米造价约为 3 140 元），成本增长率为 48.3%，预计在 22.3 年后收回超额投资。[4]

---

[1] 科技部建筑节能示范楼. 建设部官方网站：http://www.cin.gov.cn/green/xm/01.htm.

[2] 薛志峰 等. 超低能耗建筑技术及应用. 北京：中国建筑工业出版社. 2005：45.

[3] 根据 1995 年发布的《国务院关于严格控制高档房地产开发项目的通知》（国发［1995］13 号）文件以及后来国家计委的相关规定：建安造价高于一般民用住宅造价（2 000 元/m^2）一倍以上的公寓住宅项目、超过一般民用非住宅造价（4 000 元/m^2）一倍以上的各类综合用房、写字楼、商业服务楼都属于高档房地产项目。

[4] 韩继红，汪维，安宇，刘景立，杨建荣. 打造生态建筑示范平台. 中国建设报. 2005，8.

锋尚综合成套技术做法的成本约在每平方米建筑面积增加650元左右❶，比普通住宅建筑成本提升32.5%；深圳的“蓝牙水晶”写字楼，采用了能量活性建筑基础系统、天棚柔和辐射制冷系统、分散式新风系统、第三代窗箱式装配玻璃幕墙、隐蔽式外窗遮阳百叶、智能采光照明系统、高效太阳能光伏发电系统等十大生态智能技术，虽然理论上“在能耗方面每年可以节省一千万元人民币，但是整个建筑总造价因此高于普通甲级写字楼20%以上”❷，成本回收周期被拉长（图1-9）。

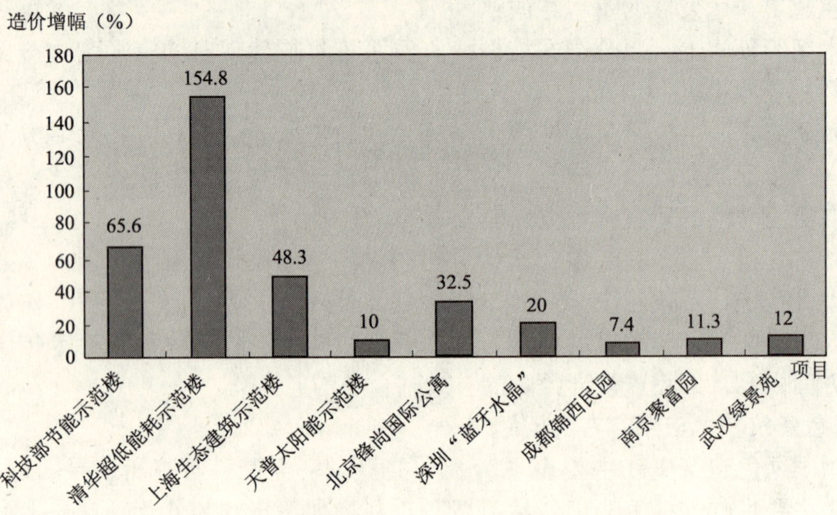

图1-9　我国绿色建筑项目的基本造价水平
（资料来源：作者自绘）

由此可见，两类建筑虽然目标定位不同（前者是以研究为主的实验性建筑，后者则是以“绿色”为卖点的商业性项目），但却有着一个共同特点：在展示着林林总总的先进技术和低能耗优势的同时，不约而同地向人们传达了两个基本信息：

①绿色建筑理想的实现将依靠先进的技术；

②绿色建筑是昂贵的（示范楼项目一般成本提高50%左右，房地产项目成本提高20%～30%）。

它们实际都依循着同一个逻辑：绿色建筑是某个特定的目标（诸如“零能耗”、“自维持”等），为了实现它，常规的手段已经无法适应需要，引入更多的新技术成为必然，而新技术又带来了造价的大幅提升，最终使得绿色建筑都成为了一种奢侈产品。

---

❶ 杜宇. 节能对住宅成本有多大影响. 中国建设报·中国楼市. 2005, 8.

❷ 以节能的名义玩地产. 中国科技财富. 2005-11-09. http://finance.sina.com.cn/review/observe/20051109/14232105971.shtm.

虽然对于这些绿色建筑的高造价，人们有着不同的解释：以技术展示为主的“示范楼”出于实验对比的需要没有进行技术的系统优化；“示范楼”项目受资金限制，规模往往太小无法形成规模效益；市场缺乏相关产品，对绿色理念的成套引进（从设计师、技术到产品）必然带来高成本；为了追求“恒温恒湿”的高舒适度，消耗更多能源的高端消费者应首先为绿色建筑“买单”等。但所有这些解释都无法回避一个现实：这样的“绿色建筑”某种程度上说，偏离了我国发展绿色建筑的初衷（我们有95%以上的既有建筑是高耗能建筑，新建的建筑中也仅有5%达到了当前的节能要求，❶ 如何令大量性的建筑达到节能要求，实际是当前推进建筑可持续发展的基本目标）。意味着“少数化”的“高档化”，将如何面对大量性的建筑可持续发展问题？

当然，我们仍可以将这一问题的根源归咎于开发商对利益的追逐、相关绿色建筑激励性政策的缺失等外在因素，但就技术层面自身而言，我们不可说没有值得反思的地方，至少作为基础的、人们对于绿色技术的理解是否出现了偏差？或有欠全面？是一个问题。对此，我们认为：

（1）绿色建筑技术不仅需要面对环境性能问题

绿色建筑的目标是解决由于建筑的不合理生产（包括原材料采集、生产、建筑的策划、设计、建造的过程）、使用所带来的环境、经济、社会问题，建筑环境性能的提高是解决各种问题的基础和前提，因此，绿色建筑技术的终极目标是如何提高建筑的环境性能，而不在于技术本身。要达到这一根本目标，技术就必须面对技术以外的、影响技术效能发挥的其他影响因素，在商品经济社会中，经济无疑是一个重要的影响因子，绿色建筑技术如果放弃对经济制约因素的考量，技术的实际影响力将大打折扣，从而影响了绿色建筑的发展。

（2）技术的生态效率与经济效率有密切关系

“示范楼”与“贵族化绿色地产”的一个共同特点是忽视或有意歪曲了绿色建筑环境效益与经济性能之间的关系，反映出人们对于技术性能与经济性能关系认识方面的不足。

绿色建筑乃至可持续发展理念的核心在于提高自然资源的利用效率，减少对自然资源的消耗只是基于当前大量性浪费现象而提出的直接目标，因此衡量绿色建筑技术优劣的首要标准，是看其能在提高建筑的资源利用效率上的贡献度，而不是仅关心其对建筑对自然环境依赖度的绝对降低值。对于效率的共同关注，实际成为沟通技术环境性能与经济表现的桥梁。

事实上，从宏观经济的角度人们早已认同经济与资源之间的重要关联：在市场经

---

❶ 王京．绿色物语：建筑节能曲高和寡 绿色建筑还有多远．人民网．http://env.people.com.cn/GB/36686/3201226.html.

济条件下，经济发展的总体健康程度与资源的利用和配置效率是直接相关的。但在微观的技术层面，人们却往往忽视二者的关系。我们认为对于绿色建筑技术经济效率的讨论，表面上看是一些经济的问题，好像与技术的环境表现、生态效率（资源的利用效率）没有直接的联系，其实在它们的背后是存在着密切联系的，特别是引入全生命周期概念后，作为整体考虑的经济效率与生态效率所追求的目标实际是统一的。因此，将对技术经济效率的讨论纳入其生态贡献的讨论，将有利于提高技术的生态效率，而不是降低。

许多专家在“中国绿色建筑发展现状与趋势”系列访谈中，都表达了类似的思想，其中最具代表性的是同济大学机械工程学院刘传聚教授所提到的例子：“我认为对于（绿色建筑）技术的理解也需要调整。比如上海生态示范楼的遮阳系统，采用了计算机电控活动式遮阳体系，这样成本很高，因为它追求的是100%遮阳。我们现在做的一个研究是，能不能做某种固定角度的遮阳系统，达到比如说80%的遮阳效率呢？表面上看我们是在投资和遮阳效率之间寻找一个最佳的平衡点，实际在其背后，我们考虑的是也许为了遮掉另外20%的阳光我们需要耗费的资源更高，同时运行管理的难度、投资都会因此提高，我们认为绿色建筑追求的应该是综合节能效率最高，而不是单纯的零能耗（或是某些单一的环境目标）”。❶

（3）绿色建筑技术应用的贡献更多来自技术集成的综合效益

“整合设计”（Integral Design）思想❷和系统论原理共同为我们揭示的一个基本规律是：技术集成度是最大限度发挥各种技术优势的关键所在。因此，以提高资源利用效率为目标的绿色建筑，其技术的应用首先强调的是技术的综合化集成，如果将全生命周期思想看作是一种纵向的整合考虑的话，技术集成系统的提出则是“整合设计”概念在横向技术组织方面的一种体现。因此，在“示范性”建筑的设计中，不仅要体现其在全生命周期思想方面的“示范”作用，同时也要考虑其在通过技术集成系统提高建筑环境表现方面的“示范”价值。更为严重的是，不把系统的各部分联系起来考虑，“孤立地提高系统各部分的效率所带来的实际结果，往往是使整个系统的效率降低”❸，而它的最直接体现就是经常被我们以各种理由忽略掉的经济上的不合理。

“示范性”建筑的最大作用不仅在于展现未来绿色建筑可能给我们带来的效果，更为重要的是要为绿色建筑的现实推动提供更多有价值的信息。因为当前，尽管人们在改善

---

❶ 国际铜业协会，TopEnergy 绿色建筑论坛．中国绿色建筑发展现状与趋势访谈研究报告．2006，（63）．

❷ 美国建筑师西姆·范·德莱恩（Sim Van der Ryn）在其1981年的著作《整合设计》中提出了“整合设计”（Integral Design）的概念。他认为“和谐地利用其他形式的能量，并且将这种利用体现在建筑环境的形式设计中”就是“整合设计”，通过强调设计仿效自然，将自然系统的工作原理运用于人工环境与建筑的设计中，获得有利于可持续发展的建筑。

❸［美］保罗·霍肯，阿莫里·罗文斯，L．亨特·罗文斯．自然资本论：关于下一次工业革命，王乃粒等译．上海：上海科学普及出版社，2000，（143）．

建筑的环境性能、提高绿色建筑使用者的满意水平、评价绿色建筑的经济性等方面并不存在本质的分歧，支持绿色建筑的呼声也日渐高涨，但是关于绿色建筑技术经济表现的相关数据仍然缺乏系统性，信息被局限在不同的学科之中，设计实践的反馈信息也非常有限，这些都限制了人们对绿色建筑进行准确决策的能力。而作为先行的“示范性”建筑，其价值正在于有机会提供许多相关的信息，显然当前的“示范性”建筑更多仍偏重于对单一技术性能的试验和展示，这在技术发展初期是十分必要的，但如何提高包括环境、技术、经济效率在内的技术组合的综合效率，为技术的现实推广提供更多的信息，应成为下一阶段绿色建筑“示范性”项目追求的首要目标。

1.3.3 制度的发展现状与存在的问题

1）绿色建筑制度发展现状

绿色建筑的发展离不开技术和制度两大要素，如果说技术的作用更多是为绿色建筑的发展提供内在支持的话，制度环境的建设则是在为绿色建筑的发展构筑一个外在的环境，是绿色建筑发展的保证。国外绿色建筑发展的实践表明“制度革新的获益要比技术革新更为重要”，❶ 因此制度的作用不容忽视。

按照从宏观到微观的制度位阶顺序，绿色建筑的制度体系可以分为基本法律、行政及地方法规、规章及标准❷和微观制度❸等四个部分内容。其中，基本法律确定的是整个制度体系的基本原则和主体要求，行政及地方法规是根据基本法律做出的细致法律规定，规章及标准则是根据地方或各个部门的具体情况，形成的有关法律规章的具体执行要求，微观制度则是保证各项要求得以落实的操作办法。关于制度现状的考察是了解中国绿色建筑发展现实的重要内容。

基于“中国绿色建筑发展现状与趋势”系列访谈调研活动的成果，我们认为当前我国绿色建筑制度发展的基本现状是：

（1）在制度体系建设上，初步建成了由《中华人民共和国节约能源法》(1998 年 1 月 1 日实施)、《中华人民共和国建筑法》(1998 年 3 月 1 日实施)、《中华人民共和国可再生能源法》(2006 年 1 月 1 日实施）等构成的我国绿色建筑发展的基本法律基础，但在操作层面上，将这些法律所规定下的基本原则，结合建筑行业与不同地区特点形成的行政与地方法规、规章与标准体系尚待完善，特别是包含绿色建筑评价标准在内的可操作性强

---

❶ ［德］魏茨察克. 四倍跃进：一半的资源消耗创造双倍的财富，北京大学环境工程研究所，北大绿色科技公司译. 北京：中华工商联合出版社，2001，(202).

❷ 根据《立法法》的规定：全国人民代表大会及其常务委员会制定的为法律；国务院制定的为行政及地方法规；省、自治区、直辖市、较大的市、经济特区制定的为地方性法规；省、自治区、较大的市人民政府制定的为地方政府规章；国务院各部、委员会、中国人民银行、审计署和具有行政管理职能的直属机构制定的为规章及标准。

❸ 微观制度指的是各种节能规范、标准中所包含的具体制度，如能效标识制度、节能认证制度、节能市场准入制度、强制淘汰制度、绿色能源制度、供热制度、合同能源管理机制等。

的各种标准、地方实施细则成为当前绿色建筑制度体系建设中的薄弱环节（图 1-10），这体现在：

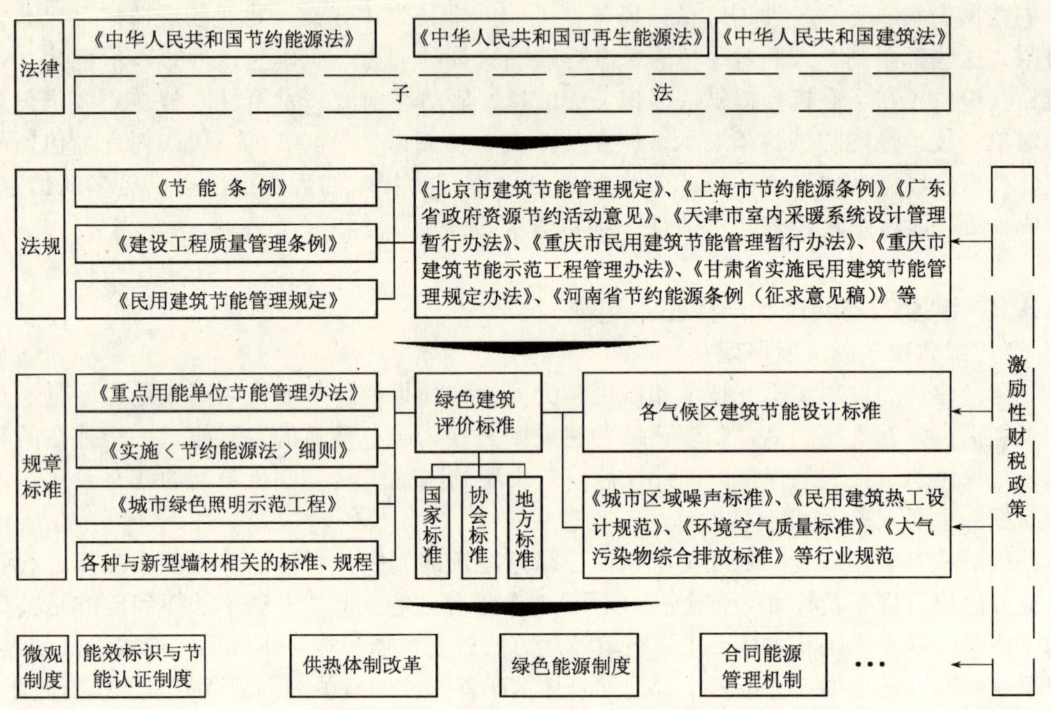

图 1-10 我国绿色建筑制度体系构成表

①在规章与标准层面，虽然随着 2005 年《绿色建筑评价标准》和《绿色建筑技术导则》的颁布，我国的绿色建筑基本概念与原则得到初步确立，同时由国家标准、行业协会标准、地方标准组成的绿色建筑标准体系经过若干年的发展，也正在逐步的完善之中。[1] 但什么是将《绿色建筑评价标准》所确定的基本原则与绿色建筑的现实推动相结合的恰当方式，仍在摸索的过程中。

---

[1] 绿色建筑标准体系包括由各气候区《居住建筑节能设计标准》、《公共建筑节能标准》、《绿色建筑评价标准》与《技术导则》等组成的国家标准、以工商联房地产商会推动的《中国生态住宅技术评估手册》为代表的行业协会标准以及包含浙江省的《居住建筑节能设计标准》、《浙江省城市住宅建筑设计标准（条文说明）》、《上海市生态住宅小区技术实施细则》、《台州市绿色生态居住区建设要点与技术导则》、《浙江省" 绿色饭店" 标准》、《甘肃省绿色饭店地方标准》等陆续建立起来的地方标准。

②在微观制度层面：能效标识制度刚刚起步，[1] 许多建筑相关产品还未加入其中，建筑整体能效标识体系的建立尚需时日；供热体制改革虽然已经在北京、大连、长春等地进行系统改造与收费改革试点，但其中反映出许多问题，改造成本的销纳机制、热计量技术、热价的确定与收费办法都还未形成成熟方案；作为克服绿色建筑成本障碍重要制度手段之一的能源合同管理理念，已经登陆中国[2]，但要想在建筑领域大规模应用，仍面临着诸如信息、管理、信用等诸多障碍。

（2）在制度执行思路上，当前我国绿色建筑制度的执行手段大多仍然以行政命令的方式进行强制性推动，几乎没有任何的激励性政策与之配合，[3] 制度与市场机制的结合度较差，加之缺乏有效的行政监管体系，制度的现实执行、贯彻度低，制度的引导性作用没有得到很好的发挥。

据建设部组织的全国建筑节能设计标准实施情况调查（主要调查对象是全国17个省市在2000年建筑节能设计标准颁布后新建的居住建筑）结果显示，总体来说全国各气候区在2000~2004年按节能标准设计的新建项目比例为58.53%，而实际按节能标准建造的项目为23.25%；在寒冷和严寒地区，两者值分别为90.08%和30.61%；在夏热冬冷地区，两者值分别为19.98%和14.36%；在夏热冬暖地区，两者值都为11.20%。可见，由于制度实施的漏洞，在局部解决了技术体系的问题之后，我国的绿色建筑在实际生产建造过程中，依然面临着许多问题。[4]

2）绿色建筑制度发展存在的问题

2005年，我们在“TopEnergy绿色建筑论坛上进行了长达半年的有关“中国绿色建

---

[1] 2005年3月1日，国家发布了相关通知要求：能效比低于5级的空调和能效指数低于5级的冰箱不再允许生产，其市场销售最后期限延至2005年9月1日，此后符合新能效标准的空调和冰箱必须加贴“中国能效标识”，才能在商店出售。这标志着家用电冰箱、房间空气调节器这两个产品，已经率先实施能效标识制度。2005年11月，建设部发布规定：房地产开发企业应当将所售商品住房的节能措施、围护结构、保温隔热性能指标等基本信息在销售现场显著位置予以公示，并在《住宅使用说明书》中予以载明，由此人们预计，建筑领域能效标识制度的建立很快将被提到议事日程。

[2] 在国家发改委、世界银行和全球环境基金（GEF）共同支持下，北京、辽宁、山东先后成立了三家示范性“节能服务公司”（EMC）。目前，三家EMC共签订节能服务合同296个，投资7.1亿元，所实施的工业节能技改项目，99%以上获得了成功。该项目的二期日前在中国也按时启动，具体任务是：对新的和潜在的EMC提供技术援助，促成中国节能服务产业的建立；构建EMC商业贷款的担保机制，为新的、潜在的EMC提供节能项目商业贷款担保。（刘亢 朱彬 廖君，EMCO产业有望成为我国新的经济增长点，2004/06/28，http://www.cq.xinhuanet.com/news/2004-06/28/content_2396524.htm）

[3] 我国曾经有过的唯一的建筑节能优惠政策，是节能建筑可以减免固定资产投资方向调节税，但此税种于2001年1月1日停止执行。此外，对于多年以来用于墙改和建筑节能的新型墙体材料专项基金，2002年，国家经贸委、财政部又发文作出新规定，新用途内不包括建筑节能，但国家并未设立任何新的对节能建筑的经济激励政策，致使建筑节能完全失去经济政策调控，建造高能耗建筑不再受到税收的限制而迅速大幅度反弹；又由于供热体制改革政策尚未出台，采暖热费不能与个人利益挂钩，导致居民缺乏节能积极性，进而直接影响节能建筑的市场需求。也就是说，目前国家对节能建筑从建造、销售到使用均无任何激励政策。

[4] 建设部网站. 关于进一步加强建筑节能标准实施监管工作的通知. 2005-08-18. http://www.cin.gov.cn.

筑发展主要障碍”问题的调查，结果显示（图1-11）：认为主要障碍是“开发商对绿色建筑缺乏认识”的占9.46%，“大众的绿色建筑消费需求不旺盛”的占9.91%，“政府的政策导向不力”的占29.28%，“建筑师和工程师不熟悉绿色建筑的设计”的占8.56%，“施工建设单位对绿色建筑的实现存在困难”的占4.05%，“绿色建筑的初期投资太大”的占9.91%，“绿色建筑技术、产品还不成熟”的占19.82%，“绿色建筑的长期经济效益目前看来并不明显”的占9.01%，可见将近三成的投票者认为“政府的政策导向不力”是当前中国绿色建筑发展的主要障碍，政府在绿色建筑发展初期的不作为，成为大多数人诟病的主要目标。网络调查显示施工单位的操作困难被排在了主要矛盾的最次要位置，这与我们现在的绿色建筑实践还处于起步阶段是相互关联的。

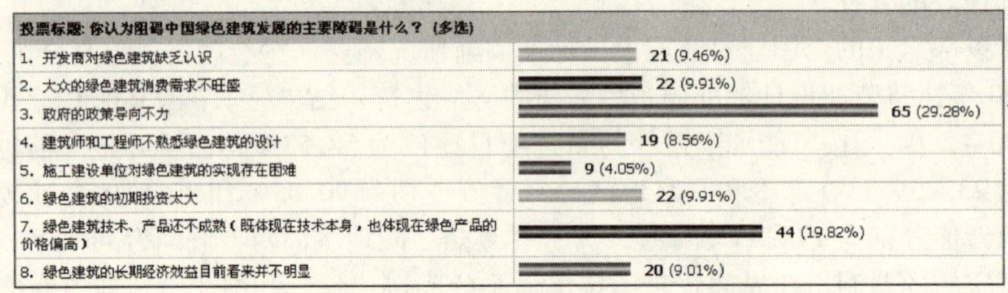

图1-11 我国绿色建筑发展主要障碍调查

（资料来源：TopEnergy 绿色建筑论坛 bbs. topenergy. org）

从以上统计结果我们还可以看出，在绿色建筑起步阶段，以政府的政策为核心的制度要素和以技术的产业化为核心的技术要素是绿色建筑发展的主要制约因素，而开发商的认识、大众的绿色建筑消费需求、设计机构的绿色建筑设计能力、绿色建筑的初投资等则构成了第二层次的制约因素群，它们或许会成为起步阶段完成后，绿色建筑发展需要面对的主要障碍。当然，我们认为第二层次的制约因素与当前的主要制约因素之间存在着内在的关联性，即随着政策导向力度的加大，绿色建筑宣传和教育的普及，开发商的认识、大众的绿色建筑消费需求问题都有可能迎刃而解。而且，随着制度体系的健全、技术产业化的完成，绿色建筑的初投资将回落，绿色建筑的长期经济效益将逐步显现，设计机构的设计能力也会在不断的实践中得到提高。因此，可以预见随着制度和技术两大主要制约因素的突破，当前看起来各种纠结在一起的困难与障碍都有可能随之解决，这也许也是大多数专家对于绿色建筑在中国发展表达乐观预期的一个重要的原因。

不同群体对于绿色建筑推进障碍的认知也会有所不同，以建筑师群体为例，在TopEnergy论坛同时进行的有关投票结果显示（图1-12）：认为主要障碍来自设计周期太短的占13.61%，认为是设计费用太低的占4.76%，对相关设计原理仍然缺乏了解的占12.93%，觉得设计过程繁琐的占11.56%，认为绿色建筑需要进行过程跟踪有些力不从心的占6.12%，而认为最大障碍来自没有成熟的绿色建筑技术支持、由于成本太高无法说服甲方、缺乏政府政策支持的则分别占到了17.69%、15.65%、17.69%，由此可见，出于建筑师群体自身的困难并不是影响绿色建筑发展的主要障碍，而恰恰是技术支持、政策支持、甲方的认可等三个外部性因素（总比例超过五成，达到51.03%）让建筑师感觉是进行绿色建筑操作过程中面临的主要困难。

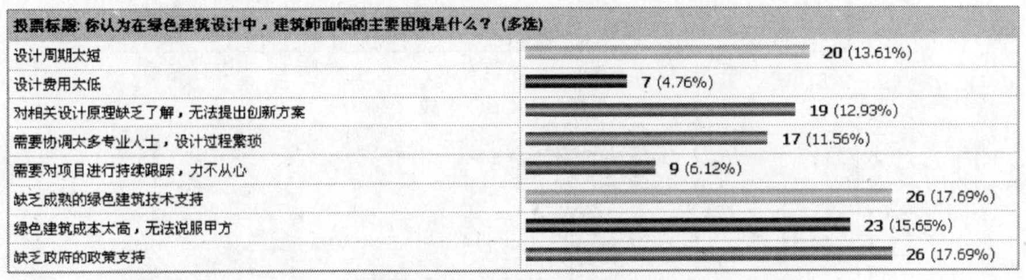

图1-12　建筑师在绿色建筑设计中面临的困境调查
（资料来源：TopEnergy绿色建筑论坛bbs.topenergy.org）

由于我国特殊的文化传统和国情背景，政府在许多方面都扮演着重要的角色，在绿色建筑的发展过程中，这种主导性作用依然非常明显，消费者的意向、地产开发机构的决策，甚至技术的产业化发展都与政府的政策导向有着密切的关系，因此，政策和制度是当前中国绿色建筑发展在操作层面上，首先需要解决的问题。

具体而言，当前我国绿色建筑制度发展面临的主要问题来自两方面：

（1）在制度编制的过程中，由于受到多种因素的影响，参与群体过分单一，以研究机构的专家为主的编制团队，无法充分体现发展过程中其他参与者的意志要求，降低了制度的认同感和可操作性。

由于绿色建筑产业是一个由众多相关产业组成的产业集群，开发商、设计者、使用者、金融机构、政府部门等众多建筑设计、营造的参与者，拥有各自不同的需遵循的规则、目标、利益，他们对建造过程的影响也不尽相同，使得绿色建筑的发展往往需要面对复杂的产业系统问题，基于系统理念的整合性解决方案的提出，需要超越传统学科和职业的边界，采纳来自不同群体的意见和要求；同时，由于绿色建筑问题在技术层面之外，还包括广泛的社会、经济问题，目前绿色建筑推动所面临的许多技术、经济问题，已经超越了技术的范畴，因此要提高绿色建筑制度的现实可操作性，引入更多群体的参与势在必行。

但现在我国的制度实践与这样的要求仍存在一定的差距。以工商联房地产商会编制的《中国生态住宅技术评估手册（2003版）》为例，23位编委中，接近一半是能源方面的专家（10位），而建筑方面的专家仅有三位，只占13%，而这一比例在USGBC（负责开发LEED标准的美国绿色建筑委员会）编委中为32%。同时LEED编委不仅更多来自直接参与实践的基层工程师、建筑师，还包括了结构、市场运营、开发商、环境工程等多方面的人士，组成更为多样，而不只是单纯的研究机构专家（图1-13）。

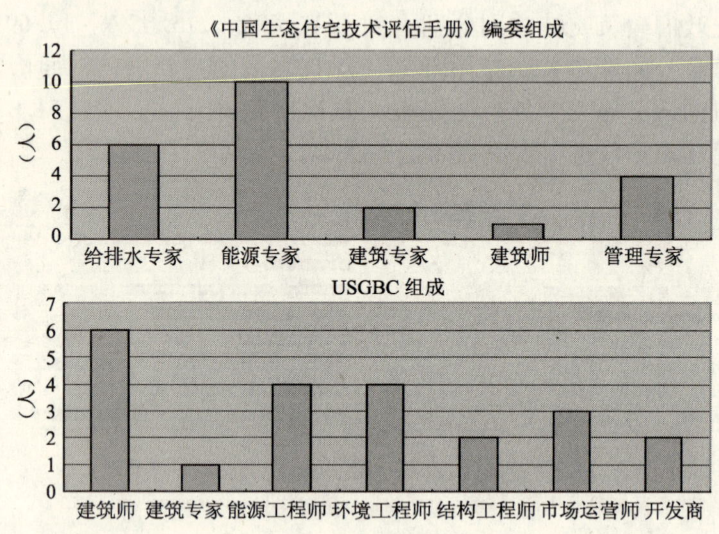

图 1-13　中美绿色建筑标准编纂专家构成差异比较

造成这一差异的原因是多方面的，首先这是由当前我国绿色建筑发展的重点所决定的，因为节能不仅是我国当前建筑发展中最为薄弱的环节，而且能源问题和环保问题的关系也最为密切，以节能为切入点有利于尽快取得良好的成效，这时能源方面的专家称为标准、制度的主要制定者有其一定的必然性；其次，由于我国的教育与建筑分工体制，我国建筑师的知识结构并不全面，在面对绿色建筑实践时，无法提出整合性方案，导致许多建筑师在绿色建筑发展的初期无法及时跟上变革的步伐；第三，除了更多接触国外先进理念的科研机构之外，地产开发、设计等建筑的现实操作机构对于绿色建筑理念的认知还停留在比较初级的层面，没有积极性也无法参与到绿色建筑制度、标准的制定过程中。

编制机制上的欠缺导致了产生的标准与实践层面存在着比较严重的脱节现象，标准的易用性、可操作性阻碍了其作用的发挥。

(2) 在制度的执行层面，我们仍习惯于使用强制推行的思维模式，由于缺乏对制度操作者的利益考虑，没有相应的激励性财税政策与之配合，导致制度、标准与市场的结合度低，单一的行政推行手段影响了制度执行的自觉性。

以 2005 年颁布的《公共建筑节能标准》(以下简称《标准》) 为例，我们在网上的调查得出了非常有趣的结论：《标准》影响最大的行业是处于执行层面关键环节的房地产（支持度达到 27.78%），而认为其从中受益的竟然为零！受益最大的国家和老百姓，一个是《标准》的制定者和推行者，一个是产品的使用者，这种“哑铃”形的受益结构，要想标准得到切实的贯彻，看来只能依靠政府的监管（60.87% 投票认为其是落实《标准》的关键环节）。也许正因为这样，对《标准》贯彻持乐观态度的仅占 31.03%，绝大部分受访人群对《标准》能否有效贯彻表示怀疑或否定（图 1-14）。

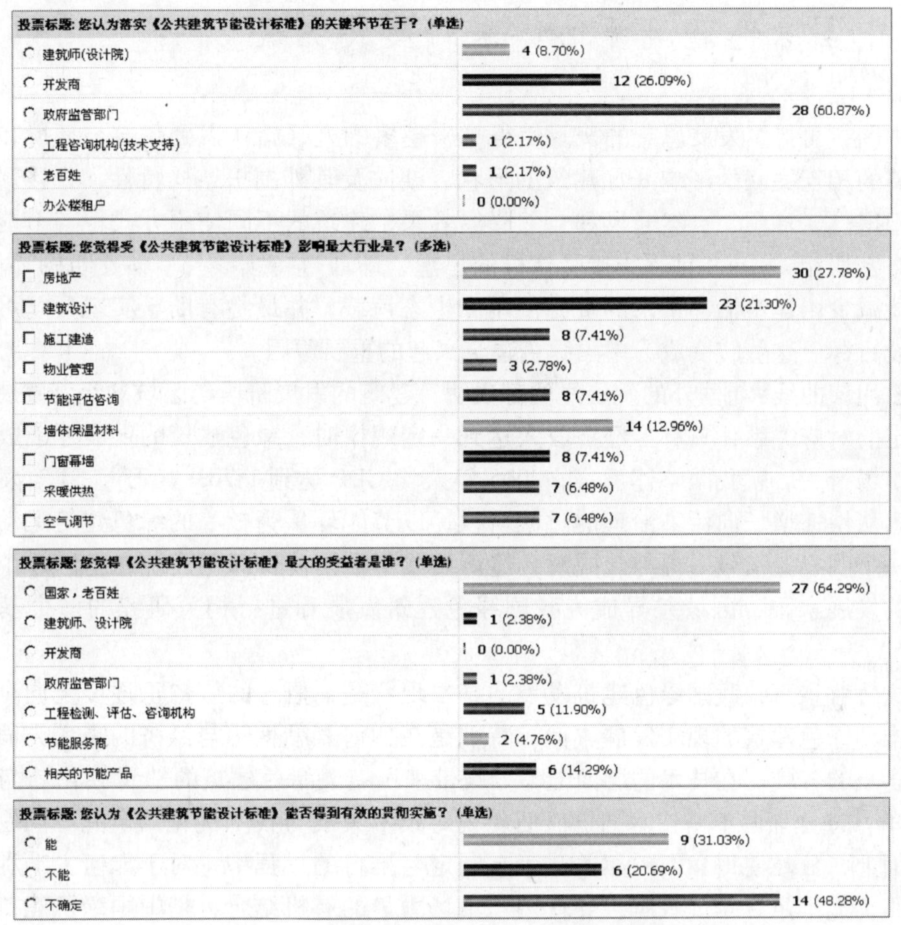

图 1-14　《公共建筑节能设计标准》相关调查

（资料来源：TopEnergy 绿色建筑论坛 bbs. topenergy. org）

在市场经济条件下，与市场的结合度实际成为衡量规章、标准可操作性水平的重要指标。我国标准之所以在这方面仍然有所欠缺，主要原因在于我们刚刚进入市场经济的时间并不长，缺乏相关的经验，政府在政策的推行过程中，仍习惯性地沿用了长期计划经济时代养成的思维模式。因此，要改变制度的贯彻度低的现状，改变制度执行的惯性思维是一个重要方面。

1.4 中国绿色建筑评估体系的发展现状

在中国，可持续发展思想的普及使得越来越多的人开始认识到建筑与环境在不同层面存在着的相互关联的影响（如建筑的形状、朝向及其外围护结构特性，直接影响了建筑的太阳得热、日照、自然通风和自然降温效果，建筑的不同使用方式也与节能、环境控制策略密切相关），并且逐步接受这样的思想，即通过持续改善单体建筑的环境表现，将有可能减少由建筑活动带来的资源使用和生态荷载，并最终有助于实现环境可持续发展的预设目标。这些转变成为中国绿色建筑兴起的重要原因。

库兹涅茨曲线[1]与国外的发展经验都表明，建筑的发展阶段与区域的经济发展水平存在着一定的对应关系，只有当经济收入达到一定规模时，绿色建筑的发展才能成为一种自觉的市场行为。就我国整体而言，2005 年人均 GDP 达到 1 703 美元[2]，建筑发展阶段已经进入从快速增长向污染治理的过渡阶段，以节能环保为核心的绿色建筑运动开始兴起，是一个明显的信号。但与此同时，经济发展不平衡使得绿色建筑在全国各个地区呈现不同的发展水平，区域差异成为我国绿色建筑发展和进行相关研究的一个基本前提（图 1-15）。

在这一背景下，我国绿色建筑发展的基本现状是：概念的认知正逐步走向全面，但在如何推动绿色建筑的现实发展方面，特别是在如何兼顾生态与经济的需求方面仍存在许多观念上的分歧。在技术的层面上，分歧带来了有关绿色建筑的“贵族化”与“平民化”之争，过分强调单一技术的价值而忽视对技术集成与技术优化的研究等问题；在制度的层面上，分歧使得我们的相关政策在制定与推行的过程中，对于如何主动利用经济杠杆作用仍显不足。实现政府主导作用与市场力量的有机结合，是中国绿色建筑制度发展过程中，亟待解决的问题。

基于以上判断，我们认为对于生态与经济关系的认识不仅是当前绿色建筑发展面临的一个直接与尖锐的现实问题，同时也将对我们下一步相关建筑技术的发展与制度体系的完善产生重要影响，因此，对相关问题的探讨具有相当的现实性与迫切性。

面对发展建筑业可持续发展的巨大压力，中国政府在绿色建筑方面也开展了众多的工作，具体而言体现在：

---

[1] 库兹涅茨曲线是指 1955 年前苏联经济学家库兹涅茨提出的关于人均收入与环境水平相互关系的论述，即当经济收入由低而高发展时，环境退化和资源消耗的速度超过环境净化和资源再生的速度，因此随着人均收入的增加，环境问题随之恶化。当经济发展到较高水平时，产业结构向服务业转变，加上社会环境意识的增强与法规完善以及技术改良，环境退化现象逐渐减缓甚至消失。

[2] 刘铮，何雨欣．中国人均 GDP 去年达到 1 703 美元．中国广播网．2006-1-26．http://news.sina.com.cn

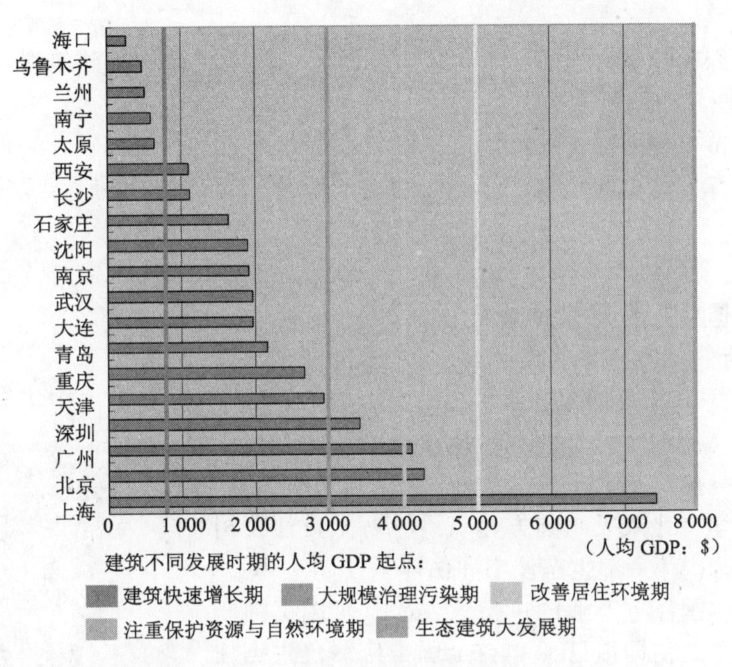

图 1-15 区域经济发展差异与建筑发展阶段

(1) 首次将绿色建筑、建筑节能相关课题列入国家中长期发展规划（62 项中的一项）。

(2) 搭建每年召开的绿色建筑国际研讨会的平台：国际智能、绿色建筑与建筑节能大会暨新技术与产品博览会。该会议以为目前在绿色建筑领域由政府组办的，档次最高和规模最大的行业交流平台，由建设部、科技部、国家发展和改革委员会、国家环境保护总局于每年的 3 月份在北京共同举办。会议的主要内容为总结交流建筑节能、智能与绿色建筑技术的发展趋势与关键技术；介绍国内外建筑节能、智能与绿色建筑发展模式与产业化经验；研讨建筑节能、建筑智能化与可持续发展，探讨智能与绿色建筑标准化等。大会同期还举办智能、绿色建筑和建筑节能新技术与产品博览会，以展示国内外建筑节能、智能与绿色建筑领域的最新技术与应用成果，展示内容涉及建筑节能、生态环保、建筑智能、新型材料等方面的新技术与产品。

(3) 每二年由政府颁发绿色建筑创新奖，该奖项分为工程类项目奖和技术与产品类项目奖。工程类项目奖包括绿色建筑创新综合奖项目、智能建筑创新专项奖项目和节能建筑创新专项奖项目；技术与产品类项目奖是指应用于绿色建筑工程中具有重大创新、效果突出的新技术、新产品、新工艺；该奖项每两年评审一次，由建设部与国家质检总局联合发布的工程建设国家标准《绿色建筑评价标准》(GB/T 50378—2006) 作为该奖项的评选标准。

（4）开展绿色建筑科学研究工作，这方面的工作主要由中国建筑科学研究院、清华大学等科研和学术机构所主导。

（5）用示范工程来推进绿色建筑的发展。

（6）加强标准规范的编制，已完成的有《绿色建筑评价标准》、《绿色建筑技术导则》。

1.4.1 《中国生态住宅技术评估手册》❶

1）产生背景

《中国生态住宅技术评估手册》（以下简称“评估手册”）是由中华全国工商业联合会房地产商会（简称全国工商联房地产商会）联合清华大学、建设部科技发展促进中心、中国建筑科学研究院、哈尔滨工业大学、北京天鸿圆方建筑设计有限责任公司等单位编制的国内第一部生态住宅评估体系（图 1-16）。

图 1-16 中国生态住宅技术评估手册

为了促进中国住宅产业的可持续发展，全国工商联房地产商会成立之初即拟订了“在全国推广绿色生态住宅”的行动计划。该计划提出：“与国际接轨，建立我国绿色生态住宅技术评估体系，在全国创立开放型的‘全国绿色生态住宅示范项目’品牌。以节约能源与资源、减少环境负荷、营造健康舒适的居住环境为宗旨，推进我国住宅产业的可持续发展。”在此背景下，专家学者们在深入研究世界各国绿色建筑评估体系的基础上，结合我国的实际情况，于 2001 年 9 月完成了《中国生态住宅技术评估手册》第一版的制定，并用于国内第一批“全国绿色生态住宅示范项目”的指导和评估。

本评估手册的推出，受到了国内外同行和社会各界的热切关注，在一年的初步实践和开发、设计以及科研院所等单位的积极参与下，2002 年对评估手册进行了充实、完善，发布了评估手册的第二版。

评估手册的第三版完成于 SARS 疫情后的 2003 年 9 月，在这一版中，针对疫病传播与居住环境的密切关系，对建筑的形式、通风、采光、空调、给水排水、绿化与景观等方面的健康学指标提出了更高的要求。该版已经使用 3 年时间，取得了良好的社会效益和经济效益，得到了业界和用户的广泛认可。

❶ 该部分由工商联房地产商会赵凤山副总工程师提供内容。

2）评估体系结构与评价方法

（1）评估体系结构

评估体系由住区环境规划设计、能源与环境、室内环境质量、住区水环境、材料与资源等五部分构成，涵盖了住区生态性能的各个方面。体系结构和内容设置上，充分考虑了设计指导和性能评价的综合性，评价指标分四级，一级为评估体系的五个方面，二级为一级五个评价方面的细化，三级为部分二级指标的进一步细化，四级为具体措施。这种指标体系结构具有良好的开放性，便于指标的增减和修改。由于目前我国生态住宅评估所需的基础数据较为缺乏，例如，我国各种建筑材料生产过程中的能源消耗、CO_2排放量、各种不同植被和树种的CO_2固定量等都还没有统计数据，使得定量评价的标准难以科学地确定，因此，评价指标采取定性和定量相结合的原则。定性指标以技术措施为主，即利于评价，也有助于指导设计。

评估体系框架如表 1-1 所示。

《中国生态住宅技术评估手册》评估体系框架 **表 1-1**

一级指标	二级指标	三级指标	四级指标（措施与评价）
住区环境规划设计	住区区位选址	使用废弃土地作为住宅用地	
		保护用地及其周围自然环境	
		保护用地及其周围人文环境	
		利用具有潜力的再开发用地	
		提高土地利用率	
		有利于减灾和防灾	
		远离污染源	
	住区交通		
	规划有利于施工		
	住区绿化		
	住区空气质量		
	住区环境噪声		
	日照与采光		
	改善住区微环境		

续表

一级指标	二 级 指 标	三 级 指 标	四 级 指 标 （措施与评价）
能源与环境	建筑主体节能		
	常规能源系统优化利用	冷热源和能量转换系统	
		能源输配系统	
		照明系统	
		热水供应系统	
	可再生能源利用		
	能耗对环境的影响		
室内环境质量	室内空气质量	施工现场	
		通风及空调系统	
		污染源控制	
		室内空气质量客观评价	
	室内热环境		
	室内光环境	室内日照与采光	
		室内照明	
	室内声环境	平面布置合理	
		建筑构件隔声	
		设备噪声控制	
		室内噪声	
住区水环境	用水规划	水量平衡	
		节水率指标	
	给水排水系统	给水系统	
		排水系统	
	污水处理与回用	回用率指标	
		污水处理系统	
		污水回用系统	
	雨水利用	屋顶雨水	
		地表径流雨水	
		雨水处理与利用	
	绿化与景观用水	绿化用水	
		景观用水	
		湿地	
	节水设施与器具	节水设施	
		节水器具	
材料与资源	使用绿色建材		
	资源再利用	旧建筑改造	
		旧建筑材料的利用	
		固体废弃物的处理	
	住宅室内装修		
	垃圾处理		

（2）评价方法

在表1-1所示的评估体系框架下，构建的评分标准体系由必备条件审核、规划设计阶段评分标准和验收与运行管理阶段评分标准三部分构成。

必备条件审核旨在对参评项目是否满足国家法规、标准和规范要求，以及是否符合绿色建筑基本要求进行审核。不符合必备条件中的任何一条，都不能参加生态住宅的评估。以能源与环境评价为例，必备条件如表1-2所示。

能源与环境部分必备条件 表1-2

项目	★必备条件	必备条件分类		所属阶段	审核
		标准规范	绿色要求		
建筑主体节能	建筑围护结构热工性能分别满足《民用建筑节能设计标准》(JGJ 26—95)、《采暖居住建筑节能检验标准》(JGJ 132—2001)、《夏热冬冷地区居住建筑节能设计标准》(JGJ 134—2001) 等现行标准中的相关规定	√		规划	
	建筑耗热量、耗冷量指标分别满足《民用建筑节能设计标准》(JGJ 26—95)、《采暖居住建筑节能检验标准》(JGJ 132—2001)、《夏热冬冷地区居住建筑节能设计标准》(JGJ 134—2001) 等现行建筑节能标准中的相关规定	√		规划	
	建筑物全年耗热量指标（Q_H）、建筑物全年耗冷量指标（Q_c）应分别低于建筑所在地区所规定的能耗限值		√	规划	
常规能源系统优化利用	不得违反国家的能源政策和法规	√		规划	
	ECC 不低于 0.21		√	规划	
	TDC 不低于 3		√	规划	
	建筑设计必须充分考虑自然采光		√	规划	
	必须采取相应的节电措施		√	规划	
	不得专门设置住区锅炉房集中制备生活热水		√	规划	
可再生能源	不得违反国家的能源政策和法规	√		规划	
	地热、水源热泵系统所用地下水必须100%回灌	√		规划	
能耗对环境的影响	能源系统污染物排放符合国家及地方相关标准	√		规划	
	空调制冷设备和消防设备中不采用含 CFC（氟氯化碳）的制冷剂		√	规划	
	单位建筑面积的 CO_2、SO_2、NO_X 及总悬浮颗粒物（TSP）年排放指标不得超过规定标准		√	规划	
	单位建筑面积的建筑物夏季排热量指标不高于 0.2 GJ/m^2		√	规划	

规划设计阶段评分和验收与运行管理阶段评分都是以评估体系的一级指标的五个方面为基础的。每个方面均为100分，每个阶段总分为500分，两个阶段总分合计为1 000分。以规划设计阶段能源与环境评价为例，评分标准如表1-3所示。

能源与环境评分标准 **表1-3**

<table>
<tr><th></th><th>二级指标</th><th>三级指标</th><th>四级指标(措施与评价)</th><th>分 值</th></tr>
<tr><td rowspan="10">规划设计阶段(100分)</td><td colspan="2">建筑主体节能(45分)</td><td>建筑全年耗热量指标、建筑全年耗冷量指标,符合规定值,可得基本分18分。附加分评分如下:
建筑物全年耗热量指标每降低5%,得分$=5\times\lambda_H$;建筑物全年耗冷量指标每降低5%,得分$=5\times\lambda_C$。其中λ_H、λ_C分别为建筑所在地区的建筑物耗热量加权系数。$\lambda_H+\lambda_C=1$</td><td>45</td></tr>
<tr><td rowspan="7">常规能源系统优化利用(35分)</td><td>冷热源和能量转换系统(15分)</td><td>ECC>0.21,可得基本分。随着ECC的提高,分值按比例增加,直至加到本条目满分为止</td><td>15</td></tr>
<tr><td>能源输配系统(10分)</td><td>TDC>3,可得基本分。随着TDC的提高,分值按比例增加,直至加到本条目满分为止
如无集中能源输配系统,则本条目分数平均分配给2、4、5、6、7、8条目</td><td>10</td></tr>
<tr><td rowspan="3">照明系统(5分)</td><td>楼梯间等照明系统采用声控、定时开启等措施</td><td>1.5</td></tr>
<tr><td>公共区域的照明系统采用了节能灯等节能措施</td><td>1.5</td></tr>
<tr><td>路灯照明系统采取了节能措施</td><td>2</td></tr>
<tr><td rowspan="2">热水供应系统(5分)</td><td>利用工业废热回收和其他能源制备热水(如热泵、空调余热、分户燃气炉等)
得分$=2+q(0\leq q\leq 3)$,其中$q=$(ECC和TDC的加权得分率)$\times 33$</td><td>3</td></tr>
<tr><td>采用分户电热水器或未指定任何使用常规能源制备生活热水</td><td>2</td></tr>
<tr><td colspan="2" rowspan="2">可再生能源利用(10分)</td><td>利用各种可再生能源提供生活用热水(生活热水由可再生能源提供的部分占50%以上,得3分;使用了可再生能源但不足生活热水总需求量50%时,得1.5分;否则0分)</td><td>3</td></tr>
<tr><td>利用各种可再生能源进行冬季供暖(冬季供暖由可再生能源提供部分占总供暖量的40%以上,得2分;使用了可再生能源供暖但不足供暖总量的40%时,得1分;否则0分)</td><td>2</td></tr>
</table>

续表

	二级指标	三级指标	四级指标（措施与评价）	分值
规划设计阶段（100分）	可再生能源利用（10分）		利用各种可再生能源进行夏季空调（夏季空调由可再生能源提供部分占总供冷量的40%以上时，得3分；使用了可再生能源供冷但不足供冷总量的40%时，得1.5分；否则0分）	3
			利用各种可再生能源发电（使用可再生能源发电量超过总需求电量的10%时，得2分；使用了可再生能源发电但不足总需求电量的10%时，得1分；否则0分）	2
	能耗对环境的影响（10分）		单位建筑面积各种污染物（CO_2、NO_x、SO_x，总悬浮颗粒物TSP）排放量不高于基准值时得3分，比基准值每降低5%，加1分，加至满分（8分）为止；高于污染物排放基准值按零分计算	8
			单位建筑面积的建筑物夏季排热量指标不高于0.2 GJ/m^2可得1分，每降低5%加0.25分，加至满分（2分）为止；高于建筑物排热基准值按零分计算。对于地源热泵或水源热泵系统，不考虑其进行空调时排入地下的热量 （注：总得分等于上述两个子项得分之和，但其中只要有一个子项的得分为0，则本项总得分按零分计。）	2

（1）评分原则

- 按照表1-3所示的评分表分阶段、分子项对逐条措施进行评分。
- 对于具有明确量化指标的措施，完全依据量化指标进行评分。
- 对于无法量化的措施，依据评分原则和专家经验进行评分。
- 各项措施的最终得分取各评估专家评分的算术平均值。
- 按一级指标对各措施的得分进行累计，得到单项总分（满分100分）。
- 按阶段对各单项得分进行累计，得到阶段总分（满分500分）。
- 将两个阶段总分相加，得到项目总分（满分1000分）。

（2）评估方法

- 评估方式分项目评估、阶段评估和单项评估三种。

项目评估是包括各单项、各阶段的全程评估。符合绿色要求的参评项目其单项得分必须达到60分以上，阶段得分300分以上，项目总得分600分以上。

- 阶段评估是对阶段各单项内容的全面评价，符合阶段绿色要求的项目，各单项评分必须达到60分以上，阶段得分300分以上。

● 参加单项评分的项目，符合单项绿色要求其得分须达到70分以上。

3）应用实践

（1）评估手册的应用

作为国内第一部生态住宅评估体系，自2001年第一版出版以来，已经发行了11 000册，使用者多为建筑设计院、房地产开发企业、政府有关主管部门（如建设局等）以及行业协会等。

全国工商联房地产商会依据该评估体系开展了"全国绿色生态住宅示范项目"推广工作。自2002年以来，共建立了26个绿色生态住宅示范项目，遍及全国15个省23个城市，总建筑面积约750万 m^2。在这些项目实施过程中，在规划设计阶段，评估手册主要用作生态设计指南；在规划设计完成后，用作规划设计阶段生态评价标准；在运行验收阶段，用作运行验收阶段生态评价标准。

（2）生态示范项目的经济评价

根据"全国绿色生态住宅示范项目"所在地所处的气候分区情况，选出其中10个项目就节能、节水情况进行统计分析，结果如表1-4所示。可以看出，各项目节能指标均高于国家标准规定的50%节能要求，节水指标也都符合《中国生态住宅技术评估手册》要求。平均节能58.1%，增加节能成本7.7%；平均节水率21.6%，增加节水成本1.2%。

部分生态项目成本分析 **表1-4**

序号	项　目	建筑面积（万 m^2）	绿地率（%）	节能率（%）	节水率（%）	增加节能成本(%)	增加节水成本(%)
1	天津蓝水假期	12.2	35	—	31.7	—	1.8
2	常州金色新城	28.4	38.4	52.0	22.3	5.5	1.1
3	西安枫林绿洲	107.3	39.5	56.1	18.1	6.2	1.0
4	成都锦城豪庭	6.0	43.9	53.5	15.0	5.9	0.8
5	深圳碧海富通城	20.0	55	55.3	18.5	9.3	1.2
6	北京当代万国城	66.0	36	61.1	32.9	7.5	1.7
7	宁波国际广场	16.0	36.5	54.0	15.0	6.0	0.6
8	上海经纬城市绿洲	28.7	43	62.0	25.4	8.1	1.5
9	沈阳锦绣山庄	6.5	65	64.8	11.3	11.0	0.5
10	银川清水湾	25.0	50	64.0	25.8	9.6	1.5
平均值				58.1	21.6	7.7	1.2

（3）案例分析：西安高新·枫林绿洲

该项目位于西安市高新技术产业开发区内，总用地面积51.36hm^2，规划总建筑面积107.3万m^2，总户数7 750户，总居住人口24 800人，绿地率39.5%。项目采用了如下一些生态技术：

- 雨水收集利用和再生水回用技术；
- 建筑主体节能技术；
- 建筑布局和室内平面布局优化设计。

（1）该项目的绿地、道路浇洒以及景观用水采用再生水，同时进行了雨水收集与利用，项目的总节水率为18%。再生水回用系统增加的建安成本约为9.7元/m^2，约占建安成本的1%。项目运行后每年可节水24.4万t自来水，节省自来水费用47.58万元（西安自来水价格：1.95元/t），年人均节省19元，大约节省用水支出24%。

（2）在建筑主体节能设计中，屋顶采用钢筋混凝土+水泥焦渣找坡层+90厚憎水膨胀珍珠岩板+找平层及防水层，传热系数$K=0.704$ W/(m^2·K)；外墙采用190厚非承重空心砖+35厚SAC复合保温材料，传热系数$K=0.73$ W/(m^2·K)；外窗采用断桥铝合金中空玻璃窗，传热系数$K=3.2$ W/(m^2·K)。维护结构的性能指标均高于50%节能标准的要求。建筑物的实际耗热量指标为17.73 W/m^2（国家标准为20.2 W/m^2），实际节能效果达到了56.1%。增加成本6 500万元，单位面积成本增加60.5元/m^2，约占建安成本的6.2%。

（3）借助计算机模拟技术，对住区建筑风环境进行模拟分析，优化建筑布局和建筑朝向，改善住区的风环境，同时使室内具有良好的自然通风条件，夏季的空调能耗减少了48%，对建筑总体节能的贡献为3.7%。

因此，该项目总节能达到了59.8%，全年可以节省耗煤12 490 t。按每吨煤500元计算，每年节省采暖用煤费用约625万元。建筑节能所增加的成本约10年即可收回。

1.4.2 《绿色奥运建筑评估体系》[1]

1）背景与概况

当前，国际社会已达成共识：各种体育活动的开展及运动会的筹办，应尊重环境并与环境保持协调一致，从而保证体育的可持续发展，寻求环境与发展的平衡点，最终促进社会的可持续发展。国际奥委会从20世纪70年代开始提出环保方面的要求，并将环境保护逐步政策化。1991年在对奥林匹克运动宪章作修改时，增加了一个新条款，提

[1] 该部分由清华大学建筑学院田蕾博士撰写。

出申办奥运会的所有城市必须提交一份环保计划。1996 年国际奥委会正式成立了环境委员会，明确了“环境保护”是奥林匹克运动中不可缺少的主要部分，“环保”被列为现代奥运会的主题之一，成为继“运动”和“文化”之后奥林匹克运动的第三大领域。

北京 2008 年奥运会明确提出了“绿色奥运”、“科技奥运”和“人文奥运”的口号。为了使奥运建筑真正具有绿色的内涵，需要有公开的、科学的管理机制协助实现奥运建筑的绿色化。2002 年 10 月，“奥运绿色建筑标准及评估体系研究”课题立项，成为科技部“科技奥运十大专项”之一。课题组成员包括清华大学、中国建筑科学研究院、北京市建筑设计研究院、中国建筑材料科学研究院等 9 家单位。该研究以落实“绿色奥运”承诺为目标，根据绿色建筑的概念和奥运建筑的具体要求，制定奥运建筑与园区建设的“绿色化”标准，研究开发针对这一标准的、科学的、可操作的评价方法和评估体系；探索发展绿色建筑的途径，进而为在全国城镇建设中推行“绿色建筑”探索经验，并提供参考与示范作用。2003 年 8 月，《绿色奥运建筑评估体系》评估体系正式面世（图 1-17）。

图 1-17 绿色奥运建筑丛书

《绿色奥运建筑评估体系》(以下简称 GOBAS) 力图通过建立严格的、可操作的建设全过程监督管理机制，落实到招标、设计、施工、调试及运行管理的每个环节，来实现奥运建筑的绿色化。

2）评估体系介绍

GOBAS 认为，以大量的能源消耗和破坏环境的代价所获得的舒适性的“豪华建筑”不符合绿色建筑要求；而放弃舒适性，回到原始的茅草屋中，虽然不消耗能源和资源，却也不是绿色建筑所提倡。尤其中国目前建筑环境质量的现状和要求存在很大的差异，不像发达国家总体水准较高、差别较小。因此 GOBAS 借鉴了日本 CASBEE 中建筑环境效率的概念，将评分指标分为 Q 和 L 两类：Q（Quality）指建筑环境质量和为使用者提供服务的水平；L（Load）指能源、资源和环境负荷的付出。通过图 1-18 所示二维的表述方式描绘参评项目的“绿色性”。当评估结果处于图中 A 区时，表示该项目通过很少的资源能源和环境付出，就获得了优良的建筑品质，是最佳的绿色建筑。B 区、C 区尚属于绿色建筑，但或资源与环境消耗太大，或建筑品质略低。D 区属于高资源、能源消耗但建筑品质并不太高。E 区则是很多的资源能源和环境付出却获得低劣的建筑品质，一定需要设法避免。

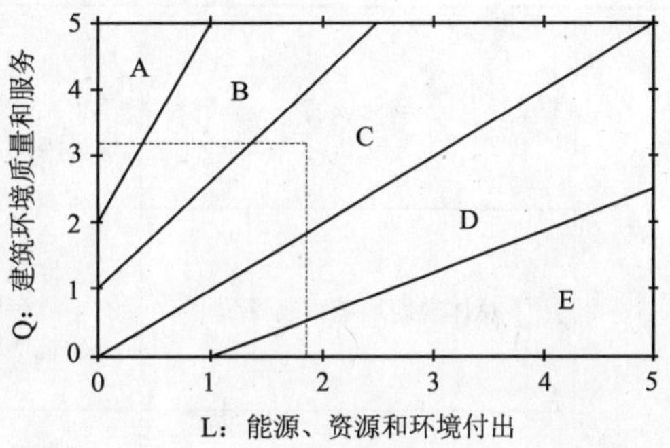

图 1-18 二维方式描绘参评项目的“绿色性”

GOBAS 主要由如下几个部分组成：绿色奥运建筑评估纲要（列出与绿色建筑相关的内容和评估要求）、绿色奥运建筑评分手册（给出具体的评估打分方法）、评分手册条文说明（给出评估具体原理和相应的条目说明）以及评估软件。此外，配套的《绿色奥运建筑实施指南》一书在 GOBAS“评估纲要”的基础上扩写而成，即针对重点条目的内容、要求和相应的技术措施进行了改写和细化。

按照全过程监控、分阶段评估的指导思想，评估过程由 4 个部分组成：

第一部分：规划阶段

第二部分：设计阶段

第三部分：施工阶段

第四部分：验收与运行管理阶段

针对上述不同建设阶段的特点和要求，分别从环境、能源、水资源、材料与资源、室内环境质量等方面进行评估。只有在前一阶段达到绿色建筑的基本要求，才能继续进行下一阶段的设计、施工工作。当按照这一体系在建设过程的各个阶段都达到绿色要求时，这个项目就可以认为达到绿色建筑标准。

从表 1-5 中看出，在建筑生命周期的不同阶段，对其环境性能要求的侧重点的差异被非常清晰地表现出来。在规划设计阶段，比较强调位置选择、能源系统选择等可能对未来造成重大影响的战略性问题；在详细设计阶段，不再考虑选址等因素对环境性能带来的影响，因为这些因素在这一阶段已经无可改变，而是侧重于对设计细节的考察；施工阶段不在对设计建筑设计因素进行考察，而是关注承建单位的操作方式；验收与运行管理阶段用实测的方式对以前的预测性能进行印证。即使各个阶段存在相同的评价内容，在权重设置上也会存在差异。

建筑生命周期不同阶段的考察内容 表 1-5

阶段	类别	主要考察内容
规划设计	场地选址	与城市总体规划的协调；满足防灾、减灾的要求；建设用地的性质符合节省土地资源的原则；现场水系与地貌状况评估；对生态环境的影响；建设场地的环境质量；对现有交通和市政基础设施的影响等
	总体规划环境影响评价	土地规划合理性；对地下水和地表水系的影响；场地生物多样性；现场的电磁污染，噪声污染状况；建筑的相互遮挡状况和日照间距的保证；由于建筑所导致的周边热环境与风环境状况；可能出现的热岛效应水平等
	交通规划	规划区域交通网络的评价；与城市公共交通的联系；停车场的设置；以及规划小区的人流组织等
	绿化	原有绿化的保护及规划设计的绿化率
	能源规划	能源供给方案的能源转换效率评价；对城市能源系统的冲击；可再生能源和新能源的使用状况以及建筑能源消耗导致的环境影响
	资源利用	项目的必要性和规模评价，建筑材料消耗总量的分析评价；现有建筑的利用状况；项目的赛后利用可能性与充分性评价；以及对固体废弃物处置方案的评价
	水环境系统	用水规划；对给水、排水系统规划的评价；对污、废水处理与回用的评价；雨水利用状况评价；绿化与景观用水规划以及湿地的开发与人工湿地规划
详细设计	建筑设计	建筑规模、容积与面积控制；结构材料选择；建筑主体节能；室内热环境效果；室内自然采光状况；室内可以获得的日照量；隔声与噪声控制设计评价；建筑内自然通风效果分析；对于奥运建设项目评价建筑的可适应性
	室外工程设计	场地工程的评价；绿化和园林工程评价；道路工程评价以及室外照明和光污染控制分析
	材料与资源利用	根据所使用的全部建筑材料量定量地计算分析这一新建项目导致的资源消耗数量和生产与运输这些材料所消耗的能源及对环境的影响。检查建筑材料的本地化比例，并评估旧建筑材料利用状况
	能源消耗及其对环境影响	所采用的冷热源和能量转换系统效率；由风、水循环系统构成的能源输配系统的输配效率；供热空调系统在部分负荷下和只有部分空间使用的条件下的可用性和效率；所采用的新风热回收技术评价；其他用能系统评价；照明系统的节能分析；对用能设备的计量、监测与控制状况；可再生能源的利用；以及能源系统运行对环境影响和空调制冷设备中是否使用了破坏大气臭氧层的工质

续表

阶段	类别	主要考察内容
详细设计	水环境系统	饮用水安全性评价；污废水处理及资源化评价；再生水回用率与回用方案评价；雨水利用；绿化与景观用水；以及节水设备与节水器材的使用
	室内空气质量	主要涉及：室内自然通风与空调通风系统对改善室内空气质量的分析评价和装饰装修材料无害化评价
施工阶段	施工的环境影响	减少施工对土壤环境影响；对大气环境影响；施工噪声；水污染；光污染；以及施工期间对周边区域的安全影响评价和采取的古树名木与文物保护措施
	能源利用与管理	降低施工能耗的措施和施工过程用能优化
	材料与资源	包括对材料节约利用；施工材料的合理选择；资源再利用措施和就地取材情况
	水资源	施工用水的节约和各种水资源的优化利用
	人员安全与健康	考察现场的安全措施，实现人性化，改善施工人员的工作环境
验收运行管理	室外环境	实际对周边生态环境的影响；对原生环境保护和改善；室外热舒适与热岛效应；室外风环境；环境噪声与振动；室外照明；大气质量；道路工程及交通状况
	室内环境	测试并评价室内空气质量；室内声环境；光环境；热舒适性
	能源消耗	通过对系统的详细测试对试运行阶段的系统能耗进行评估
	水环境	实际使用效果与用量的考核与测试计量
	绿色管理	考察有无有效的管理体制和激励机制来切实实现有效的绿化管理、固体废弃物收集和处理、空调系统运行的卫生管理、水质管理、节水管理与节能管理

GOBAS 中，根据评价内容的不同，各性能类别设置了二到三级条目。独立的权重系统为每级条目分别加权。图 1-19 以规划阶段“Q1 选址”为例，说明这种结构和计分方式。每个具体的评价指标都采用 5 分制，主要采取措施得分率与直接打分两种形式。在 5 级评分制中，1 分为最低分，3 分为平均水平，5 分为最好。难以划分 5 级时，也可以划分 3 级（1 分、3 分、5 分）进行评价。满足最低条件（标准、法律、规定以及本评估体系提出的一些基本条件）时评为 1 分，如果连最低条件都无法满足，则评为 0 分，且不能参评。

在 GOBAS 中提出了一批绿色建筑定量化评价指标体系，包括：通过对近 20 个实际项目的调研和测算，提出了建材全生命周期评价的 4 个定量指标，即资源消耗、能源消耗、环境影响、本地化；建立了科学、客观和全面的建筑能耗定量评价指标体系，提出用建筑物耗热量、耗冷量指标评价居住建筑节能状况；提出与参考建筑比较的方法评价办公建筑节能；直接对体育场馆的围护结构部分的热工性能和做法评价节能效果；提出基于能质系数的 ECC 指标评价不同供热空调系统及方式；提出 TDC 指标评价风机水泵等输配系统能耗；提出热回收能效比 CEP 指标评价新风热回收；提出照明能耗系数并结合灯具、照度、控制等全方位评价人工照明；采用了单位建筑面积污染物排放总量指标体系（CO_2、可吸入颗粒物、NO_x、SO_x 等）和建筑排热评价指标体系，评价大气（直接或间接）污染及温室效应。这些量化评价指标对国内其他一些评价体系的建立或者修订起到了重要的借鉴作用。

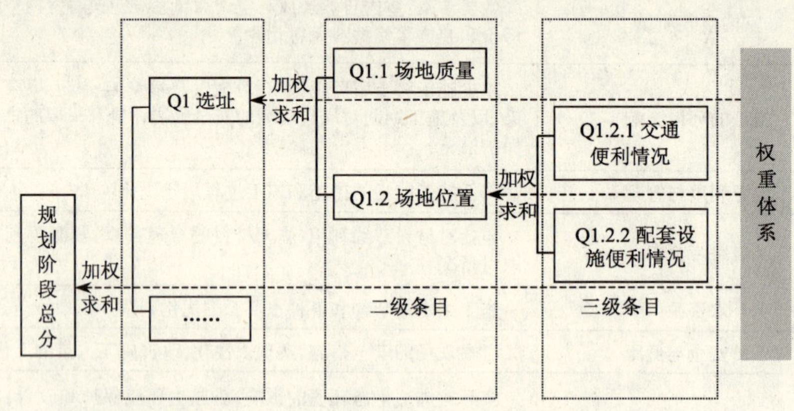

图 1-19　以“Q1 选址”为例的结构和计分方式

3）评估体系应用

绿色奥运建筑评估体系已在水立方、五棵松体育文化中心、运动员村等 12 个奥运新建项目、所有奥运临建和改扩建场馆及其他二十余项建设项目中得到了较好的应用，在节能、节材及环保等方面进行了优化，促进了绿色奥运和绿色建筑理念的落实。

在五棵松体育文化中心的应用中，通过评估优化，节约了 1 000 多万初投资，改善了室内外环境质量，节约了运行能耗，促进了新方案的出台。

1.4.3　《绿色建筑评价标准》[1]

1）产生背景

为落实科学发展观，建立一个资源节约型、环境友好型的社会，加速改变粗放型的建筑现状，根据建设部的统一部署和工作安排，建设部标准定额司组织开展了《绿色建筑评价标准》的编制工作（图 1-20）。参加《绿色建筑评价标准》编制工作的有中国建筑科学研究院、上海市建筑科学研究院、中国城市规划设计研究院、清华大学、中国建筑工程总公司、中国建筑材料科学研究院、国家给水排水工程技术研究中心、深圳市建筑科学研究院、城市建设研究院等单位。

《绿色建筑评价标准》着重评价与绿色建筑性能相关的内容，未涵盖通常建筑物应有

[1] 该部分根据中国建筑科学研究院王有为院长的讲稿整理。

的功能、性能要求，如结构安全，防火安全等，因此符合国家的法律法规与相关的标准（尤其是强制性条文）是参与绿色建筑评价的前提条件（图1-21）。

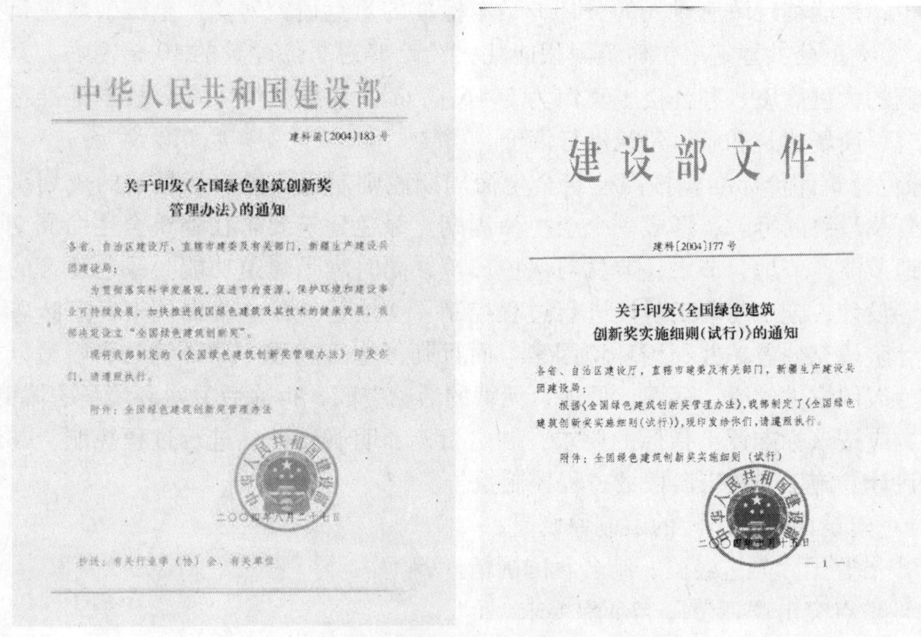

中华人民共和国建设部

建科函〔2004〕183号

关于印发《全国绿色建筑创新奖管理办法》的通知

各省、自治区建设厅，直辖市建委及有关部门，新疆生产建设兵团建设局：

为贯彻落实科学发展观，促进节约资源，保护环境和建设事业可持续发展，加快推进我国绿色建筑及其技术的健康发展，我部决定设立“全国绿色建筑创新奖”。

现将我部制定的《全国绿色建筑创新奖管理办法》印发你们，请遵照执行。

附件：全国绿色建筑创新奖管理办法

二〇〇四年八月二十七日

抄送：有关行业学（协）会、有关单位

建设部文件

建科〔2004〕177号

关于印发《全国绿色建筑创新奖实施细则（试行）》的通知

各省、自治区建设厅，直辖市建委及有关部门，新疆生产建设兵团建设局：

根据《全国绿色建筑创新奖管理办法》，我部制定了《全国绿色建筑创新奖实施细则（试行）》，现印发给你们，请遵照执行。

附件：全国绿色建筑创新奖实施细则（试行）

二〇〇四年[illegible]十五日

— 1 —

图1-20　建设部制订关于绿色建筑的文件

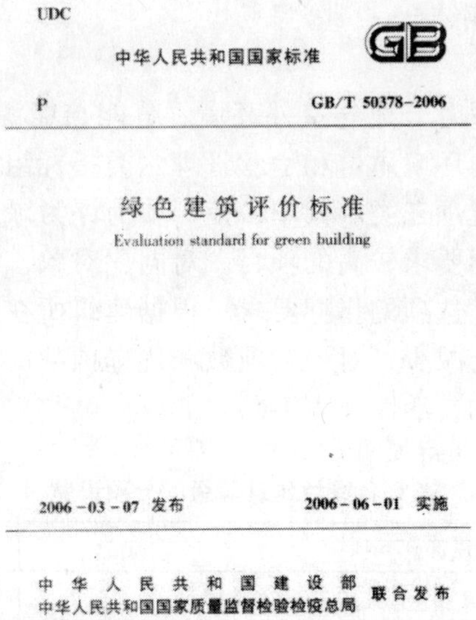

UDC

中华人民共和国国家标准　GB

P　GB/T 50378-2006

绿色建筑评价标准

Evaluation standard for green building

2006-03-07 发布　2006-06-01 实施

中华人民共和国建设部
中华人民共和国国家质量监督检验检疫总局　联合发布

图1-21　绿色建筑评价标准

《绿色建筑评价标准》用于评价住宅建筑和办公建筑、商场、宾馆等公共建筑。住宅是面大量广的建筑，约占我国总建筑面积的2/3，又是人类占用时间最长的空间，涉及到男女老少，最能体现政府对人的关怀，是本标准的重点研究对象。全国公共建筑面积约45亿 m^2，大型公共建筑单位建筑面积能耗大约是普通居住建筑的10倍左右，其中采用中央空调的大型商厦、办公楼、宾馆为5~6亿 m^2，堪称耗能大户，故本标准暂时仅对办公建筑、商场建筑和旅馆建筑进行评价。

《绿色建筑评价标准》按照建筑全生命周期原则制定。建筑从最初的规划设计到施工、运营及最终的拆除，形成一个全生命周期。绿色建筑要求在建筑全生命周期内，最大限度地节能、节地、节水、节材与保护环境，同时满足建筑功能。绿色建筑的建设应对规划、设计、施工与竣工阶段进行过程控制。关注建筑的全生命周期，意味着不仅在规划设计阶段充分考虑并利用环境因素，而且确保施工过程中对环境的影响最低，运营阶段能为人们提供健康、适用、低耗、无害的活动空间，拆除后又对环境危害降到最低。各责任方应按该标准评价指标的要求，制定目标、明确责任、进行过程控制，并最终形成规划设计、施工与竣工阶段的过程控制报告。

《绿色建筑评价标准》的编制原则是：

（1）借鉴国际先进经验，结合我国国情。

（2）重点突出“四节”与环保要求。

（3）体现过程控制。

（4）定量和定性相结合。

（5）系统性与灵活性相结合。

2）指标体系

绿色建筑评价指标体系由节地与室外环境、节能与能源利用、节水与水资源利用、节材与材料资源利用、室内环境质量和运营管理六类指标组成。各大指标中的具体指标分为控制项、一般项和优选项三类。其中，控制项为评为绿色建筑的必备条款；优选项主要指实现难度较大、指标要求较高的项目。对同一对象，可根据需要和可能分别提出对应于控制项、一般项和优选项的指标要求。根据建筑所在地区、气候与建筑类型等特点，符合条件的项数可能会减少，对一般项数和优选项数的要求可按比例调整，这就为各个地方应用带来了较大的灵活性（表1-6）。

划分绿色建筑等级的分项设置 **表1-6**

住宅建筑　76项		公共建筑83项
控制项	27项	26项
一般项	40项	43项
优先项	9项	14项

绿色建筑的必备条件为全部满足《绿色建筑评价标准》第四章住宅建筑或第五章公共建筑中控制项要求。按满足一般项和优选项的程度，绿色建筑划分为三个等级。

对住宅建筑，原则上以住区为对象，也可以单栋住宅为对象进行评价。对公共建筑，以单体建筑为对象进行评价。对住宅建筑或公共建筑的评价，在其投入使用一年后进行。

划分绿色建筑等级的项数要求（住宅建筑），见表1-7。

划分绿色建筑等级的项数要求（住宅建筑） **表1-7**

等级	一般项数(共40项)						
	节地与室外环境（共8项）	节能与能源利用（共6项）	节水与水资源利用（共6项）	节材与材料资源利用（共7项）	室内环境质量（共6项）	运营管理（共7项）	优选项数（共9项）
★	4	2	3	3	2	4	—
★★	5	3	4	4	3	5	3
★★★	6	4	5	5	4	6	5

划分绿色建筑等级的项数要求（公共建筑），见表1-8。

划分绿色建筑等级的项数要求（公共建筑） **表1-8**

等级	一般项数(共43项)						
	节地与室外环境（共8项）	节能与能源利用（共10项）	节水与水资源利用（共6项）	节材与材料资源利用（共8项）	室内环境质量（共6项）	运营管理（共7项）	优选项数（共14项）
★	3	4	3	5	3	4	—
★★	4	6	4	6	4	5	6
★★★	5	8	5	7	5	6	10

为节省篇幅，本书以其中的住宅建筑评价的有关内容为例，概述了《绿色建筑评价标准》的指标体系和评分原则：

节地与室外环境

（1）控制项8项，一般项8项（☆4，☆☆5，☆☆☆6），优先项2项。其中：环保减污6项，绿化3项，节地施工、热岛效应、风环境、透水地面各1项，其他4项。

● 关于节地

人均居住用地指标：低层不高于43m²、多层不高于28m²、中高层不高于24m²、高层不高于15m²。

目前常出现居住用地人均用地指标突破国家相关标准的问题，与节地要求相悖。

国外偏于用户均指标来评价，在此用人均居住用地指标是要与其他规范一致。

● 关于施工

施工现场是典型的污染源。施工常会引起大气污染、土壤污染、噪声影响、水污染、光污染等影响，是过程控制中的重要环节。要求施工单位提交环境保护计划书、实施记录文件、自评报告及当地环保局或建委等部门对环境影响因子如扬尘、噪声、污水排放评价的达标证明。虽偏重于理念，但列入控制项，突显重要性。

中国的施工企业正在开展绿色施工标准的编制。

● 热岛效应（限于住宅建筑的一般项）

热岛效应是指一个地区（主要指城市内）的气温高于周边郊区的现象，可以用两个代表性测点的气温差值（城市中某地温度与郊区气象测点温度的差值）即热岛强度表示。由于受规划设计中建筑密度、建筑材料、建筑布局、绿地率和水景设施、空调排热、交通排热及炊事排热等因素的影响，住区室外也有可能出现热岛现象，以1.5℃作为控制值，是基于多年来对北京、上海、深圳等地夏季气温状况的测试结果的平均值。可通过热岛模拟预测分析或运行后的现场测试取得数据。

● 风环境

自然通风是亚热带地区建筑节能的一个重要方面。另外，由于建筑单体设计和群体布局不当而导致行人举步维艰或强风卷刮物体撞碎玻璃等的事例很多。建筑物周围人行区距地1.5m高处风速$V<5m/s$是不影响人们正常室外活动的基本要求。因此对住宅建筑与公共建筑均提此要求，鼓励用软件对室外的风环境作模拟预测分析。

● 透水地面

透水地面是生态环境的一个重要内容。透水地面具有土地涵养、减少地表迳流、降低洪峰、调节环境温度、降低热岛效应等效益。透水地面包括自然裸露地面、公共绿地、绿化地面等地面（图1-22）。

（2）节能与能源利用

控制项3项，一般项6项（☆2，☆☆3，☆☆☆4），优选项2项。其中：强调执行标准规范5项，计量1项，合理设计1项，照明节能1项，再生能源2项，能量回收1项。

● 节能设计标准

我国960万km^2领土被分为严寒、寒冷、夏热冬冷、夏热冬暖和温和5个不同的建筑气候区，除温和地区外，建设部已经颁布实施了分别针对各个建筑气候区居住建筑的节能设计标准，同时还颁布实施了《公共建筑节能设计标准》，本节对其有关内容再次强调。

● 计量收费

城镇供热体制和供热方式改革是节能工作中的一个方面。用户能自主调节室温是必须的，因此应该设置室温可由用户自主调节的装置；然而，收费与用户使用的

图1-22 住宅小区中的透水地面

热（冷）量多少有关联，作为收费的一个主要依据，计量用户用热（冷）量的相关测量装置和制定费用分摊的计算方法是必不可少的。目前这项工作尚未启动，列入控制项仅是为了设计上率先考虑，安上管路与设备，有待今后此项工作的开展。

- 节能设计

建筑体形、朝向、楼距、窗墙面积以及遮阳均是节能设计的基本要素，而且还影响住宅的通风及采光。有悖于绿色建筑的设计时有发生，在此作为一般项再次强调，提倡建筑师充分利用场地的有利条件，尽量避免不利因素，在这些方面进行精心设计。

- 再生能源

太阳能、地热能是建筑上最易获得的再生能源，即应用太阳能热水器供生活热水、采暖等（图 1-23、图 1-24）；以及应用地热能直接采暖，或者应用地源热泵系统进行采暖和空调。

图 1-23　某太阳能与建筑结合示范工程

图 1-24　某太阳能试点工程

条文中提出的5%可用以下指标判断：①如果小区中有25%以上的住户采用太阳能热水器；②小区中有25%的住户采用地源热泵系统；③小区中50%的住户采用地热水直接采暖。

（3）节水与水资源利用

控制项5项，一般项6项（☆3，☆☆4，☆☆☆5），优先项1项。其中：非传统水源5项，绿化用水2项，管网漏损1项，节水用具1项，景观用水1项，规划管理1项。

● 规划管理

中国是个缺水国家，包括资源型缺水和水质型缺水。

对住宅建筑，除涉及室内水资源利用、给水排水系统外，还与室外雨污水排放、再生水利用以及绿化、景观用水等有关。因此，在控制项中就强调要制定水系统规划，包括用水定额、水量平衡及用水量的确定，结合当地气候条件、经济状况、用水习惯和区域水专项规划等，综合考虑节水措施。

● 管网漏损

中国的管网漏损达21%，远高于发达国家。为此：

①管材、管件必须符合产品行业标准要求；

②选用高性能的阀门；

③合理设计供水压力；

④选用高灵敏度计量水表；

⑤加强施工管理，做好管道基础处理和覆土，控制管道埋深。

● 雨水利用

对年平均降雨量在800mm以上的多雨但缺水地区，应结合当地气候条件和住区地形、地貌等特点，除增加雨水渗透量外，还应建立完整的雨水收集、处理、储存和利用等配套设施。

雨水处理方案及技术应根据当地实际情况而定。单独处理宜采用渗水槽系统；南方气候适宜地区可选用氧化塘、人工湿地等自然净化系统。

● 非传统水源（Nontraditional Water Source）

非传统水源利用率指的是采用再生水、雨水等非传统水源代替市政自来水或地下水供给景观、绿化、冲厕等杂用的水量占总用水量的百分比。

住区周围有集中再生水厂的，优先采用市政再生水；没有再生水厂的，要综合考虑是否建造再生水处理设施，并依次考虑优质杂排水、杂排水、生活排水等的再生利用（图1-25、图1-26）。

（4）节材与材料资源利用

控制项2项，一般项7项（☆3，☆☆4，☆☆☆5），优选项2项。其中：循环利用4项，钢筋混凝土2项，装修到位1项，设计合理1项，强调执行标准规范1项，本土材料 1 项，新结构体系 1 项。

图 1-25 北京立水桥地区城建集团住宅小区的中水设施

图 1-26 日本某社区地下共同管沟中的中水系统

● 材料安全性

中国的装修材料发展迅猛。装饰装修材料主要包括石材、人造板及制品、建筑涂料、胶粘剂、壁纸、聚氯乙烯卷材地板、地毯、木制家具等。材料中的有害物质是指甲醛、挥发性有机物（VOC）、苯、甲苯和二甲苯以及游离甲苯、二异氰酸酯及放射性核素等。作为绿色建筑，绝不允许有损人体健康的现象出现，列入控制项是理所当然的。建设部已编制多本国标对此进行限定。

● 节约材料

建筑业中的浪费材料的两大特点是：①业主自行装修，拆除原有厨卫的墙、地瓷砖，既大量浪费材料，又造成噪声和建筑垃圾；②为片面追求奇、特、怪，设计了不必要的曲面、飘板、构架等异型物件，不符合绿色建筑的基本理念。

对此，分别在一般项与控制项中列入有关条文。

● 循环利用

①首先在设计选材时考虑材料的可循环使用性能，包括金属材料、玻璃、铝合金型材、石膏制品、木材等；

②拆除旧建筑时的可再利用材料（不改变物质形态），包括砌块、砖石、管道、板材、木地板、木制品（门窗）等；

③使用以废弃物为原料生产的建筑材料，包括建筑废弃物、工业废弃物和生活废弃物。

（5）室内环境质量

控制项 5 项，一般项 6 项（☆2，☆☆3，☆☆☆4），优选项 1 项。其中日照和采光 2 项，自然通风与换气 3 项，声环境、空气质量、视线干扰、结露、温控、遮阳、功能材料各 1 项。

● 声环境

住宅建筑的声环境已成为市场需求的一个重要内容。条文中所提出的卧室、起居室的允许噪声级相当于现行《民用建筑隔声设计规范》(GBJ 118—88) 中较高的水平。楼板、分户墙、外窗和户门的声学性能要求均是为满足卧室、起居室的允许噪声级要求所必要的水平。绿色建筑既要创造一个良好的室内环境，又要考虑节约资源，不可片面地追求高性能。

● 自然通风

自然通风既提高居住者的舒适感，有利于室内空气排污，更有助于缩短空调设备的运行时间，降低空调能耗。绿色建筑应特别强调自然通风。

自然通风与通风开口面积大小密切相关，本条文针对不同地区分别规定通风开口面积与地板最小面积比为5%和8%。此外，还与通风开口的相对位置密切相关，避免室内出现通风死角。与住区风环境模拟分析结合考虑自然通风是发展中必然要考虑的工作。

● 结露

绿色住宅应满足围护结构内表面不结露的要求。导致结露除空气过分潮湿外，表面温度过低是直接的原因。结露大都出现在金属窗框、窗玻璃表面、墙角、墙面上可能出现的热桥附近，在设计和建造过程中，应核算可能结露部位的内表面温度是否高于露点温度，采取措施防止在室内温、湿度设计条件下产生结露现象。

● 遮阳

遮阳能取得较好的节能效益，同时能避免夏季阳光透过窗户照到室内引起居住者的不舒适感。是一种简单实用的措施，列入一般项中。

遮阳技术发展甚快，有内遮阳、外遮阳之分。外遮阳中又有卷帘式、上下推拉式、平开式、水平推拉式、可调节与固定式之分。从材质角度有木质、布质、金属、塑胶布等品种（图 1-27）。

● 运营管理

控制项 4 项，一般项 7 项（☆4，☆☆5，☆☆☆6），优先项 1 项。其中：垃圾处理 5 项，管理制度 4 项，绿化 2 项，智能化 1 项。

● 垃圾处理

垃圾处理是环保中的一项重要内容，特别在人口增长、经济发展的境况下，住宅建筑中的垃圾处理尤为重要。

①在源头将垃圾分类投放；

②垃圾收集、运输等整体系统的合理规划；

③垃圾容器的放置；

图 1-27 各种遮阳技术

④垃圾站的景观美化及环境卫生；

⑤在有条件的地方就地处理，达到减量化、资源化的效果。

● 绿化问题

本标准涉及绿化共有7项条文，分列于节地、节水与运营管理中。

①选择乡土植物，少维护，耐候性强，病虫害少，对人体无害；

②绿化率不低于30%，人均公共绿地面积不低于1m^2；

③乔、灌、草合理搭配，每100m^2绿地不少于3株乔木；

④绿化用水采用非传统水源；

⑤采用喷灌、微灌等高效节水灌溉方式；

⑥采用无公害病虫害防治技术，有效避免对土壤和地下水的损害；

⑦栽种和移植的树木成活率大于90%，植物生长状态良好（图1-28、图1-29）。

图1-28　住宅墙体绿化

图1-29　立体绿化

3）运行机制

依据《全国绿色建筑创新奖评审标准》以及《全国绿色建筑创新奖评审标准使用规则》，全国绿色建筑创新奖评审指标体系全面采用《绿色建筑评价标准》（GB/T 50378—2006）的评价指标体系，综合奖设星级达标、创新、推广及效益等方面的分项评审指标。

绿色建筑创新奖的评价标准每两年评定一次，建设部归口管理绿色建筑创新奖。省、自治区、直辖市建设行政主管部门负责组织本地区域内绿色建筑奖项目的申报和初审、推荐上报工作。依据《全国绿色建筑创新奖管理办法》，具体的申报和评审流程如下：

申报程序：①申请绿色建筑奖的单位向省、自治区、直辖市建设行政主管部门申报；

②省、自治区、直辖市建设行政主管部门对申报项目及资料进行初审，合格的签署推荐意见后报送建设部；③建设部科学技术委员会办公室负责组织专家对申报资料进行形式审查。

评审程序：建设部科学技术委员会办公室根据申报项目情况将评审专家委员会分成若干评审专家组，组织评审专家依据评审标准对通过形式审查的项目进行评审。通过评审的项目在建设部网上公示。公示期三个月。公示后无异议或有异议但已解决的项目，作为最终的评审结果报国务院建设部常务会议审查确定获奖项目。

公布与颁证：建设部以部文的形式公布获奖项目并对获奖项目颁发《全国绿色建筑创新奖》证书。

其详细的实施办法，请参考《全国绿色建筑创新奖实施细则（试行）》。

迄今为止，绿色建筑创新奖已经颁发了两届，评出了诸如科技部建筑节能示范楼、南京聚福园小区、浙江省安吉县山川乡高家堂村生态建设示范、上海安亭新镇一期（西区）节能工程等优秀项目。

1.4.4 不同群体在绿色建筑发展过程中的互动机制

如图 1-30 所示，根据产业链条的基本逻辑，不同群体在推动绿色建筑发展中的基本关系大致为：

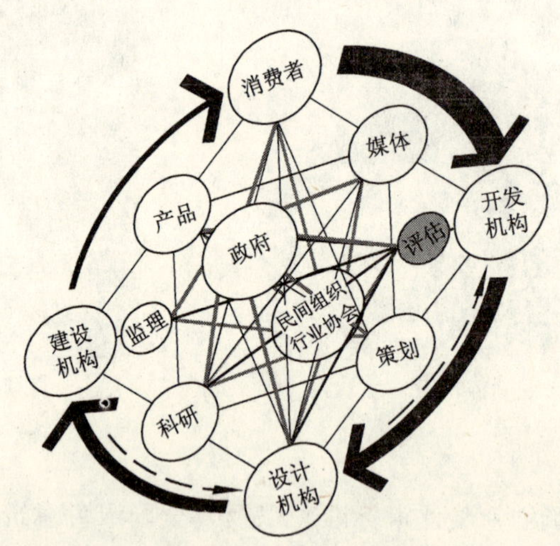

图 1-30 不同群体在推动绿色建筑发展中的基本关系

（1）政府、开发机构和消费者构成了绿色建筑发展的主动力集团，首先政府将以科研机构的研究成果为基础，适时推出相应的政策（如财税政策）、法规、机制（如能效标识），一则对地产开发机构的绿色建筑产品转型提出引导与约束，同时为消费者的绿色建筑消费活动提供鼓励；政府同时通过媒体对消费者和开发机构进行绿色建筑教育和宣传，开发商也将通过媒体向消费者阐述绿色建筑产品理念，媒体成为绿色建筑宣传和教育的主要通道；消费者的主动需求是开发机构进行绿色建筑产品开发的基础动力。

（2）开发机构、设计机构和建设机构组成了绿色建筑产品的生产系统，开发机构在策划咨询机构的辅助下，需要整合来自消费者、政府、科研机构、产品供应商等群体的信息，形成绿色建筑产品开发的基本要求；设计机构根据开发机构的工作成果，综合科研机构的技术支持和政府政策要求，形成绿色建筑产品的设计文件，同时不断与开发机构进行信息反馈与互动；建设机构则是根据设计文件的要求，在监理机构的监督下，进行绿色建筑施工和产品组织，最终将开发机构的开发意图和设计文件的要求转变为物质产品，同时也与设计机构保持互动关系。

（3）民间组织与行业协会在绿色建筑发展的过程中，扮演着和政府相似的角色，他们同样需要面对几乎所有的相关群体，提供相应的标准，所不同的是没有政策的制定权和政府的强制力、公信力，但民间组织与行业协会比政府更为灵活，可以对绿色建筑发展提出更高的要求。

当然，绿色建筑的发展牵涉到众多的群体，存在着复杂的相互关系，它们之间的互动机制实际是一个网络化的复杂系统，上图所表述的只是一种一般状态下的定性化逻辑关系，在不同项目的操作过程中，各种因素的相互作用会存在一定的差异。

1.5 中国台湾的绿建筑发展

我国的台湾省位于高温多湿的环亚热带气候地区，山多平原少地小人稠，拥有丰富多样性的地质、生物与人文资源；近2 300万人口中约有77%居住在全岛面积12%之都市化的土地上，平均每平方公里人口627人，属于人口过密地区。平均每人国民生产总值（GNP）15 690美元，进口能源占98%为主，其中逾半数为石油及其产品。以区内生产总值（GDP）所占比例百分比分类，农林水产业约占1.80%，工业约占30.57%，服务业约占67.63%。

台湾在绿建筑的实践发展上也呈现着多样性的特质，借由不同的途径，促进建筑产业迈向与环境共生共荣的可持续发展设计。于法规方面，则是世界首见于2004年将绿建筑设计之最低基准纳入建筑技术规则中，新增绿建筑专章，并于2006年1月1日正式实施。在法制化之前则有内政部门建筑研究所于1999年开始推广绿建筑标章制度，鼓励新建建筑物采用高标准、高品质以符合更多绿建筑指针者，申请绿建筑标章。行政部门“绿建筑推动方案”的政策，由有关部门带头做起，使得绿建筑设计的想法日益受到重视。

2004 年 7 月 31 日亦公告接受“绿建材标章”[1] 申请，优先受理“健康绿建材”及“再生绿建材”之评估及核发。此一标章制度在 2005 年更增加生态、高性能（防声、透水）等标章之申请，结合“生态、健康、高性能、再生”等方面，以达到地球永续与人本健康的目的。此外，因温室气体减量，行政部门环保机构亦积极与美国环保署合作同步接轨，推广“能源之星”（ENERGY STAR/eeBuildings）方案。[2] 着眼于未来，内政部门建筑研究所拟于在现有的研究成果上，于 2006 年开始推动《住宅性能标章》，[3] 此标章制度含括永续舒适性能、健康性能及安全性能等三大标的，以及构造安全、防火避难、无障碍环境、空气环境、光环境、声环境、节能省水、住宅维护八项指针项目，所有性能类别皆分为四级，符合法令标准者为银质级，依其性能提高核给金质、白金、钻石等级，评估工作亦分为设计及施工阶段，以确保住宅设计及建造施工之品质。

本文首先依时间序列回顾台湾绿建筑的发展沿革，绿建筑在台湾实践情形，并概略介绍建筑技术规则绿建筑专章、绿建筑标章评估制度内容，以及部分优良案例与绿建筑教育推广概况，进而提出未来发展面思考议题。

1.5.1 从建筑省能到绿建筑

1）建筑节能研究与法制化

（1）能源危机开启建筑省能研究

1973 年第一次世界能源危机引起对建筑环境耗能的重视[4]，1979 年第三次能源危机来临时，张世典教授服务于内政部门营建机构，召集当时台湾建筑各界学者专家共同研拟建筑省能政策，共同推动出版《建筑设计省能对策》一书，并研拟《建筑技术规则建筑节约能源规范草案》，开启台湾地区建筑省能研究的里程碑。

（2）优良作品的评选及节约能源设计指针研发

1980 年成立了能源委员会，并于工研院成立能源与矿业研究所进行建筑节约能源相关研究。同时，1990 年起，内政部门建筑研究所筹备处通过“建筑节约能源优良作品的评选及奖励活动”向社会大众推广建筑节约能源之观念，并于 1991 ~ 1995 年委托成功大学建筑系林宪德教授进行研提建筑节能评估的指针与基准，确立科学定量化的 ENVLOAD 及 PACS 指针[5]作为“建筑外壳”及“建筑空调系统效率”之节约能源设计指针。此时台湾地区建筑耗能本土研究趋于成熟。

（3）“建筑外壳”节约能源设计指针法制化

---

[1] 绿建材网站：http://www.cabc.org.tw/gbm/.

[2] 能源之星：http://www.energystar.org.tw/；eeBuildings：http://www.epa.gov/eeBuildings/chinese.html.

[3] 资料来源：http://www.abri.gov.tw/housing/1.htm.

[4] 资料来源：张世典．从建筑省能到绿建筑．1998.

[5] PACS 指针由于迄今尚未法制化实施，目前系以能源部门于 2001 年 9 月 20 日所公布空调系统冰水主机能源效率标准中的 COP（Coefficient of Performance）性能系数作为参考规范。

1995 年内政部门营建机构会同建筑研究所及能源委员会推动建筑节能法制化工作，并依据能源法第 17 条规定：新建建筑物之设计与建造之有关节约能源标准由建筑主管机关会同主管机关定之，据此而于建筑技术规则中增订“节约能源”条文以规范办公、百货、饭店类等大型空调建筑物实施节能管制，以科学定量化的 ENVLOAD❶ 指针，作为“建筑外壳”之节约能源设计指针，强制建筑设计必须考量外壳节能设计。此外，分别于 1997 年、2002 年两次修正建筑技术规则，降低管制基准值，将管制对象扩大。❷

配合法规的公布，营建管理机构也同时颁布七类建筑物之最新《建筑节能设计技术规范》以利量化计算，并公布由建筑研究所委托成功大学建研所制作完成的建筑节能设计软件 BEEP，免费提供使用（表 1-9）。

建筑技术规则节能设计的适用对象、指针及耗能基准值　　表 1-9

建筑类别	使用项目举例	节能指针	耗能基准		
			1995 年	1997 年	2002 年
办公厅类	政府机关、办公室	建筑外壳耗能量 ENVLOAD(kWh/m^2·年)	130	110	北：80 中：90 南：115
百货商场类	百货公司、商场	建筑外壳耗能量 ENVLOAD(kWh/m^2·年)	300	300	北：240 中：270 南：315
旅馆类	旅馆、观光旅馆	建筑外壳耗能量 ENVLOAD(kWh/m^2·年)	130	130	北：100 中：120 南：135
医院类	医院、疗养院	建筑外壳耗能量 ENVLOAD(kWh/m^2·年)	—	180	北：140 中：155 南：190
学校类	国中小、大专院校之校舍	屋顶平均传热系数 Uar[W/(m^2·K)]	—	—	1.2
		窗面平均日射取得量	—	—	北：160 中：200 南：230

❶ ENVLOAD 指针系指建筑外壳设计的热负荷（Building Envelope Load），利用内外遮阳（Internal and External Shading）、建筑外壳热质量效应（Thermal Mass Effect），及昼光利用（Day lighting）等自然式设计手法为主要控制标的，以控制其每楼地板单位面积之热负荷值不得超过法定值为手段。

❷ 1997 年全面更新《建筑技术规则》内的建筑节能设计规定，是继 1995 年第一次公布实施后，全面扩大适用范围的新法令。原来的法令只针对办公、百货、旅馆等大型建筑物实施节能管制，新法令则增列医院、住宿类及一般建筑物的适用对象，其管制对象也由原来楼地板面积 4 000 m^2 扩大至 2 000 m^2 以上的建筑物。预计受到影响的建筑市场将由 2% 增加至 57%，尤其占建筑设计量一半以上的集合住宅已纳入节能法令管理。

续表

建筑类别	使用项目举例	节能指针	耗能基准		
			1995 年	1997 年	2002 年
住宿类建筑	住宅、集合住宅、寄宿舍、养老院、安养中心、招待所	等价开窗率 Req	—	16 %	北：13% 中：15% 南：18%
		屋顶平均传热系数 Uar[W/(m² · K)]	—	1.5	1.5
		外墙平均传热系数 Uar[W/(m² · K)]	—	3.5	3.5
其他类建筑	厂房、体育馆、教室、集会堂、航空站等	屋顶平均传热系数 Uar[W/(m² · K)]	—	1.5	1.5

2）绿建筑与居住环境科技中程计划

建筑研究所依据“绿建筑技术现况调查与未来发展规划”之研究报告，于1997 年研拟第一期的 4 年“绿建筑与居住环境科技计划”中程计划，作为科技发展计划，第二期的 5 年“绿建筑与居住环境科技计划”中程计划亦自 2002 年起持续推动中。该研究架构将绿建筑与居住环境科技研发之内容分为敷地生态环境、建筑污染防治、建筑节约能源、建筑资源利用、室内环境控制五个科技方面领域，同时也应考虑如何推广绿建筑与居住环境并且建置一套标准的环境检测手法等研究重点作为横轴。另外，以现况调查分析、评估指标研究、政策工具拟定、整合应用与检讨四项为纵轴，形成一个矩阵研究架构（图 1-31）。

3）建立绿建筑标章制度

（1）形成与发展

由于建筑研究所自 1997 年起，结合台湾地区相关领域之专家学者推动绿建筑与居住环境科技计划，奠定绿建筑领域的研究基础。所以，累积多年研究成果后，乃以台湾亚热带气候为基础，充分掌握区内建筑物耗能、耗水、排废、环保之特性，积极转化应用各项研究成果，于 1998 年提出本土化的绿建筑评估系统，包括基地绿化、基地保水、水资源、日常节能、二氧化碳减量、废弃物减量及污水垃圾改善七大评估指标作为绿建筑评估规范内容，并于 1999 年 9 月开始进行绿建筑标章的评选与认证工作。

2002 年建筑研究所除 7 项评估指标外，新增生物多样性与室内环境指针，形成 9 项评估指针系统，将台湾绿建筑从“消耗最少地球资源，制造最少废弃物”的消极定义，扩大为“生态、节能、减废、健康”（EEWH 评估系统）的积极定义，并于 2003 年度正式施行。2005 年新增分级评估，其目的在于认定合格绿建筑的品质优劣，以利政府推动

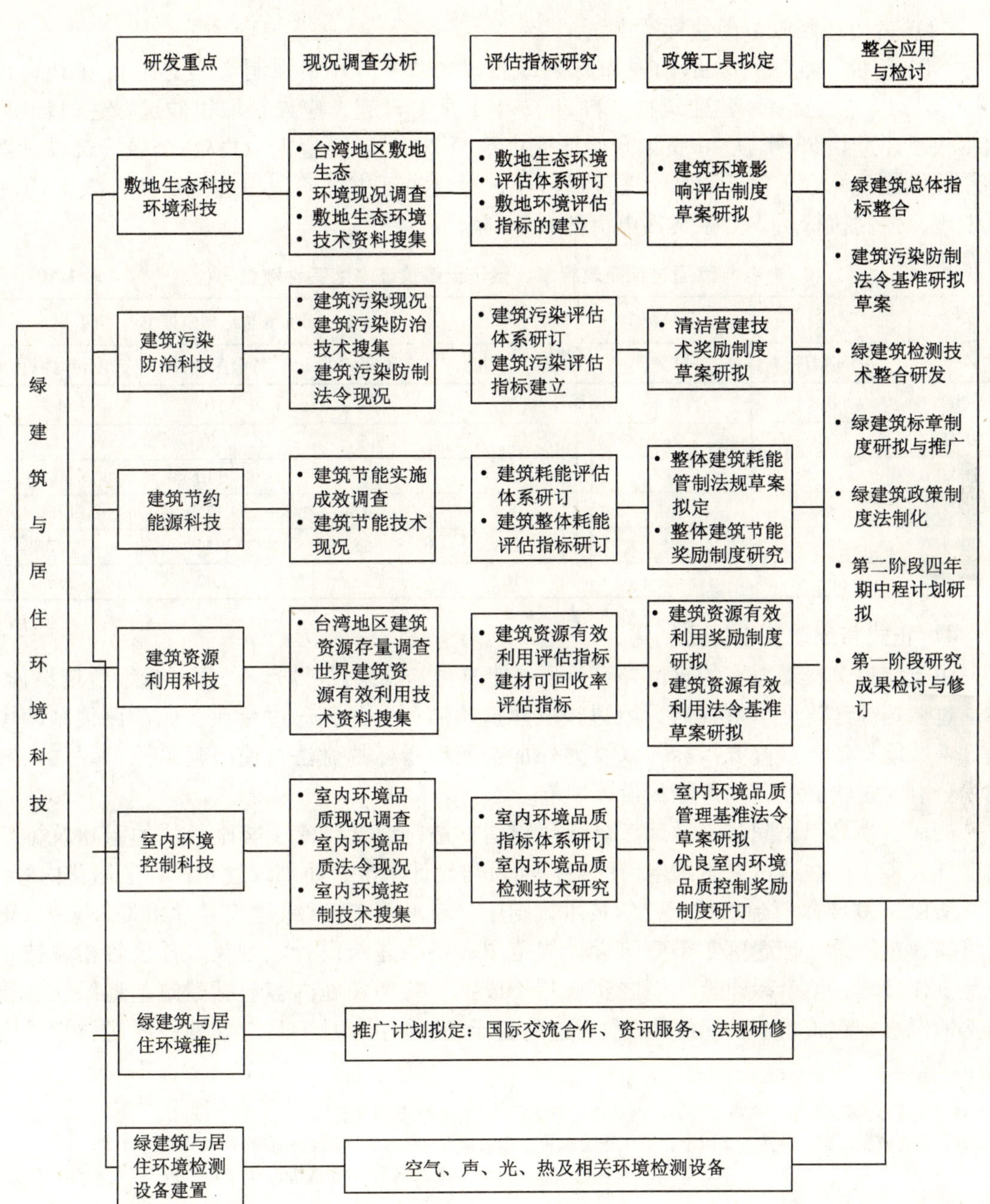

图 1-31 绿建筑与居住环境科技中程计划架构

绿建筑奖励政策，经过评估后将合格依其优劣程度，依序分为钻石级、黄金级、银级、铜级与合格级。

（2）台湾地区政策促使标章申请踊跃

2001年台湾地区行政部门发布绿建筑推动方案[1]，开始强制工程总造价在新台币5 000万元以上之公有新建建筑物，自2002年1月1日起，应先行取得候选绿建筑证书，始得核发建造执照。[2] 从2000年开始接受申请至2005年底为止，共90个绿建筑设计案例获颁绿建筑标章，以及860个案例通过候选绿建筑证书之阶段审查。从统计表1-10中可发现，强制执行后，公家案件申请件数急剧增加。

各年度通过绿建筑标章、候选绿建筑证书之案件数量　　表1-10

年度	绿建筑标章			候选绿建筑证书		
	民间案件	公家案件	全年数量	民间案件	公家案件	全年数量
2000	0	1	1	4	0	4
2001	2	0	2	3	3	6
2002	2	0	2	4	110	114
2003	8	0	8	12	176	188
2004	7	14	21	18	259	277
2005	5	41	46	23	242	265

4）正式将绿建筑设计法制化

由于绿建筑推动方案的政策导引，公有建筑物于规划设计阶段必须考量绿建筑设计，并通过候选绿建筑证书审查后，始得领取建造执照；自此，通过绿建筑标章评估制度中的日常节能指标、水资源指标，以及另外加选两项指标的做法，使绿建筑标章评估内容成为公有建筑物必须共同遵守的设计规范。

然而，为导引民间建筑设计考量绿建筑指标进行设计，除了奖励性质的绿建筑标章制度外，参照以往通过之案例申请的指标项目与设计水准，研拟绿建筑设计法制化内容。

所以，2004年营建机构于建筑技术规则中，新增第17章绿建筑专章相关条文[3]，正式将绿建筑的设计理念落实于建筑设计规范中，将绿建筑设计法制化，并公告相关技术规范供作参考，整个绿建筑环境之实践趋于成熟。初期实施内容包括建筑基地绿化、建筑基地保水、建筑物节约能源[4]三项指针内容于2005年1月1日起实施；绿建材指针则

---

[1] 行政部门2001年3月8日核定；内政部门自2001年3月21日起实施。

[2] 公有或受公有补助达1/2以上，且工程总造价在新台币5 000万元以上之公有新建建筑物，自2002年1月1日起，应先行取得候选绿建筑证书，始得核发建造执照。“921”重建区及“直辖市、县（市）政府”公有建筑比照制订实施方式。

[3] 2004年3月10日内政部门修正发布第1、162、267、289条条文；增订第17章章名及第298～323条条文；删除第45-1、45-2、45－4～45-8、134-1、231条条文；施行日期另定之。

[4] 建筑物节约能源指针部分的条文，其中建筑节约能源部分的适用范围除了在住宿类或学校类及大型空间类建筑物超过500 m^2 者之规定以外，在其他各类建筑物另规定超过1 000 m^2 者必需检讨建筑节约能源设计，该项指针日趋严格。

于2006年7月1日起实施。至于建筑物雨水或生活杂排水回收再利用、绿建筑构造则待日后另行公布实施日期。

条文所订定的基准虽为最低门槛值，但借由全面实施的方式，希望能让绿建筑设计的益处真正落实于每一栋新建建筑物上，使人们拥有健康、永续的优质环境。

1.5.2 建筑技术规则绿建筑专章

建筑技术规则第17章的绿建筑专章，共分为：一般设计通则、建筑基地绿化、建筑基地保水、建筑物节约能源、建筑物雨水及生活杂排水回收再利用、绿建筑构造与绿建材六节，条文内容如下：

1）一般设计通则

第二百九十八条[1] 本章规定之适用范围：

一、建筑基地绿化：指促进植栽绿化品质之设计，其适用范围为本编第五章第四节规定之学校、第十二章高层建筑物、第十三章山坡地建筑及第十五章实施都市计划地区建筑基地综合设计之新建建筑物。

二、建筑基地保水：指促进建筑基地涵养、贮留、渗透雨水功能之设计，其适用范围为本编第五章第四节规定之学校、第十二章高层建筑物及第十五章实施都市计划地区建筑基地综合设计之新建建筑物。

三、建筑物节约能源：指以建筑物外壳设计达成节约能源目的之方法，其适用范围为同一幢或连栋建筑物之新建或增建部分最低地面以上楼层之总楼地板面积合计，在住宿类或学校类及大型空间类建筑物超过500 m^2 者，在其他各类建筑物超过1 000 m^2 者。但温室、园艺等用途或构造特殊者，经主管建筑机关认可之建筑物，不在此限。

四、建筑物雨水或生活杂排水回收再利用：指将雨水或生活杂排水贮集、过滤、再利用之设计，其适用范围为总楼地板面积达3万 m^2 以上之新建建筑物。但工业、仓储类（C类）、卫生医疗类（F-1类）、危险物品类（I类）等或经主管建筑机关认可之建筑物，不在此限。

五、绿建筑构造：指在建筑构造上采用降低环境冲击之设计，其适用范围为建筑物楼层高度在11层以上之新建建筑物。

六、绿建材[2]：指第二百九十九条第十二款之建材；其适用范围为供公众使用建筑物及经内政部认定有必要之非供公众使用建筑物。

---

[1] 第四款至第五款尚未施行，施行日期另定之。

[2] 第六款，自2006年7月1日施行。

第二百九十九条❶ 本章用词定义如下：

一、绿化总二氧化碳固定量：指基地绿化栽植之各类植物二氧化碳固定量与其栽植面积乘积之总和。

二、基地保水指针：指建筑后之土地保水量与建筑前自然土地之保水量之相对比值。

三、建筑物外壳耗能量：指建筑物室内临接窗、墙、屋面及开口等外周区单位楼地板面积之显热热负荷。

四、外周区：指空间的热负荷受到建筑外壳热流进出影响之空间区域，以外墙中心线5 m深度内之空间为计算标准。

五、外壳等价开窗率：指建筑物各方位外壳透光部位，经标准化之日射、遮阳及通风修正计算后之开窗面积，对建筑外壳总面积之比值。

六、平均热传透率：指当室内外温差在绝对温度1 k时，建筑物外壳在单位面积单位时间内之平均传透热量。

七、窗面平均日射取得量：指除屋顶外之建筑物所有开窗面之平均日射取得量。

八、平均立面开窗率：指除屋顶以外所有建筑外壳之平均透光开口比率。

九、雨水贮留利用率：指在建筑基地内所设置之雨水贮留设施之雨水利用量与建筑物总用水量之比例。

十、生活杂排水回收再利用率：指在建筑基地内所设置之生活杂排水回收再利用设施之杂排水回收再利用量与建筑物总生活杂排水量之比例。

十一、绿构造系数：指建筑构造所使用之建材对于地球环境之冲击程度。

十二、绿建材：指经主管建筑机关认可符合生态性、再生性、环保性、健康性及高性能之建材（自2006年7月1日施行）。

第三百条❷ 适用本章之建筑物其容积楼地板面积、机电设备面积、屋顶突出物之计算得依下列规定办理：

一、建筑基地因设置雨水贮留利用系统及生活杂排水回收再利用系统，所增加之设备空间，于楼地板面积容积5‰以内者，得不计入容积楼地板面积及不计入机电设备面积。

二、建筑物设置雨水贮留利用系统及生活杂排水回收再利用系统者，其屋顶突出物之高度得不受本编第一条第九款第一目之限制。但不超过9 m。

三、建筑物设置太阳能光电发电设备高度在1.5 m以下者，其面积得不受本编第一条第九款第一目之限制（尚未施行）。

第三百零一条 为积极维护生态环境，落实建筑物节约能源，主管建筑机关得以增加容积或其他奖励方式，鼓励建筑物采用绿建筑综合设计。

---

❶ 第九款至第十一款尚未施行，施行日期另定之。

❷ 第一、二款尚未施行。

2）建筑基地绿化

第三百零二条　建筑基地之绿化，除应符合其直辖市、县（市）主管建筑机关之绿化相关规定外，其绿化总二氧化碳固定量应大于其1/2法定空地面积与表1-11二氧化碳固定量基准值之乘积。

二氧化碳固定量基准值　**表1-11**

使用分区或用地	二氧化碳固定量基准值（kg/m^2）
学校用地	500
商业区、工业区	300
前二类以外之建筑基地	400

第三百零三条　建筑基地之绿化，应符合下列规定：

一、建筑基地之绿化检讨以一宗基地为原则；如单一宗基地内之局部新建执照者，得以整宗基地综合检讨或依基地内道路分割范围单独检讨。

二、学校用地之户外教育运动设施、工业区之户外消防水池和户外装卸货空间、以及住宅区及商业区依规定应留设之骑楼、回廊、私设通路或基地内通路等执行绿化有困难之面积，得不计入本节法定空地面积计算。

第三百零四条　建筑基地绿化之总二氧化碳固定量计算，应依设计技术规范办理。

前项建筑基地绿化设计技术规范，由主管建筑机关定之。

3）建筑基地保水

第三百零五条　建筑基地应具备原裸露基地涵养或贮留渗透雨水之能力，其建筑基地保水指针应达0.5以上。

第三百零六条　建筑基地之保水设计检讨以一宗基地为原则；如单一宗基地内之局部新建执照者，得以整宗基地综合检讨或依基地内道路分割范围单独检讨。

第三百零七条　建筑基地保水指针之计算，应依设计技术规范办理。

前项建筑基地保水设计技术规范，由主管建筑机关定之。

4）建筑物节约能源

第三百零八条　建筑物建筑外壳节约能源之设计，应依据表1-12气候分区办理：

台湾气候分区　**表1-12**

气候分区	行政区域
北部气候区	台北市、台北县、宜兰县、基隆市、桃园县、新竹县、新竹市、苗栗县、福建省连江县、金门县
中部气候区	台中县、台中市、彰化县、南投县、云林县、花莲县
南部气候区	嘉义县、嘉义市、台南县、台南市、澎湖县、高雄市、高雄县、屏东县、台东县

第三百零九条　办公厅类、百货商场类、旅馆类及医院类建筑物，为维持室内热环

境之舒适性，其外壳耗能量应低于表 1-13 之基准值：

建筑外壳耗能基准 表 1-13

类　别	气 候 分 区	外壳耗能基准［kW·h/(m^2·year)］
办公厅类： G 类第一组 G 类第二组	北部气候区	80
	中部气候区	90
	南部气候区	115
百货商场类： B 类第二组	北部气候区	240
	中部气候区	270
	南部气候区	315
旅馆类： B 类第四组	北部气候区	100
	中部气候区	120
	南部气候区	135
医院类： F 类第一组	北部气候区	140
	中部气候区	155
	南部气候区	190

第三百十条　住宿类建筑物外壳等价开窗率之计算值应低于表 1-14 之基准值：

建筑物外壳等价开窗率 表 1-14

	气候分区	建筑物外壳等价开窗率
住宿类： H 类第一组 H 类第二组	北部气候区	13%
	中部气候区	15%
	南部气候区	18%

住宿类建筑物外壳不透光部分之平均热传透率应低于表 1-15 之基准值：

平均热传透率基准 表 1-15

部　位	平均热传透率基准值 W/(m^2·℃)
屋　顶	1.2
外　墙	3.5

第三百十一条　学校类建筑物之屋顶平均热传透率应低于 1.2 w/(m^2·℃) 且其居室空间之窗面平均日射取得量应分别低于表 1-16 之基准值。

平均日射取得量 **表 1-16**

学校类建筑物：	气候分区	窗面平均日射取得量单位：kW·h/(m²·year)
D 类第三组 D 类第四组 D 类第五组 F 类第二组 F 类第三组	北部气候区	160
	中部气候区	200
	南部气候区	230

第三百十二条 大型空间类建筑物之屋顶平均热传透率应低于 1.2 W/(m²·℃) 且其居室空间之窗面平均日射取得量应分别低于表 1-17 之基准值。但平均立面开窗率在 10% 以下者，其窗面平均日射取得量不受限制。

居室空间之窗面平均日射取得量 **表 1-17**

大型空间类建筑物：	气候分类 / 窗面平均日射取得量单位：kW·h/(m²·year) / 平均立面开窗率基准	大于等于10%，且低于20%	大于等于20%，且低于30%	大于等于30%，且低于45%	大于等于45%，且低于60%	大于等于60%以上
A 类第一组 A 类第二组 B 类第一组 B 类第三组 D 类第一组 D 类第二组 E 类	北部气候区	235	200	155	125	100
	中部气候区	315	255	200	155	120

第三百十三条 其他类建筑物之屋顶平均热传透率应低于 1.5W/(m²·℃)。

第三百十四条 同一幢或连栋建筑物中，有供本节适用范围二类以上用途，且其各用途之规模分别达本编第二百九十八条第三款规定者，其耗能量之计算基准值，除办公厅类、百货商场类、旅馆类及医院类建筑物应依各用途空间所占外周区空调楼地板面积加权平均计算外，应分别依其规定基准值计算。

第三百十五条 有关建筑物节约能源之外壳节约能源设计，应依设计技术规范办理。

前项建筑物节约能源设计技术规范，由主管建筑机关定之。

5）建筑物雨水及生活杂排水回收再利用

第三百十六条[1] 建筑物应就设置雨水贮留利用系统或生活杂排水回收再利用系统，择一设置。设置雨水贮留利用系统者，其雨水贮留利用率应大于 4%；设置生活杂排水回收利用系统者，其生活杂排水回收再利用率应大于 30%。

第三百十七条[2] 由雨水贮留利用系统或生活杂排水回收再利用系统处理后之用水，可使用于冲厕、景观、浇灌、洒水、洗车、冷却水、消防及其他不与人体直接接触之用水。

第三百十八条[3] 建筑物设置雨水贮留利用或生活杂排水回收再利用设施者，应符合下列规定：

一、输水管线之坡度及管径设计，应符合建筑设备编第二章给水排水系统及卫生设

[1] 尚未施行。
[2] 尚未施行。
[3] 尚未施行。

备之相关规定。

二、雨水供水管路之外观应为浅绿色，且每隔5m标记雨水字样；生活杂排水回收再利用水供水管之外观应为深绿色，且每隔4m标记生活杂排水回收再利用水字样。

三、所有储水槽之设计均须覆盖以防止灰尘、昆虫等杂物进入；地面开挖贮水槽时，必须具备预防砂土流入及防止人畜掉入之安全设计。

四、雨水贮留利用设施或生活杂排水回收再利用设施，应于明显处标示雨水贮留利用设施或生活杂排水回收再利用设施之名称、用途或其他说明标示，其专用水栓或器材均应有防止误用之注意标示。

第三百十九条❶ 建筑物雨水及生活杂排水回收再利用之计算及系统设计，应依设计技术规范办理。

前项建筑物雨水及生活杂排水回收再利用设计技术规范，由主管建筑部门定之。

6）绿建筑构造与绿建材

第三百二十条❷ 建筑物其结构体之绿构造系数基准值应低于0.9。

第三百二十一条❸ 建筑物之室内装修材料及楼地板面材料应采用绿建材，其使用率应达室内装修材料及楼地板面材料总面积5%以上。

第三百二十二条❹ 绿建材材料之构成，应符合下列规定之一：

一、塑橡胶类再生品：塑橡胶再生品的原料须全部为国内回收塑橡胶，回收塑橡胶不得含有行政部门环境保护机构公告之毒性化学物质。

二、建筑用隔热材料：建筑用的隔热材料其产品及制程中不得使用蒙特娄议定书之管制物质且不得含有环保署公告之毒性化学物质。

三、水性涂料：不得含有甲醛、卤性溶剂、汞、铅、镉、六价铬、砷及锑等重金属，且不得使用三酚基锡（TPT）与三丁基锡（TBT）。

四、回收木材再生品：产品须为回收木材加工再生之产物。

五、资源化砖类建材：资源化砖类建材包括陶、瓷、砖、瓦等需经窑烧之建材。其废料混合掺配之总和使用比率须等于或超过单一废料掺配比率。

六、资源回收再利用建材：资源回收再利用建材系指不经窑烧而回收料掺配比率超过一定比率制成之产品。

七、其他经主管建筑机关认可之建材。

第三百二十三条❺ 绿建筑构造及绿建材之系数及使用率计算，应依设计技术规范办理。

---

❶ 尚未施行。

❷ 尚未施行。

❸ 自2006年7月1日施行。

❹ 自2006年7月1日施行。

❺ 自2006年7月1日施行。

前项绿建筑构造及绿建材设计技术规范，由主管建筑机关定之。

1.5.3　台湾绿建筑标章评估体系形成与发展

1）评估体系

绿建筑标章评估指针系统共分为生态、节能、减废、健康四大指针群，以及包含生物多样性指针、绿化量指针、基地保水指针、日常节能指针、二氧化碳减量指针、废弃物减量指针、室内环境指针、水资源指针、污水垃圾改善指针等九大指针。评估制度可分为建筑完工后适用的标章及施工前书图评定的候选证书（图1-32），评估指针选订原则为（表1-18）：

图1-32　绿建筑标章标志

（1）确实反应资材、能源、水、土地、气候等地球环保要素。

（2）有科学量化计算的标准，未能量化的指针暂不纳入评估。

（3）指针项目不可太多，性质相近的指针尽量合并成一指针。

（4）平易近人，并与生活体验相近。

（5）暂不涉社会人文方面的价值评估。

（6）必须适用于台湾的亚热带气候。

（7）能应用于社区或建筑群整体的评估。

（8）可作为设计阶段前的事前评估，以达预测控制的目的。

绿建筑标章评估指针系统与地球环境的关系　　**表1-18**

指针群	指针名称	与地球环境关系						尺度关系		
		气候	水	土壤	生物	能源	资材	尺度	空间	次序
生态	1. 生物多样性指针	*	*	*	*			大 ↑	外 ↑	先 ↑
	2. 绿化量指针	*	*	*	*					
	3. 基地保水指针	*	*	*	*					
节能	4. 日常节能指针	*				*				
减废	5. CO_2 减量指针			*		*	*			
	6. 废弃物减量指针			*			*			
健康	7. 室内环境指针			*		*	*			
	8. 水资源指针	*	*							
	9. 污水垃圾改善指针		*		*		*	↓ 小	↓ 内	↓ 后

（资料来源：绿建筑解说与评估手册2005年更新版，p. 8。）

2）发展沿革

（1）七大评估指针时期

台湾绿建筑标章评估体系始于1999年，系以地球资源及废弃物为主要考量，将绿建筑定义为：消耗最少地球资源，制造最少废弃物的建筑物。而采用绿化、基地保水、日常节能、CO_2减量、废弃物减量、水资源、污水垃圾改善七项指针。

（2）九大评估指针时期

2002年修订增加生物多样性与室内环境两大指针，形成九大指针绿建筑评估的EEWH系统，包括生态Ecology（生物多样性、绿化量、基地保水）、节能Energy Saving（日常节能指针）、减废Waste Reduction（CO_2减量、废弃物减量）、健康Healthy（室内环境、水资源、污水及垃圾）四大部分，并于2003年正式实施。因而绿建筑的定义由过去消极的定义，转变为积极定义。

（3）绿建筑三阶段评估法时期

及至2004年参酌美、日之分级评估系统，依据过往之绿建筑标章审查之情形及专家问卷结果，订定九大指针综合计分值及权重比例，在既有的评分体系下，给予每个指针不同高低分建立分级评估法，共分为钻石级、黄金级、银级、铜级及合格认证五级，并于2006年1月开始正式实施。此分级评估又称为奖励评估，系专为政府、开发业者、建筑设计者提供专业酬金、容积率、财税、融资等奖励政策之依据。

3）各项指针定义与目的

（1）生物多样性指针

丰富多样的自然生物环境，提供人类社会所需的多样资源，据统计，3 600 km^2的台湾岛，其陆地生物种类约占全球2.5%，海洋生物种约占全球10%。生物多样性具有生态、物种、基因三大范畴之多样性要求，主要希望能在建筑土木开发行为中，留下最大生物多样性之可能性。其评估方式并非直接以生物量来评估，而是间接以生态绿网、小生物栖地、植物多样性、土壤生态等内容来反应绿地的生态品质，并藉此提供生物多样性活动的生态基盘。其目的在于多留一些与其他生物共生共荣的空间，让人类文明多一份永续生存的希望。本指针适用于1 hm^2以上的大型基地，评估内容包括生态绿网、小生物栖地、植物多样性、土壤生态以及生物共生建筑设计（图1-33）。

（2）绿化量指针

一般对于绿化量之评估多以绿覆率为评估项目，台湾绿建筑标章制度于此方面之评估特以二氧化碳固定效果作为绿化评估法的共同换算单位，亦即以植物CO_2固定效果作为绿化量之基准。针对建筑环境中的空地、阳台、屋顶、及墙面绿化设计情形进行评估，希能达到吸收二氧化碳、净化空气、改善生态环境、美化环境的目的（图1-34）。

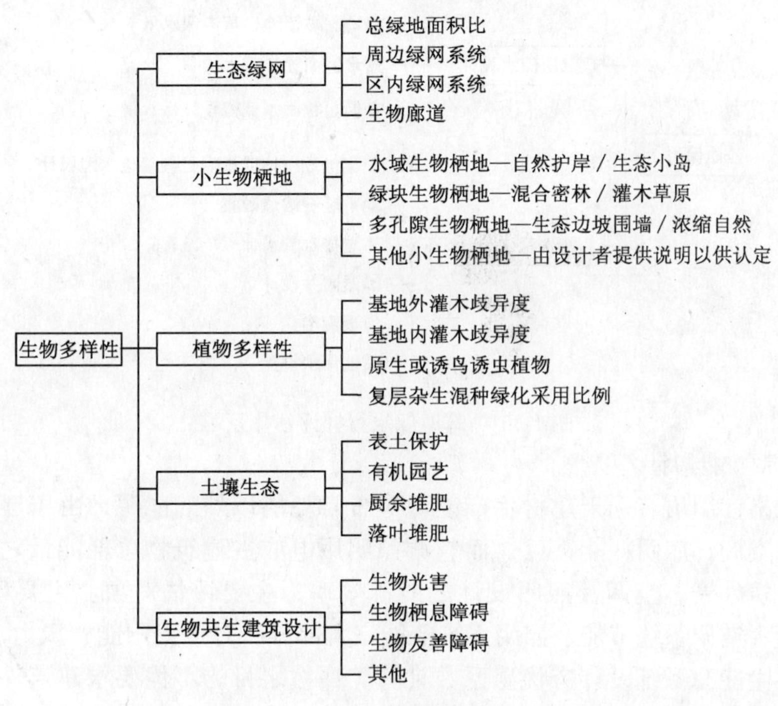

图 1-33　生物多样性指针评估架构

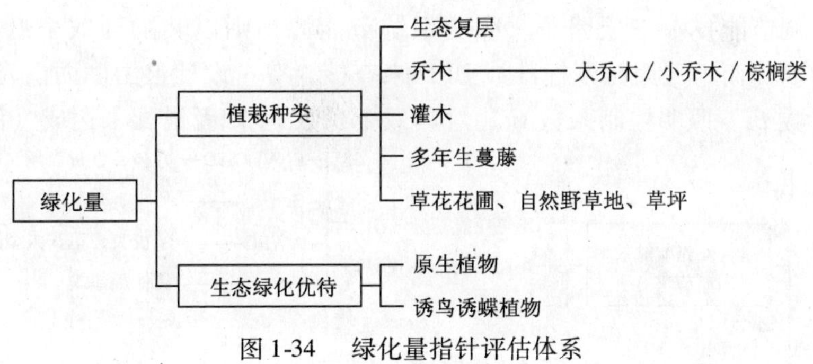

图 1-34　绿化量指针评估体系

（3）基地保水指针

基地保水性能系指建筑基地内自然土层及人工土层涵养水分及贮留雨水的能力，可分为直接渗透设计与贮集渗透设计两大部分，前者是完全利用土壤孔隙的毛细渗透原理来达成土壤涵养水分的功能，后者则是设法让雨水暂时留置于基地上，然后再以一定流速让水渗透循环于大地的方法。本指针之目的是希望借由基地的透水设计并广设贮留渗透水池的手法，促进大地水循环能力、改善生态环境、调节微气候、缓和都市气候高温化现象，进而降低公共排水设施负担、减少都市洪水发生率（图 1-35）。

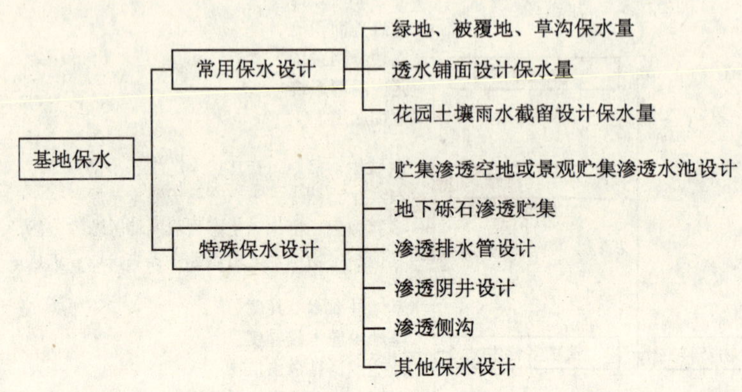

图 1-35 基地保水指针评估体系

（4）日常节能指针

日常节能指针用语有别于建材生产能源等日常耗能以外的能源，由于建筑外壳的热性能特性影响空调、照明耗能甚巨，而空调照明用电亦占建筑物总耗能量之大部分，因此本指针以建筑外壳、空调及照明设计之能源效率为主要评估对象。主要评估项目为：建筑外壳节能、空调系统节能、照明系统节能三大部分。对于太阳能、风力、废热回收、气电共生等再生能源系统设计有优惠系数计算。评估之目的不但要求建筑外壳耗能的合格基准比现行节能法规严格 20%，同时也能有效预防空调及照明设备系统的超量与低效率设计，对于空调型建筑物，采用 HDC 法来规范，包括防止主机超量设计、鼓励高效率主机、奖励空调节能技术三项因子。照明系统节能评估则以奖励高效率灯具设计为主，以健康照明为前提而不采用照度标准或 UPD 来查核，尊重设计自由度而由光源效率比 *ri*、安定器效率系数 *Bi*、照明控制系数 *Ci*、灯具效率系数 *Di* 四者搭配来达成（图 1-36）。

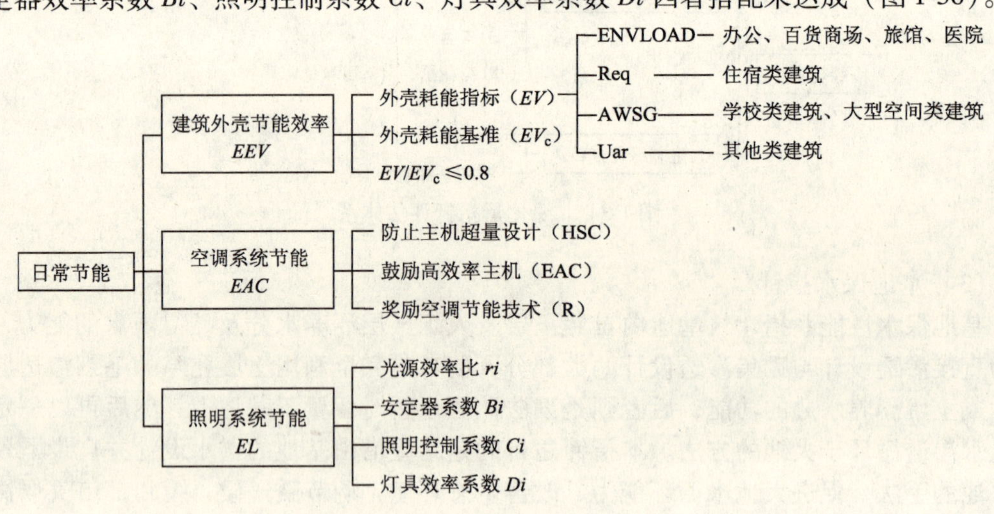

图 1-36 日常节能指针评估体系

（5）CO_2 减量指针

温室气体系指造成气候温暖化的大气中的气体，以 CO_2 气体对全球气候温暖化影响最大。CO_2 减量指针，乃是指所有建筑物躯体构造的建材在生产过程中所使用的能源而换算出来的 CO_2 排放量，借以评估建筑躯体构造对于地球环境的冲击。目的在于减少建材使用，奖励轻量化钢构造，间接限制钢筋混凝土构造的发展，以减缓对土地的破坏。建筑物躯体的 CO_2 总排放量之计算法，必须由其建材的实际使用量及建材之单位 CO_2 排放量累计求得。然而，由于建筑物各类建材的正确使用数量难以取得与查证，使评估难以实用化，有执行上的困扰。因此本指针以结构合理化、建筑轻量化、耐久化与再生建材使用四大范畴进行考量，评估细项包括：形状系数 F、轻量化 W、耐久性设计鼓励系数 D，以及再生建材使用鼓励系数 R（图 1-37）。

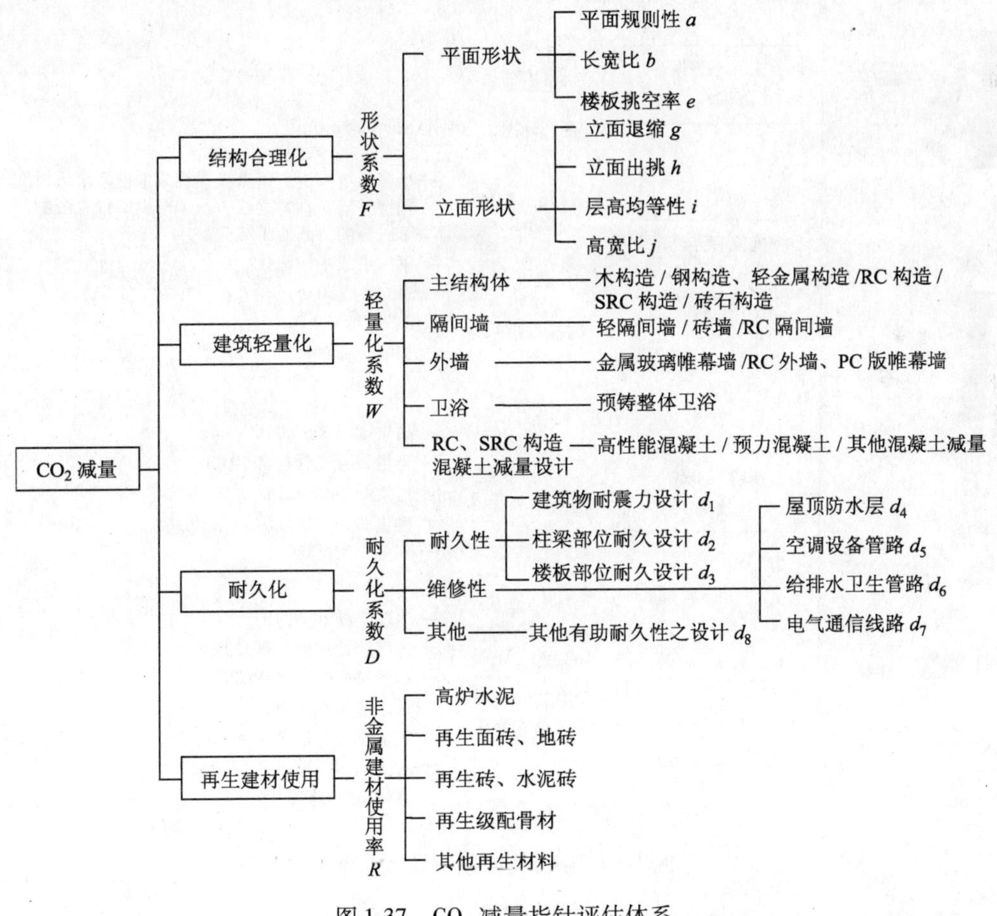

图 1-37 CO_2 减量指针评估体系

（6）废弃物减量指针

由于建筑施工及日后拆除过程会产生工程不平衡土方、弃土、废弃建材、逸散扬尘等足以破坏周遭环境卫生及人体健康之营建相关污染物。因此，以废弃物、空气污染减量及资源再生利用量为指针，希望由建筑计划、构造设计、施工管理之固体及空气污染控制因素评估其污染量，借以抑制各类营建污染物之发生量，以倡导更干净、更环保的营建施工，减缓建筑开发对环境的冲击，并降低民众对建筑开发的阻力，进而增进生活环境品质。评估指针着眼于工程不平衡土方、施工废弃物、拆除废弃物之固体废弃物以及施工空气污染四大营建污染源，采用实际污染排放比率来评估其污染程度。其营建污染基准值 *PIc* 系假定工程不平衡土方、施工废弃物、拆除废弃物等三项固体废弃物总量必须缩减至九成，空气污染的比例需缩减至六成。评估项目包括：工程不平衡土方比例 *PIe*、施工废弃物产生比例 *PIb*、拆除废弃物产生比例 *PId*、施工空气污染比例 *PIa* 等（图 1-38）。

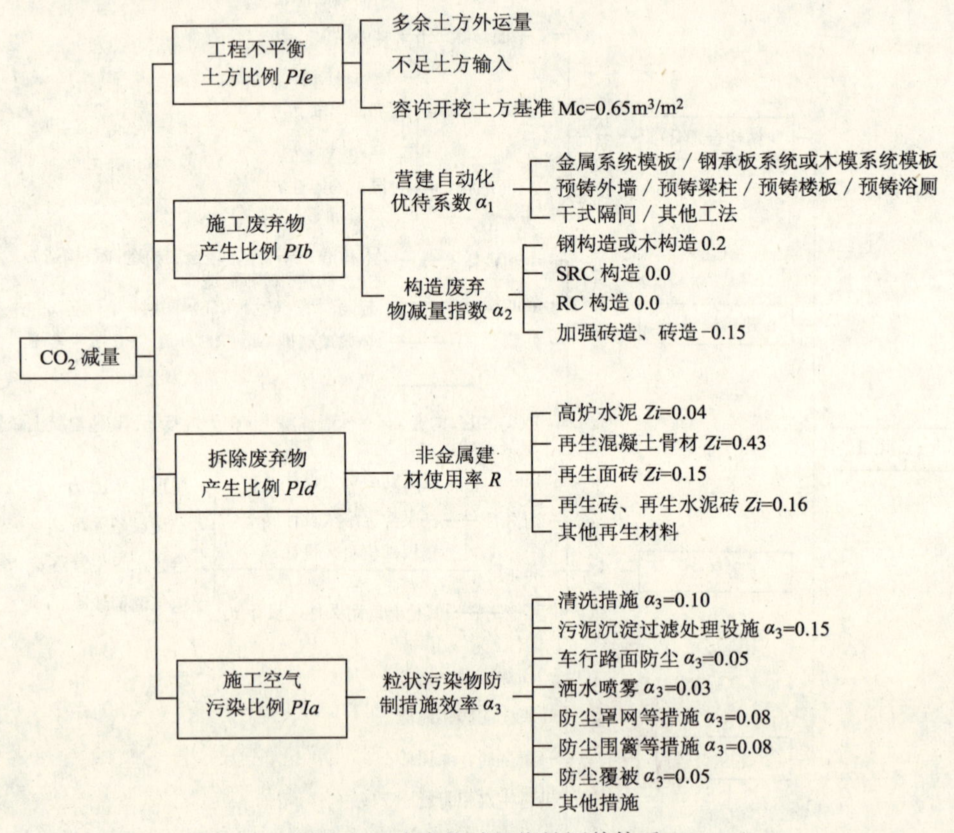

图 1-38 废弃物减量指针评估体系

（7）室内环境指针

人的一生当中，有绝大多数的时间位于室内，所以确保健康的室内环境乃绿建筑中的重要一环，而影响室内居住健康与舒适之各项环境因子，包括声、光、热、空气与室内建材装修等。但由于温热环境部分已包含在日常节能指针中，因此本指针以声环境、光环境、通风换气与室内建材装修四部份为主要评估对象。①声环境评估的目的在于缓和户外传来的噪声与邻房传递来的振动声之干扰。②光环境评估的目的在于确保良好之光环境以求健康舒适的视觉工作环境。自然采光评估在于保障居室空间之自然光线来源，人工照明评估在于防止灯具之眩光。③通风换气环境评估的目的在于供给充分氧气、稀释污染物质、除去污染源、调整空间压力控制气流尽出、削减部分热负荷、排除臭气等功能以确保室内空气品质。④室内建材装修评估的目的在于减少不必要之室内装修量，同时减少室内污染源以保障室内空气品质与呼吸活动之健康，并借此提倡低污染、低环境冲击、可循环利用之绿建材产业发展。

声环境评估包括空气传声、固体传声两部分，前者控制方法以隔绝噪声为主，评估是否有选择良好的墙板及开口部构材。固体传声的控制则以楼板结构体之刚性设计来对应。

光环境评估分为自然采光与人工照明两部分。前者鼓励采用明亮的清玻璃或Low-E玻璃，并要求采光开窗面之采光深度不得大于3.0倍。后者只针对眩光公害来评估，要求设置格栅、灯罩或具有类似设施等照明灯具之眩光防护设施来作评估。

通风换气评估分为自然通风型与空调换气评估两类。自然通风型主要针对住宿类、学校类、无中央空调之办公类等具备自然通风潜力的建筑物进行评估。空间为可自然通风之评估要件包括：单侧或相邻侧通风路径开窗之空间深度在2.5倍室内净高以内者；相对侧或多侧通风路径开窗之空间至少有一向度深度在5倍室内净高以内者；以通风塔、通风道系统、机械送风管或其他通风器辅助达成自然通风效果者。空调换气评估主要以中央空调之办公类建筑物为对象，针对其新鲜外气供应之有无进行评估。

室内建材装修评估只针对建筑物中主要居室空间来评估（非居室空间则不予评估）。主要分为①整体装修量：减少整体室内装修量以节约地球资源；②表面装修建材：奖励使用绿建材标章之建材来减少甲醛及挥发性有机物质等室内空气污染源。此外，若采用天然生态建材者，则特别予以加分奖励（图1-39）。

（8）水资源指针

水资源指针针对建筑物节约用水的性能进行评估，在不影响生活机能需求下，对大、小便器及各式水拴强制使用节水器材，提升水资源之效率。指针目的在于希望在建筑设计上不单采用省水器具（节流），并且能积极利用雨水与生活杂用水之循环再利用的方法（开源），来达到节约水资源的目的。对于大量耗水的建筑案例要求设置弥补措施，例如采用大量人工草皮、草花花圃之设计，或设置按摩浴缸、SPA、三温暖、喷水池、戏水池、游泳池等耗水设施，要求其设置裸露土地覆盖、节水浇灌系统、雨水贮集利用或中水利用设施等弥补措施（图1-40）。

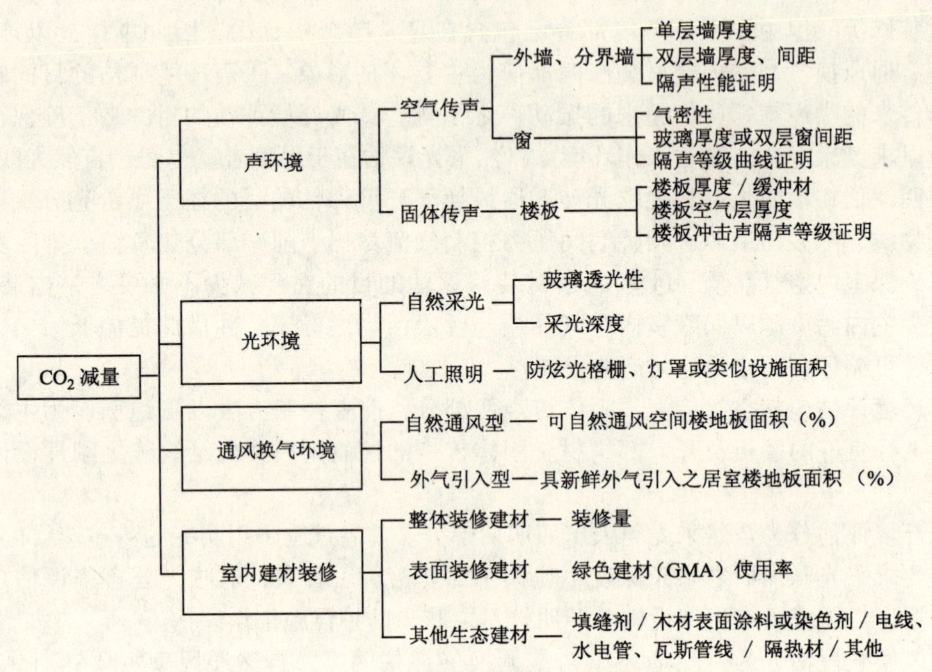

图 1-39　室内环境指针评估体系

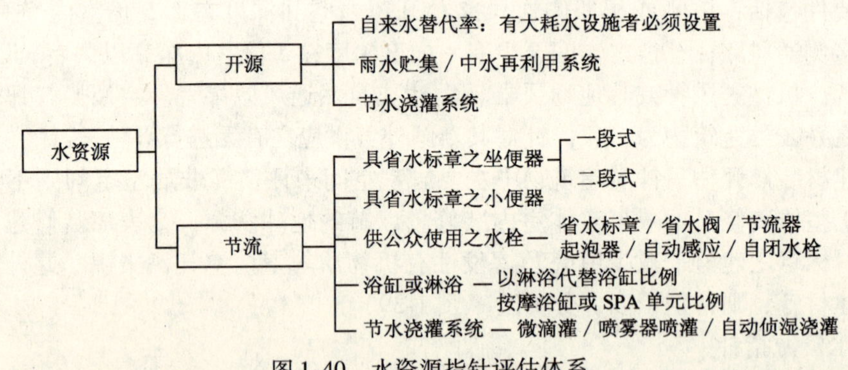

图 1-40　水资源指针评估体系

（9）污水垃圾改善指针

污水垃圾改善指针不牵涉污水及垃圾的环工生化技术改善，着重于建筑空间设施及使用管理相关的具体评估项目，是一种可让业主与使用者在环境卫生上具体控制及改善的评估指针，若两项指针中有一项不合格者，整体指针即不合格。要求建筑设计对于生活杂排水之配管施工能够贯彻雨水污水分流的设计，将杂排水导入污水处理系统中；重视垃圾处理空间的景观美化设计，以提升环境品质（图 1-41）。

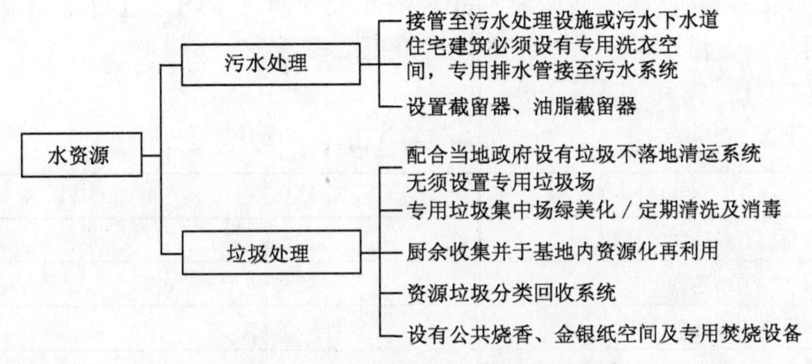

图 1-41　污水垃圾改善指针评估体系

4）执行与操作

绿建筑标章制度评估过之建筑物，依其生命周期中的设计阶段与施工完成后的使用阶段，分为绿建筑候选证书及绿建筑标章两种。绿建筑标章为取得使用执照建筑物合于绿建筑评估指针标准之颁授奖章。候选绿建筑证书则为尚未完工而规划设计合于绿建筑评估指针标准之新建建筑物颁之证书。由内政部门建筑研究所委托财团法人中华建筑中心❶办理审查作业。

1999 年绿建筑标章制度实施初期，并不强制每件申请案件均能通过七项指标评估基准，但规定至少应符合日常节能及水资源两项门槛指针基准值，达到省水、省电、低污染的目标，即可获得评定。2003 年起，评估系统扩大为九大指针时，评定门槛亦相对提升，除了至少需符合日常节能及水资源两项门槛指针外，还要另外符合两项自选指针。

依评估之目的与使用者不同，绿建筑标章评估体系可分为规划评估、设计评估及奖励评估三阶段。

（1）规划评估

又称为简易查核评估，系专为开发业者、规划者所开设之绿建筑策略解说与简易查核法，可提供设计前的投资策略及设计对策规划。

（2）设计评估

又称为设计实务评估，系给建筑设计从业人员，进行细部设计评估之用，藉以回馈检讨设计方案。

（3）奖励评估

又称为推广应用评估，系专为政府、开发业者、建筑设计者提供专业酬金、容积率、财税、融资等奖励政策之依据。

---

❶ 1999 年 4 月正式立案成立，为内政部门辅导成立的建筑检测及评定认证机构，在内政部门建筑研究所督导之下，承接政府及民间交付之相关建筑材料、工程技术、检测、评定等业务，期以提升建筑工程品质及生活环境。

5）规划评估内容

规划评估系一简易查核评估作业，针对细部设计前之草图，进行逐项查核所列举之设计对策是否达成，借以提供后续细部设计修正之参考。

（1）生物多样性指针（表1-19）

生物多样性指针 **表1-19**

设计对策	是/否
1. 绿地面积越多越好，最好在25%以上	
2. 基地内绿地分布均匀而连贯	
3. 乔木种类越多越好，最好20种以上	
4. 灌木及蔓藤植物种类越多越好，最好15种以上	
5. 植物最好选用原生种	
6. 绿地最好采用复层绿化方式，最好三成以上绿地采用复层绿化	
7. 以乱石、多孔隙材料叠砌之边坡或绿篱灌木围成之透空围篱	
8. 设置有自然护岸之生态水池	
9. 在基地内设置30 m^2 以上隔绝人为侵入干扰之密林或混种杂生草原	
10. 基地内有自然护岸之埤塘、溪流，或水中设有植生茂密之岛屿	
11. 在隐蔽绿地中堆置枯木、乱石瓦砾、空心砖、堆肥的生态小丘	
12. 全面采用有机肥料，禁用农药、化肥、杀虫剂、除草剂	
13. 利用原有生态良好的山坡、农地、林地、保育地之表土为绿地土壤	

（2）绿化量指针（表1-20）

绿化量指针 **表1-20**

设计对策	是/否
1. 在确保容积率条件下，缩小实际建蔽率一成以上以争取更多的绿地	
2. 绿地面积至少在15%以上	
3. 除了最小必要的铺面道路以外，全面留为绿地建筑物	
4. 避开原有老树设计，施工时保护老树不受伤害	
5. 大部分绿地种满乔木或复层绿化，小部分绿地种满灌木	
6. 即使在人工铺面上，也应以植穴或花台方式，尽量种植乔木	
7. 绿地尽量少种人工草坪或草花花圃	
8. 利用多年生蔓藤植物攀爬建筑立面以争取绿化量	
9. 在屋顶阳台设置防水排水良好的花台以加强绿化	

（3）基地保水指针（表 1-21）

基地保水指针 表 1-21

设 计 对 策		是 / 否
通则	1. 在确保容积率条件下，尽量降低建蔽率，并且不要全面开挖地下室，以争取较大保水设计之空间	
A. 基地位于透水良好之粉土或砂质土层	2. 建筑空地尽量保留绿地	
	3. 排水路尽量维持草沟设计	
	4. 将车道、步道、广场全面透水化设计	
	5. 排水管沟透水化设计	
	6. 在空地设计贮集渗透广场或空地	
B. 基地位于透水不良之黏土层	7. 在一成以上基地进行 1m 深之良质壤土换土与绿化	
	8. 在屋顶或阳台大量设计良质壤土人工花圃	
	9. 在空地设计贮集渗透水池、地下砺石贮留来弥补	
	10. 将操场、球场、游戏空地下之黏土更换为砾石层来保水	

（4）日常节能指针

A. 外壳节能（表 1-22）

外壳节能 表 1-22

设 计 对 策		是 / 否
外壳节能	1. 住宿类与办公类建筑物，应尽量设计成深度空间，深度 14 m 以下的平面，以便在凉爽季节采用自然通风，并停止空调以节能	
	2. 切忌采用全面玻璃造型设计，办公建筑开窗率最好在 35% 以下，住家开窗率最好在 25% 以下	
	3. 切忌采用全屋顶水平天窗设计	
	4. 开窗部位尽量设置外遮阳或阳台以遮阳	
	5. 住宿类建筑物避免采用全闭式开窗，每樘开窗应至少有 1/3 以上可开窗面，以利通风，并避免日晒	
	6. 大开窗面避免设置于东西日晒方位	
	7. 住家采用清玻璃，空调型建筑多采用 Low-E 玻璃	
	8. 做好屋顶隔热措施［U 值在 1.2 W/(m^2·K) 以下］	
	9. 室内采用高明度的颜色，以提高照明效果	

B. 空调节能（表1-23）

空调节能 表1-23

设 计 对 策		是/否
空调节能	1. 冷冻主机不可超量设计（一般大楼每USRT应可供应7坪以上），备载容量不应超出25%	
	2. 选用高效率冷冻主机或冷气机，切勿贪图廉价杂牌货或来路不明的拼装主机，以免浪费大量能源而得不偿失	
	3. 空间平面深度低于7 m，所有窗户应可开启，以便在秋冬之际采用自然通风而停止空调冷气	
	4. 采用主机台数控制、VAV等节能设备系统	
	5. 主机及送水电动机采用变频控制等节能设备系统	
	6. 风管式空调系统采用全热交换器等节能设备系统	
	7. 采用CO_2浓度外气控制空调系统	
	8. 大型医院或旅馆采用吸收式冷冻机系统	
	9. 办公室、展示馆、体育馆类建筑采用储冰空调系统	
	10. 采用建筑能源管理系统BEMS	

C. 照明节能（表1-24）

照明节能 表1-24

设 计 对 策		是/否
照明节能	1. 居室应保有充足开窗面以便利用自然采光	
	2. 尽量避免采用钨丝灯泡、卤素灯、水银灯之低效率灯具	
	3. 一般空间尽量采用电子式安定器、高反射涂装之荧光灯	
	4. 高大空间尽量采用高效率投光型复金属灯、钠气灯来设计	
	5. 阅览、制图、缝纫、开刀房、雕刻室等精密工作空间之天花照明不必太亮，尽量采用台灯、投光灯来加强工作面照明	
	6. 避免采用筒状嵌灯或将光源隐藏于天花板内的间接照明设计，以免降低照明效率	
	7. 配合室内工作模式做好分区开关控制，以随时关闭无人使用空间照明	
	8. 设置自动调光控制、红外线控制照明自动点灭等照明设计	
	9. 设置昼光感知控制自动点灭控制功能	
	10. 室内采用高明度的颜色，以提高照明效果	

(5) CO_2 减量指针（表 1-25）

CO_2 减量指针　　**表 1-25**

设计对策		是/否
形状系数	1. 建筑平面规则、格局方正对称	
	2. 建筑平面内部除了大厅挑空之外，尽量减少其他楼层挑空设计	
	3. 建筑立面均匀单纯、没有激烈退缩出挑变化	
	4. 建筑楼层掏均匀，中间没有不同高度变化之楼层	
	5. 建筑物底层不要大量挑高、大量挑空	
	6. 建筑物不要太扁长、不要太瘦高	
轻量化设计	1. 鼓励采用轻量钢骨结构或木结构	
	2. 采用轻量干式隔间	
	3. 采用轻量化金属帷幕外墙	
	4. 采用预铸整体卫浴系统	
	5. 采用高性能混凝土设计以减少混凝土用量	
耐久化设计	1. 结构体设计耐震力提高 20% ~25%	
	2. 柱梁钢筋之混凝土保护层增加 1 ~2cm 厚度	
	3. 楼板钢筋之混凝土保护层增加 1 ~2cm 厚度	
	4. 屋顶层所有设备以悬空结构支撑，与屋顶防水层分离设计	
	5. 空调设备管路明管设计	
	6. 给水排水卫生管路明管设计	
	7. 电信通信线路开放式设计	
再生建材	1. 采用炉石粉替代率约 30% 的高炉水泥作为混凝土材料	
	2. 采用再生面砖作为建筑室内外建筑表面材	
	3. 采用再生砖块或再生水泥砖作为室外围墙造景之用	
	4. 采用再生级配骨材作为混凝土骨料	

（6）废弃物减量指针（表1-26）

废弃物减量指针 表1-26

	设　计　对　策	是/否
土　方	1. 尽量减少地下室开挖	
	2. 多余土方大部分均用于现场地形改造或用于其他基地工程之土方平衡	
营建自动化	1. 采用金属系统模板	
	2. 采用系统模板	
	3. 采用预铸外墙	
	4. 采用预铸柱梁	
	5. 采用预铸楼板	
	6. 采用预铸浴厕	
	7. 采用干式隔间	
构　造	1. 采用木构造	
	2. 采用轻量钢骨结构	
再生建材	1. 采用炉石粉替代率约30%的高炉水泥作为混凝土材料	
	2. 采用再生面砖作为建筑屋内外建筑表面材	
	3. 采用再生砖块或再生水泥砖作为室外围墙造景之用	
	4. 采用再生级配骨材作为混凝土骨料	
空气污染防制	1. 建筑工地设有施工车辆与土石机具专用洗涤措施	
	2. 工地对于车辆污泥、土石机具之清洗污水与地下工程废水排水设有污泥沉淀、过滤、去污泥、排水之措施	
	3. 车行路面全面铺设钢板或打混凝土	
	4. 土石运输车离工地前覆盖不透气防尘塑料布	
	5. 结构体施工后加装防尘网	
	6. 工地四周筑有1.8 m以上防尘围篱	

（7）室内环境指针（表1-27）

室内环境指针　表1-27

设　计　对　策	是/否
1. 采用厚度15 cm以上RC外墙与厚度15 cm以上RC楼板结构	
2. 采用气密性二级以上玻璃窗以保有良好隔声性能	
3. 尽量采用清玻璃或浅色Low-E玻璃，不要采用高反射玻璃或重颜色之色版玻璃以保有良好采光	
4. 住宿类建筑、非中央空调型办公建筑，建筑深度维持在14 m以内，外形尽量维持一字形、L形、П形、口形的配置，以保有通风采光潜力	
5. 绝大部分居室空间进深不要太深，以保有良好自然采光	
6. 大部分灯具均设有防止眩光之灯罩或格栅（灯管不裸露）	
7. 中央空调系统均应设置新鲜外气系统	
8. 室内装修以简单朴素为主，尽量不要大量装潢，不要立体装潢	
9. 室内装修建材尽量采用具备国内外环保标章、绿色标章之建材（即低逸散性、低污染、可循环利用、废弃物再利用之建材）	
10. 室内装修建材尽量采用天然生态建材	

（8）水资源指针（表1-28）

水资源指针　表1-28

设　计　对　策	是/否
1. 大小便器与公共使用之水栓必须全面采用具省水标章或同等用水量规格之省水器材	
2. 将一段式坐便器改成具省水标章的两段式坐便器	
3. 省水阀、节流器、起泡器等省水水栓之节水效率有限，改用自动感应水栓或自闭式水栓，有更好的节水效率	
4. 住宿类、饭店类建筑之浴室尽量以淋浴替代浴缸	
5. 尽量不要装设私人用按摩浴缸或豪华型SPA淋浴设备单元，假如装设的话，尽量采用具有省水标章的两段式马桶来弥补	
6. 尽量不要设置大耗水的人工草坪或草花花圃，假如装设，尽量以自动侦湿浇灌等节水浇灌系统来弥补	
7. 装设路上亲水设施、游泳池、喷水池、戏水池、SPA或三温暖等耗水公用设施时，必须装置雨水贮集利用或中水利用设施	
8. 开发总楼地板面积20 000 m^2或基地规模2hm^2以上的，必须设置雨水贮集利用或中水利用设施	

（9）污水垃圾改善指针（表1-29）

污水垃圾改善指针　表1-29

设　计　对　策	是/否
1. 所有建筑物之浴室、厨房及洗衣空间之生活杂排水均有接管至污水下水道或污水处理设施	
2. 所有寄宿舍、疗养院、旅馆、医院、洗衣店等建筑物的专用洗衣空间，必须设置截留器并接管至污水下水道或污水处理设施	

续表

设计对策	是/否
3. 若有学校、机关、公共建筑、餐馆所设餐厅之专用厨房，必须设有油脂截留器并将排水管确实接管至污水处理设施或污水下水道	
4. 若有运动设施、寄宿舍、医院、俱乐部等建筑物的专用浴室，必须将杂排水管确实接管至污水处理设施或污水下水道	
5. 当地政府设有垃圾不落地等清运系统	
6. 设有充足垃圾储存处理运出空间	
7. 有绿美化或景观化的专用垃圾集中场	
8. 设有厨余收集利用	
9. 设有资源垃圾分类回收系统	
10. 设置冷藏、冷冻或压缩等垃圾前置处理设施或卫生密闭式垃圾箱	
11. 设置防止动物咬食的密闭式垃圾箱，并定期执行清洗及卫生消毒	

6）设计评估内容

第二阶段的设计评估系建筑专业人士于设计实务上之评估工具，此阶段各指针分向之评估法、评分规定等详细内容可参考建筑研究所出版之《绿建筑解说与评估手册(2005年更新版)》及《绿建筑标章申请作业示范资料集》两本书。本章于章末收录绿建筑标章申请专用的绿建筑指针评估表，明细如下，供作参考：

（1）绿建筑评估资料总表

（2）生物多样性指针评估表

（3）绿化量指针评估表

（4）基地保水指针评估表

（5）日常节能指针评估表

（6）CO_2 减量指针评估表

（7）废弃物减量指针评估表

（8）室内环境指针评估表

（9）水资源指针评估表

（10）污水垃圾改善指针评估表

7）分级评估内容

分级评估之目的在于提供合格绿建筑品质优劣认定之工具，协助推动绿建筑奖励政策，以利后续推动专业酬金、容积率、财税、融资等奖励政策。评估主轴有三，分别是：综合评分、分级评估、奖励创新科技等。评估结果等级，依序分为钻石级、黄金级、银级、铜级与合格级。

此外，此阶段的评估亦针对无法量化、计算的创意绿建筑设计，即所谓的“绿建筑创新科技”进行额外的优惠加分，提升现行评估系统品质。由申请单位提出合理可信数据，提交绿建筑委员会审议认可该作品对生态、节能、减废、健康四大范畴之贡献，给予额外之10%～50%之加权优惠评分，但得分以该范畴100%上限得分为止，若有多重范畴值得优惠时，可给予多重加权优惠评分（表1-30～表1-32）。其评估原则为：

（1）评估对象必须是现有评估系统所无法评估的内容，并与绿建筑之生态、节能、减废、健康四大范畴相关。

（2）评估对象必须能凸显绿建筑技术结合造型美学、文化风貌、环境调和、自然生态、再生能源之创意，对于绿建筑有教育示范作用者。

（3）作品本身，至少必须具备绿建筑评估合格水准以上之条件。

绿建筑分级评估计分表 A **表1-30**

九大指标			有无	设计值	基准值	变距 R_n	分级评估得分 RS_i	得分上限
1. 生物多样性指针				$BD=$	$BDc=$	$R_1=$	$RS_1=9.51\times R1+2.0$	$RS_1\leqslant 9.0$
2. 绿化量指标				$TCO_2=$	$TCO_{2c}=$	$R_2=$	$RS_2=4.29\times R2+2.0$	$RS_2\leqslant 9.0$
3. 基地保水指针				$\lambda=$	$\lambda_c=$	$R_3=$	$RS_3=1.41\times R3+2.0$	$RS_3\leqslant 9.0$
4. 日常节能指标	外壳节能	办公类		$EEV=$	0.80	$R_{41}=$	$RS_{41}=29.76\times$	$RS_{41}\leqslant 12.0$
		百货类		$EEV=$	0.80	$R_{41}=$	$RS_{41}=29.76\times$	
		医院类		$EEV=$	0.80	$R_{41}=$	$RS_{41}=11.11\times$	
		旅馆类		$EEV=$	0.80	$R_{41}=$	$RS_{41}=11.11\times$	
		住宿类		$EEV=$	0.80	$R_{41}=$	$RS_{41}=8.93\times$	
		学校及大型空间类		$EEV=$	0.80	$R_{41}=$	$RS_{41}=18.94\times R_{41}+2.0=$	
		其他类		$EEV=$	0.80	$R_{41}=$	$RS_{41}=9.65\times$	
	空调节能			$EAC=$	0.80	$R_{42}=$	$RS_{42}=13.99\times$	$RS_{42}\leqslant 10.0$
	照明节能			$EL=$	0.80	$R_{43}=$	$RS_{43}=8.77\times$	$RS_{43}\leqslant 6.0$
5. CO_2 减量指标				$CCO_2=$	0.82	$R_5=$	$RS_5=20.11\times$	$RS_5\leqslant 9.0$
6. 废弃物减量指标				$PI=$	3.30	$R_6=$	$RS_6=15.77\times$	$RS_6\leqslant 9.0$
7. 室内环境指标				$IE=$	60.0	$R_7=$	$RS_7=10.66\times$	$RS_7\leqslant 12.0$
8. 水资源指标				$WI=$	2.0	——	$RS_8=\mathrm{WI}=$	$RS_8\leqslant 9.0$
9. 污水垃圾指标				$GI=$	10.0	$R_9=$	$RS_9=4.29\times R9+$	$RS_9\leqslant 6.0$
合计总分 $RS=\sum RS_i=$								

注：变距 $R_1\sim R_9$ 为该指标的设计值与基准值的绝对值差与基准值之比，依“｜设计值－基准值｜÷基准值”之公式计算。

绿建筑分级评估最终等级评量表 B（分） **表 1-31**

绿建筑评量等级（得分概率分布）			合格级 0～30%	铜级 30%～60%	银级 60%～80%	黄金级 80%～95%	钻石级 95%以上
九大指标全评估时总得分 *RS* 范围			12≤*RS*<26	26≤*RS*<34	34≤*RS*<42	42≤*RS*<53	53≤*RS*
基准减分	有、无 □ □	免评估生物多样性指针者基准减分	-0.0	-1.0	-1.5	-1.8	-2.2
	□ □	免评估空调节能者基准减分	-2.0	-2.3	-2.7	-3.2	-3.9
	□ □	免评估照明节能者基准减分	-2.0	-1.6	-2.1	-2.4	-2.9
	□ □	免评估室内环境指标者基准减分	-0.0	-3.5	-4.3	-5.4	-6.6
	□ □	免评估省水器具者基准减分	-2.0	-2.0	-2.0	-2.0	-2.0
有免评估项目时，新调整总得分 *RS* 范围			__≤*RS*<__	__≤*RS*<__	__≤*RS*<__	__≤*RS*<__	__≤*RS*
评价总分 *RS* = 分级评估归属级别（请勾选）							

绿建筑创新科技优惠评估表 C（不申请者免填） **表 1-32**

主旨：假如本作品具备一些不能量化的设计巧思，或一些结合绿建筑技术与环境美学的特殊绿建筑创新科技，申请单位可提出下表简要说明，并提送合理可信之相关资料证明该创意之贡献，本中心将召开绿建筑委员会确认该作品对生态、节能、减废、健康四范畴之实质贡献后，再依据委员会的共识与惯例，给予该范畴总得分额外之加权优惠评分		
原总得分 *RS* =	申请优惠加分 Δ*RS*：	特殊贡献之范畴：生态□、节能□、减废□、健康□

1.5.4 案例介绍

完工并取得绿建筑标章至 2006 年 9 月 30 日止，总计通过标章审查 127 件[1]，而建筑研究所也自 2003 年开始进行优良绿建筑作品甄选活动，迄今已举办过三届[2]。

1）首栋黄金级绿建筑——台达电子台南分公司绿色厂办案例介绍

本案系由素有台湾绿建筑之父美誉的林宪德教授负责整个绿色厂办概念提出、并全程参与整个规划设计到施工作业。位于台南科学园区的台达电子台南新厂占地1.89 hm^2，

❶ 工程竣工后通过标章审查获颁绿建筑标章之建筑物：2000 年 1 件、2001 年 2 件、2002 年 2 件、2003 年 8 件、2004 年 21 件、2005 年 46 件、2006 年 47 件，共计 127 件。

❷ 第一届优良作品网址刊登于：http：//cv-it. iarchi. net/Greenbuilding2/index. htm

以绿建筑之生态、节能、减废、健康理念为本进行设计施工。土黄色系的建筑本体、逐层内凹退缩的量体，以及结合美学，具遮雨、遮阳、挡风功能的全白折纸造型剥壳构造竖立门前；建筑物整体节能效果约达31%，节水效果将近50%。4层楼高的中庭采用具隔热效能的双层Low-E玻璃，借由浮力通风塔导出热空气；加宽设计的楼梯，摆放在中庭左侧，鼓励大家多走楼梯，并创造员工交流会面之空间，除健康外，更凝聚员工企业向心力。建筑主体建材更采用炼钢厂炉渣废弃物所做成的高炉水泥。相较于一般建筑采用的水泥，可减少排放15.7%的二氧化碳。基地内共种了1 800多棵植物，每年可吸收4 000余吨的二氧化碳，相当于31万辆1 800 cc汽车的排放量。而三个种满原生种植物的生态水池，吸引了青蛙、蟋蟀、蜻蜓等动物聚集，形成生物共生的环境。这样的用心打造，符合了绿建筑评估中的生物多样性指针。迥异于一般地下室停车场黑暗潮湿的环境，入口处及中央都设有采光井，不但光线充足，还能感受徐徐吹来的自然风。屋顶亦设置了21.6 kW的太阳能光电板，每年的总发电量可达约26 000 kWh，再生能源使用比例占全体能源使用比例1%（图1-42～图1-44）。

图1-42 种满原生种植物的生态水池

图1-43 逐层内凹退缩的量体

图1-44 全白折纸造型剥壳构造

2）富邦福安纪念馆案例介绍

富邦福安纪念馆系一栋地下2层，地上11层钢骨构造办公厅类建筑，总计通过绿化量、基地保水、日常节能、二氧化碳减量、室内环境、水资源、污水垃圾改善七项指针（图1-45、图1-46）。

全区保留绿地大于法定空地50%，同时并于屋顶、阳台及南北面地面层植栽绿化，保留原生树种种植乔木，混种多种植物、原生植物、多孔性生态设计、诱蝶花草。基地保水方面除透过南面绿地留设渗透井外，北面花台植栽亦有良好之保水性能。建筑物东西向不开窗，并规划为设备空间，南向遮阳、北向采光，外壳耗能为 62 kW·h/(year·m^2)，小于基准值 64 kW·h/(year·m^2)。空调节能部分则采用 VRV 变频空调

图1-45 福安纪念馆北向立面

图1-46 福安纪念馆南向立面

(半载 EER=3.4)+储冰（增量35%）。照明节能部分，采用昼光利用、自动调光，并采用电子安定器、省电灯具、感应照明、小区照明、二线式灯控，预期每年省电 10 720 kW·h。此外并设置能源自动监视系统（具耗能统计分析功能），进行用电需量监视。本建筑亦设置太阳光电系统，设备容量 19.8 kW·P，设置于 7 楼以上并整合遮阳版一体化设计(BIPV)。预期年发电量 20 500 kW·h。整体建筑节能设计预期每年可省电 52 900 kW·h，CO_2 减量 28 000 t。大楼结构采钢结构与轻隔间，结构方正轻量化。为创造优质的室内环境品质，室内采光良好，并设置全热交换器连动 CO_2 侦测器，引进新鲜空气，并采用双层玻璃隔声。所有用水器具均使用具有省水标章之省水龙头、省水卫生设备，并利用屋顶与外墙进行雨水回收再利用，且将空调冷凝水、RO 排水、洗手台排水、清洗水塔排水进行中水回收再利用，预期每年省水3 000 t。大楼各单位所产生之垃圾、厨余进行分类回收处理，卫生排水接下水道系统（图 1-47 ~ 图 1-49）。

图 1-47 Low-E节能玻璃

图 1-48 昼光利用照明自动点灭控制系统

图 1-49 生态核塑造休息等候空间

3）中国文化大学体育馆案例介绍

本案位于台北市阳明山中国文化大学校区内，系一地下5层，地上10层钢骨及钢筋混凝土构造学校类建筑，建筑高度49.35 m，总楼地板面积54 425.42 m^2。地下层为停车空间及运动教学空间，地上层椭圆栋为体育馆运动区及泳池区，L形栋供教室使用及部分兼具系所办公室。总计通过绿化量、基地保水、日常节能、二氧化碳减量、室内环境、水资源六项指针。

本基地绿化设计栽植阔叶大乔木、阔叶小乔木及密植灌木丛为主，并植生低茎草地以达到绿建筑绿化量之要求。其中，密植大小乔木、灌木、花草之生态复层面积约5 361 m^2。另外除保留原有植栽外，并栽植了阔叶大乔木57株、阔叶小乔木84株、密植高约0.9m的灌木丛862.9 m^2、0.45 m高的灌木丛385.4 m^2，以及低草花花圃1 844 m^2。位于都市计划之山坡地区，所以保留大范围自然绿地地面，提供雨水直接渗入土壤面积，地面上之机车停车坪及现有巷道右侧设计透水砖人行步道，以达基地保水之目的。

外墙为玻璃帷幕系统，采用双层Low-e玻璃及单层、半反射玻璃、网点烤漆玻璃及铝板贴砖＋隔热棉＋封板等以有效降低外壳耗能。中央空调系统（送冰水），搭配AHU空调机＋风管机（提供外气及冷气），吊挂式及立式空调机（提供冷气），以达到空调节能之目的。照明系统部分则使用电子、高功率安定器照明设备，以达到照明节能。

整栋建筑物之结构系统为非韧性结构系统，以钢构造为主体结构，轻隔间墙使用率超过五成，并采用金属玻璃帷幕墙，其CO_2减量设计值0.85小于基准值0.88。楼板为19 cm厚之钢构复合楼板，外墙为37.5～46.8 cm厚之双层墙，内有5 cm厚的KCC岩棉填充，经帷幕风雨测试报告，其气密性良好。室内自然采光良好，且空间照明光源均有防炫光格栅、灯罩设施。室内管线有50%以上改以非PVC材料制品的金属管代替，得到生态建材之优惠得分。建筑相关用水设备均采用具有节水标章之节水器材，并分别设置雨水回收系统及游泳池区溢水回收再利用系统，共同收集于地面层中水收集箱，约386.57 m^3，经水质再处理后贮集于地下四层中水箱约48 m^3，再利用动力打到屋顶中水箱，利用重力供坐便器、小便斗冲洗等与身体非接触之用水系统（图1-50、图1-51）。

图1-50　钢构＋金属玻璃帷幕以达建材减量目标

图1-51　双层Low-E玻璃有效降低外壳耗能

1.5.5 市场应用状况

从2000年至2006年9月30日止，总计通过标章审查127件，候选证书审查976件❶，合计总楼地板面积共1 322.6万m^2，能源部分总计节省电力35 200万kWh，约88 100万元；水资源部分总计节省1 459万m^3，约11 600万元❷。依此成效推估，依照绿建筑标章制度所设计的建筑，平均每平方米可节省26.7度电以及1.1 m^3的用水量（表1-33）。

绿建筑标章制度推广效益 **表1-33**

<table>
<tr><th rowspan="2">年　度</th><th colspan="3">绿建筑标章（迄今通过127件）</th><th colspan="3">候选绿建筑证书（迄今通过976件）</th><th rowspan="2">备　　注</th></tr>
<tr><th>楼地板面积（m²）</th><th>节能（kW·h）</th><th>节水（m³/年）</th><th>楼地板面积（m²）</th><th>节能（kW·h）</th><th>节水（m³/年）</th></tr>
<tr><td rowspan="2">2000</td><td rowspan="2">26 750</td><td>791 795</td><td>26 362</td><td rowspan="2">63 934</td><td>434 749</td><td>70 007</td><td rowspan="23">1. 依绿建筑评估系统概估其建筑物之节能概估应可达20%左右，节水量概估应可达30%左右。
2. 本表之节省经费系依电费（2.5元/kW·h）、水费（8元/m³）方式计算。
统计至2006年9月30日止</td></tr>
<tr><td>$ 1 979 487</td><td>$ 210 896</td><td>$ 1 086 873</td><td>$ 560 059</td></tr>
<tr><td rowspan="2">2001</td><td rowspan="2">54 875</td><td>373 147</td><td>60 088</td><td rowspan="2">1 126 173</td><td>33 163 923</td><td>1 114 654</td></tr>
<tr><td>$ 932 867</td><td>$ 480 701</td><td>$ 82 909 808</td><td>$ 8 917 236</td></tr>
<tr><td rowspan="2">2002</td><td rowspan="2">60 770</td><td>555 667</td><td>65 860</td><td rowspan="2">1 974 146</td><td>64 231 262</td><td>2 197 663</td></tr>
<tr><td>$ 1 389 166</td><td>$ 526 877</td><td>$ 160 578 154</td><td>$ 17 581 304</td></tr>
<tr><td rowspan="2">2003</td><td rowspan="2">31 248</td><td>818 340</td><td>50 547</td><td rowspan="2">1 549 722</td><td>38 509 405</td><td>1 749 723</td></tr>
<tr><td>$ 2 045 851</td><td>$ 404 374</td><td>$ 96 273 512</td><td>$ 13 997 781</td></tr>
<tr><td rowspan="2">2004</td><td rowspan="2">152 618</td><td>2 938 601</td><td>166 254</td><td rowspan="2">2 279 567</td><td>61 997 286</td><td>2 668 922</td></tr>
<tr><td>$ 7 346 502</td><td>$ 1 330 033</td><td>$ 154 993 215</td><td>$ 21 351 375</td></tr>
<tr><td rowspan="2">2005</td><td rowspan="2">299 441</td><td>7 505 475</td><td>319 066</td><td rowspan="2">3 688 532</td><td>98 829 337</td><td>3 999 192</td></tr>
<tr><td>$ 18 763 689</td><td>$ 2 552 528</td><td>$ 247 073 343</td><td>$ 31 993 538</td></tr>
<tr><td rowspan="2">2006</td><td rowspan="2">320 078</td><td>8 404 560</td><td>348 493</td><td rowspan="2">1 598 187</td><td>34 240 640</td><td>1 762 179</td></tr>
<tr><td>21 011 401</td><td>$ 2 787 974</td><td>$ 85 601 599</td><td>$ 14 097 431</td></tr>
<tr><td rowspan="2">合　计</td><td rowspan="2">945 780</td><td>21 387 585</td><td>1 036 670</td><td rowspan="2">12 280 260</td><td>331 406 601</td><td>13 562 341</td></tr>
<tr><td>$ 53 468 963</td><td>$ 8 293 356</td><td>$ 828 516 504</td><td>$ 108 498 724</td></tr>
<tr><td rowspan="7">总计</td><td colspan="6">2000年度迄今总计通过审查之总楼地板面积：13 226 039.93m²</td></tr>
<tr><td colspan="6">2000年度迄今总计节省电力：352 794 186.64kW·h</td></tr>
<tr><td colspan="6">2000年度迄今总计节省电力经费：881 985 467.00元</td></tr>
<tr><td colspan="6">2000年度迄今总计节省电力CO₂当量：232 138 574.81 kgCO₂当量</td></tr>
<tr><td colspan="6">2000年度迄今总计节省水源：14 599 010.13 m³</td></tr>
<tr><td colspan="6">2000年度迄今总计节省水经费：116 792 080.00元</td></tr>
<tr><td colspan="6">2000年度迄今总计节省经费：998 777 547元</td></tr>
</table>

（资料来源：财团法人中华建筑中心网站）

❶ 通过绿建筑标章审查，获颁候选绿建筑证书之建筑物：2000年4件、2001年6件、2002年114件、2003年188件、2004年277件、2005年265件、2006年122件，共计872件。

❷ 资料来源：财团法人中华建筑中心网站 http：//www.cabc.org.tw/.

由于绿建筑推动方案强制工程总造价在新台币 5 000 万元以上之公有新建建筑物，应先行取得候选绿建筑证书，始得核发建造执照，造成许多建筑师秉持着“只求过关”的敷衍心态，少有积极争取高标准合格设计者。

1.5.6 教育推广

经由前面之介绍，我们知道台湾的绿建筑系由上而下，先有政策的支持而进行相关的研发与应用，然而环境可持续发展若要长久，除了初期由上而下的扎根力量外，如何透过潜移默化的教育与推广，将绿建筑相关理念深植人心相当重要，以下将从政策推广与宣导、大专教育、示范建筑案例以及博硕士论文研究概况进行探讨。

1）政策推广与宣导

政府为推广绿建筑标章制度，在绿建筑标章评估系统完成后，于 1999 年初举办绿建筑标章征选活动，借由各大报刊一系列的新闻报导，以及民众参与设计比赛的过程，加深社会对绿建筑的印象。包括 1995 年颁布实施的建筑外壳耗能量节约能源之建筑技术规则与规范，以及后来的绿建筑设计评估相关规范之颁布，为有效落实与施行，相关部门均举办两项相同性质的系列活动：

（1）优良作品评选：1998 年开始，建筑研究所筹备处为推广建筑节能设计，共举办了三届的优良案例评审奖励作业，评选出 54 栋建筑省能优良建筑，奖项包括建筑外壳节能设计、空调系统节能设计及节能特殊技术三大类。其中的 42 栋优良外壳节能设计之建筑案例，亦为后来法规订定节能基准之重要参考依据。及至绿建筑推广阶段，内政部建筑研究所亦于 2003 年举办第一届优良绿建筑设计作品甄选活动，迄今已举办过三届活动，甄选出许多优良作品供各界参考，并表扬优良业界或建筑师。

（2）举办培训课程：不论是建筑节能以及绿建筑之推广，均有举办查核人员及种子师资培训工作，对象为政府官员、建筑师、结构技师、土木技师、教师及相关从业人员，借此奠定法制化成功实施之根基。

除上述共同采用之推广手法外，近年来内政部门建筑研究所为扩大宣导绿建筑，积极进行：①推动实施绿建筑政府施政重要政策；②研订增修我国绿建筑评估指标系统；③扩大堆动绿建筑标章制度；④办理优良绿建筑设计评选；⑤推动绿建材标章制度；⑥推动绿色厅舍暨空调节能改善工程；⑦推动旧有建筑物节能改善工程；⑧举办绿建筑概念教育讲习训练；⑨举办绿建筑博览会及绿建筑导览；⑩推动绿建筑国际接轨等工作。

2）大专教育

在绿建筑理念越来越受到重视的今天，台湾各大专院校之土木、建筑、空间等相关系所亦开设绿建筑领域的课程❶。2001 年文化大学建筑及都市设计学系亦首次将绿建筑课程列为大四毕业班之必修课程之一，张世典教授将其授课内容与毕业设计结合，介绍本土之绿建筑设计手法促使同学融入其毕业设计内容中，增强建筑系学生对于地球环境共生议题的认识与兴趣，并进行绿建筑设计计划书、标章评估书图之实做演练，辅助学生对于建筑实务导入绿建筑设计手法运用之技术与能力。此一教学内容与做法可供台湾地区相关系所做为参考，俾利建筑师与土木工程人员养成教育。

此外，于大学通识教育方面，2006 年文化大学亦将“绿建筑概论”课程❷纳入通识教育之一环，该课程荣获教育部顾问室人文社会科学教育改进计划（S. T. S）个别型通识教育改进计划补助经费。

3）示范建筑

由台北市立动物园与工业技术研究院合作建造的“酷”Cool 节能屋❸（图1-52），坐落于台北市立动物园区内，富有寓教于乐之功能，将许多绿建筑设计手法应用于实体建筑设计上，并有相关导览解说服务，希借由社会教育管道，将绿建筑节能设计的概念宣导给普罗大众了解。该栋建筑亦获颁绿建筑标章，通过绿化量、日常节能、二氧化碳减量、废弃物减量、水资源、污水垃圾改善六项指标之审查。除此之外，台湾大学教授韩选棠博士，对于健康节能生态住宅十分关心、不遗余力，结合国内许多相关建材厂商，通力合作于台大校区内打造一座“台大绿房子”❹，开放给各机关团体参观，本身并居住其中，戮力研究生态节能住宅。

4）博硕士论文研究概况

透过图书馆全国博硕士论文信息网数据库搜寻，以“绿建筑”为研究关键词的论文有 95 篇，以“绿建筑”为研究主题的论文有 43 篇；大体而言可分为基础研究与应用性研究，在各项指标如何应用于各类建筑设计、地区特性与其关系均多所着墨（表1-34）。

图1-52 “酷”Cool 节能屋

❶ 台北科技大学黄定国院长所主持的“技职体系一贯课程—土木建筑群”计划，该计划建议将“绿建筑计划”课程纳入二年制技术学院建筑系之部订必修课程，并建议其他学制亦将其纳入校订或系订选修课程。

❷ 课程 E-Learning 网址：http：//staff. pccu. edu. tw/ ~ sdchang/.

❸ 酷 Cool 节能屋网站网址：http：//coolhouse. itri. org. tw/.

❹ 台大绿房子网站网址：http：//www. drinfosys. com. tw/.

以“绿建筑”为研究主题的学位论文 表 1-34

序号	论文名称	研究生	指导教授	引用次数
01	绿建筑设计评估工具之研究以办公建筑为例	杨谦柔	张世典	10
02	绿建筑技术构法应用之研究	许国胜	杨逸咏	2
03	建筑物低环境冲击负荷之研究——以南投住宅进行绿建筑减废评估	刘颖聪	黄俊熹	0
04	住宅绿建筑设计技术之研究——以都市地区集合住宅为例	杨佩珩	张世典	2
05	以绿建筑评估指标探讨农舍住宅建筑技术及设备应用个案研究	李霖文	李锡霖	0
06	绿建筑水资源节能之研究	詹博文	李友铮	1
07	绿建筑废弃物减量指标之评估研究	吴启炘	石晋方	0
08	温州街信息业员工住宅设计——信息社会之绿建筑设计	陈旭彦	郭肇立	0
09	绿建筑工具之应用与推广研究	曲筱帆	胡宪伦	3
10	绿建筑推动因素与指针评估系统应用之研究	黄亮达	胡宪伦	6
11	绿建筑与生态环境应用于新设学校之研究——以新设屏北高中为例	洪武智	林朝夫	0
12	符合绿建筑基本指标之成本分析研究——以集合住宅四项评估指针为例	刘贤树	黄荣尧	0
13	绿建筑绿化量指标评估方法之比较研究	郑郁玫	郑皆达	0
14	绿建筑中基地保水指针应用于校园规划之探讨——以中兴大学为例	黄群祥	陈文福	0
15	绿建筑奖励业主措施及其执行机制之研究	林政谊	彭光辉	3
16	绿建筑教学游戏	李正仪	简圣芬	0
17	绿建筑于校园生态绿化之研究	杨锦缎	陈春盛	1
18	从绿建筑之绿化量指标改善温室效应之分析——以交通大学新行政大楼为例	陈炳宏	叶弘德	4
19	高层集合住宅绿建筑设计可行性评估——以高雄市民间开发案为例	黄辉雄	江哲铭	0
20	绿建筑材料验证制度之探讨	蔡明璋	曾俊达	3
21	绿建筑评估指标适用性之研究	林政贤	林宪德	3
22	桃园县都会区新设国民小学绿建筑指标实践之研究	赖明辉	-林志成	2
23	大学校园环境应用绿建筑之研究——以台北科技大学校园为例	游嘉文	宋立垚	0
24	绿建筑标章应用在住宅类建筑接受态度之研究——以绿色消费观点探讨	温雅贵	黄世孟	5
25	绿建筑奖励执行机制之研究	陈雅芳	彭光辉	0
26	公共工程绿建筑推行对军事工程应用之探讨——地下掩体室内空气品质调查及通风效能分析	陈有胜	张又升	0
27	绿建筑节能设计及电力品质之研究	钟振声	萧瑛东	0
28	绿化环境容受贡献削减 CO_2 固化量之研究——以绿建筑绿化量指标案例为例	黄淑华	王文安	

续表

序号	论文名称	研究生	指导教授	引用次数
29	绿建筑案例发展分析——以台湾地区之建筑外壳剖面能源计划为题	王君颖	周家鹏	1
30	绿建筑生态指标群运用于台中市国民小学之评估研究	苏泰瑞	郑明仁	0
31	大学园道空间于绿建筑绿化量与基地保水指针应用之研究	孙崇发	郑明仁	0
32	绿建筑中生态指标应用于机关用地之研究——以台中市及中兴新村为例	李骏杰	郑明仁	0
33	绿建筑中生态指标群于南投县921重建与非重建国民中小学之研究	陈永川	郑明仁	0
34	住宅社区于绿建筑绿化量与“基地保水”指针应用之研究	林彤	郑明仁	0
35	绿建筑中绿化及基地保水评估指针于国民中小学校园之应用——以新竹市为例	王希智	郑明仁	0
36	绿建筑评估指标应用于大学校园环境之研究以逢甲、静宜大学为例	徐任锋	郑明仁	9
37	绿建筑评估指标于南投县921重建之国民中小学之应用	陈富强	郑明仁	9
38	绿建筑规范用于老旧建筑之探讨——以逢甲大学校史馆及立德教堂为例	王健毓	江笃信	1
39	地方政府行政机关厅舍绿建筑之研究——绿化量指标及保水指标实测解析	张简欣呈	林子平	0
40	校园绿建筑绿化指标之植栽 CO_2 固定量调查研究——以大甲高中为例	朱滢树	文一智	4
41	国小实施绿建筑以改善学校建筑环境之研究——以台中地区为例	萧贞仁	刘惠元	0
42	绿建筑在国小环境教育之应用——以台大绿房子为例	陈淳廉	洪志诚	1
43	绿建筑观念在图书馆之应用	叶仲超	苏谖	2

1.5.7 结语

由建筑节能研究草创开端至今日的建筑技术规则绿建筑专章之颁布，从理念的研究讨论到政策的推广与法规化的实践，绿建筑在台湾是一个现在进行式，随时都有意想不到的创意绿建筑产生。然而永续的关键在于是否生根于人心，将永续的居住环境经营管理思维纳入全民科普知识领域中，[1] 就显得相当重要了，因此环境教育就显得更为重要。包括业主与居住者、规划者、建筑师、室内设计者、营造业者等，都须具有绿建筑环境开创者的使命，一同打造优质的住居环境与未来。

[1] 跨越生活伦理、公民道德与健康教育的范畴。

1.6 我国香港地区 HK-BEAM 体系简介

《香港建筑环境评估标准》(the Hong Kong Building Environmental Assessment Method, HK-BEAM 体系) 在借鉴英国 BREEAM 体系主要框架的基础上，由香港理工大学于 1996 年制定。它是一套主要针对新建和已使用的办公、住宅建筑的评估体系。

该体系旨在评估建筑的整体环境性能表现。在 1999 年更新版本里增添了高层住宅分册；2003 年在吸取近年来绿色建筑实践推广和技术进步的基础上，制定了最新的《新建建筑发展 4/03 版》和《已使用建筑发展 5/03 版》，其中对建筑环境性能的评价归纳为场地、材料、能源、水资源、室内环境质量、创新与性能改进六大评估方面。

HK-BEAM 体系的目标是用合理的成本，使用最好的、可行的技术以减少新建建筑对环境的冲击。体系包括 15 个评估指标，87 个标准；涵盖了全球、本地和室内 3 个环境课题；评分分为 4 级：优秀（70% 或更高），很好（60% ~70%），良好（45% ~60%），符合要求（30% ~45%）。评估对象包括：现有办公楼建筑、新建办公楼设计和新建住宅。HK-BEAM 体系可以在规划、设计及施工的任何阶段对建筑进行评估。到 2002 年 3 月，HK-BEAM 体系已经评估了 47 栋建筑（15 栋住宅，20 处原有办公室，12 处新建办公建筑）。

香港 HK-BEAM 体系与英国 BREEAM 体系相比，主要参数的单位换为耗电量 (kWh) 或是 CO_2 排放量（kg），而且 HK-BEAM 体系并不提倡新建建筑物的设计要满足所有的需求。体系最为注重的是建筑设计中对于建筑可持续发展的考虑程度，而非建筑对地球环境冲击程度的量化过程。与 BREEAM 体系相同，HK-BEAM 体系也包括三方面：

(1) 全球环境问题和资源使用

- 整体环境问题
- 能源采购政策
- 能源管理程序
- 电能消耗
- 臭氧减少物质
- 循环使用材料的设施

(2) 地区问题

- 电力最大需求
- 水资源保存
- 冷却塔细菌
- 建筑物噪声

- 交通和步行通道
- 服务及废弃物处理的车辆通道
- 建筑物维修

（3）室内环境问题

- 建筑物设备系统运行和维护
- 计量和检测设备
- 生物污染
- 室内空气质量
- 矿物纤维
- 放射性元素氡

本章参考文献

[1] 内政部门营建机构. 建筑技术规则. 台北：内政部门营建机构. 2006.

[2] 建筑研究所. 绿建筑标章评估手册2005年更新版. 台北：建筑研究所. 2006.

[3] 财团法人中华建筑中心. 绿建筑标章审查通过效益. 财团法人中华建筑中心网站. http://www.cabc.org.tw/. 2006年10月31日浏览.

[4] 行政部门主计处. 政府统计总览. http://www.dgbas.gov.tw/. 2006年11月2日浏览.

[5] 台湾图书馆. 台湾博硕士论文信息网. http://etds.ncl.edu.tw/theabs/index.jsp. 2006年11月2日浏览.

[6] 建筑研究所. 建筑研究所十年回顾及发展. 台北：建筑研究所. 2005.

[7] 杨谦柔、陈锦赐. 从永续发展的观点探讨台湾绿建筑发展的困境与挑战. 2004永续都会区域环境共生国际论坛论文集. 中国文化大学环境设计学院主办. 2004.

[8] 林宪德、王文安等撰文. 胡弘才主编. 绿建筑在台湾——第一届优良绿建筑设计作品专辑. 台北：建筑研究所. 2004.

[9] 林宪德. 绿建筑之发展与未来. 2004绿建筑博览会系列演讲. 台北. 2004.

[10] 林宪德主编. 绿色厅舍改善计划成果简介. 台北：建筑研究所. 2004.

[11] 建筑研究所. 绿建筑标章评估手册2001年版、2003年版. 台北：建筑研究所. 2003.

[12] 林宪德. 热湿气候的绿色建筑. 台北：詹氏书局. 2003.

[13] 建筑研究所. 绿建筑标章评估手册2003年版. 台北：建筑研究所. 2003.

[14] 建筑研究所. 绿建筑标章评估手册2001年版. 台北：建筑研究所. 2001.

[15] 杨谦柔. 绿建筑设计评估工具之研究——以办公建筑为例. 文化大学建筑及都市计划研究所硕士论文. 台北. 2001.

[16] 行政部门. 绿建筑推动方案. 台北. 2001.

[17] 张世典. 从建筑省能到绿建筑. 台湾建筑学会会刊杂志. 42：20-33. 台北：台湾建筑学会. 1998.

[18] 张世典等. 台湾建筑生命周期二氧化碳排放减量之研究. 行政部门环境保护机构. 1998.

[19] 张世典等. 绿建筑技术现况调查与未来发展规划. 台北：建筑研究所. 1997.

[20] 建筑标章申请专用的绿建筑指标评估表可参见 www.cabc.org.tw/cabcweb/cabc/green/档案下载.htm

2 美国绿色建筑评估体系详解

When it comes to green building, China has made a major commitment to embracing and adopting the design and construction practices that deliver high performance buildings. As its economy continues to expand exponentially the amount of new construction taking place is staggering, and the opportunity to demonstrate the immediate and measurable impacts of building green is tremendous. I continue to be inspired by the green innovation and ideas, products and projects in China that are commanding the attention of the world.

在绿色建筑领域，中国正扮演着重要的角色，需要进一步采用新技术开拓出更多高性能的节能绿色建筑物。经济的持续高速发展所带动的新增建筑物数量是令人惊讶的，以此使其有着巨大的空间去证明绿色建筑所带来的短期乃至长远效益。中国绿色建筑的革新和设计方案，相关产品和工程已经引起世界的瞩目，我也因此而倍受鼓舞。

The key word in all of this is measurable results, because you can't manage what you don't measure. If China, indeed if all of us want to achieve the highest returns on our green investments- financial, environmental and human health and productivity returns, it's critical we put in place common and proven metrics.

所有这些工作的关键是能否对效益进行评估。如果未经过对效益的评估，我们无法开展工作。在中国，如果我们确实都希望在绿色工程方面的投资能获得最大的回报，这些回报将包括经济、环境、人民健康和生产力方面，我们就应该对这方面建立一套标准评估体系。

One of the earliest commitments the U. S. Green Building Council madein our push for market transformation was to this concept of measurement. The result was our LEED® Green Building Rating System, which has become the standard for green commercial buildings in the US. Our system covers new construction as well as renovations and ongoing operations of buildings, as well as commercial interiors. We've also taken what we've learned on the commercial side and applied it to the residential market.

推动该领域中的市场改革，制定绿色建筑评定标准是美国绿色建筑委员会在最初时的一项任务。LEED® Green Building Rating System 就是我们在这方面的贡献，它已经成为美国绿色商用建筑物的评定标准。我们的系统在新建筑，既有建筑的改进和维护运营以及商用房屋内部设计上都发挥着作用。我们也已经将从商业领域中学到的应用到民用住宅市场。

LEED provides a roadmap on how to build green then assesses how well the goal has been achieved. Before LEED, multiple and contradictory definitions of "green" abounded; we created LEED to provide the market with a common definition and objective, verifiable standards. It also provides the kind of comprehensive guide that enables a design team to manage and uphold commitments all the way through the design and construction process.

LEED，仿如指引图一样，引领我们如何去构建绿色建筑并且对我们的绿色设计进行评价。在 LEED 出现以前，人们对“绿色”的概念的理解存在着各种分歧和矛盾。我们开发出 LEED 用以向市场提供“绿色”的普遍定义、目的和不同的标准。它同时也提供了充分的指导有助于设计团队处理设计与施工过程中的各项责任。

Committing to certification and recognition of that commitment sets the bar at a level high enough to drive real impact in terms of reduced energy and water consumption; reduced greenhouse gasses; and improved human health, wellness and productivity.

降低能源和水的耗量，对温室气体的排放和提高居民的健康和生产力有着很大的帮助。

There are a number of green building standards around the globe and while we take great pride in LEED, it's the actual concept of measurement and third- party verification that is what will effect the market transformation we all desire. Because it's the aggregation of practices in the five key areas- energy, water, indoor air quality, materials, and site- that delivers true high - performance buildings. Green building rating systems ensure that a building was constructed as designed and will perform as expected.

国际上现有很多绿色建筑的标准，而 LEED 令我们引以为豪。因为它现实地体现了测量法和第三方查证的概念，我们预期这必将促使整个市场发生转变。它是一个囊括了五大范畴的统一体，包括能源、水、室内空气质量、材料和建筑场地，这些都对建筑物的高性能表现起着关键影响。绿色建筑评估系统将会确保建筑物的实际建造能满足预期的设计和表现。

And that will benefit us all.

最终，我们都将从中受益。

Sincerely,

Rick Fedrizzi
President, CEO and Founding Chairman
U.S.Green Building Council

2.1 美国绿色建筑的发展

2.1.1 绿色建筑设计

“绿色建筑”通常也理解为“高性能建筑”、“可持续性设计和施工”以及其他意指整体设计和施工方法的名词。由于可持续性这一新议题的广泛性，对于绿色建筑设计存在许多不同的概念描述。对于“环境的可持续性”（Environmental Sustainability）的定义，从最广泛的、包容可持续性所有方面的概念（满足当代人需要的同时不危及下一代满足他们需求的能力）到一些比较狭义的概念，比如节能（只关注某一特定的可持续性设计）。

在这个广阔的范畴内，绿色建筑设计则尽力平衡诸多因素，包括环保责任、资源有效利用、住户舒适和健康，以及社区敏感性等。

绿色建筑设计包括了一个综合开发过程当中所有的参与者，从设计队伍（业主、建筑师、工程师和顾问）、施工队伍（材料厂家、施工单位和废料搬运单位）、维修工人、以及住户。绿色建筑的过程最终产生的，是一个高品质的产品，并且使业主获得最大化的投资回报。

2.1.2 为什么要采用绿色设计?

建筑行业对于环境有巨大的影响。2002 年，美国有超过 7 600 万的住宅楼宇和差不多 500 万的商业建筑。根据美国能源部（Department of Energy，简称 DOE）统计，建筑物每年消耗全美超过 30% 的能源以及 60% 的电力供应。每天，有 50 亿加仑（约 1 900 万 m^3）的自来水被用来冲刷厕所。一个典型的北美商业建筑，在施工中每平方英尺的建筑面积产生多达 2.5 磅的固体废弃物（相当于每 1 m^2 建筑面积产生 12.2 kg）。房地产开发侵吞了各种其他用途的土地，比如自然栖息地和农业用地。

建筑同时也是导致城区空气质量、问题和气候变化的主要污染源。根据美国能源部统计，49% 的二氧化硫，25% 的氮氧化物和 10% 的颗粒物是来自于各种建筑，这些都危害了城区的空气质量。同时，美国 35% 的二氧化碳也是由建筑产生的。这些仅仅是建筑施工和运营期间附带产生的各种环境影响的几个简单例子。

到 2010 年，预计美国还将兴建 3 800 万栋建筑。绿色建筑的实施完全可以减少这些建筑所带来的不良环境影响，并且扭转这种不可持续的施工活动。但这仅是整个故事的一部分。绿色建筑还可以减少运营费用，增强建筑物的市场接受度，潜在地提高居住者的工作效率，并且有助于创建一个可持续的社区环境。例如，节能措施已经为丹佛干货大厦（Denver Dry Goods）每年减少约75 000美元的营运支出。在北卡罗来纳州日照充分的学校中就读的学生，考试成绩一贯都高于那些在使用传统照明设施的学校中就读的学生。不少调查显示，在绿色建筑中工作的人员，其工作效率可以提高达16%，包括旷工减少以及工作质量提高。这一切，都是基于“以人为本”的绿色设计。美国华盛顿州斯波坎市（Spokane，Washington）一个零售商店的施工过程中，废料管理成本减少了56%，48吨的废料被循环利用。有效利用资源的建筑物对于当地基础措施的影响也会比较小。可以说，绿色建筑所具有的环保、经济和社会效应等因素，对于所有参与者，包括业主、住户和大众都是非常有益的。

2.1.3 美国绿色建筑行业的发展

1973年10月阿以战争爆发。为了惩罚华盛顿对以色列的支持，以及为了造成全世界范围内的压力，以取得一个可以接受的战争结果，阿拉伯国家切断了对美国的所有的石油供应，并轮流削减对其他国家的石油供应。与此同时，石油输出国组织（简称欧佩克，OPEC）又宣布油价上涨4倍。由于发生在正当石油供应因为需求迅速增长而已经紧张之时，这次石油禁运及欧佩克石油涨价给全球的经济发出了一阵强烈的冲击波。许多地区出现石油短缺，工业产出下降，世界进入一轮长期的经济萧条之中。这次阿拉伯石油禁运持续到1974年3月结束。美国突然陷入到了一次严重的“能源危机”当中。此时，在1960年代末期重新逐渐兴起的环保运动进入了主流。在这次能源危机当中，能源成本受到了越来越多的关注，而早期的“绿色”建筑也开始出现。例如，最大的房地产开发商之一，汉斯公司（Hines）当时就开始在得克萨斯州（Texas）的Midland市建造了几幢带有一些可持续发展措施的办公楼，采取的绿色设计包括调整建筑物朝向以避免东西向的太阳辐射、双层反射玻璃、以及节能的内部灯光系统等。

事实上，环保的建筑施工和管理措施是在1969年才成为美国联邦政府的强制要求。尽管当时所谓的“对环境友好”（environmental friendly）或者“绿色开发”（green development）的定义还是非常粗浅，在1969年的美国《全国环境政策法》（The National Environmental Policy Act）中要求联邦政府机构需要采取有关的措施。但对于美国许多私人业务而言，并没有太多受到20世纪70年代环保运动的影响，而是在80年代开始起步的。80年代初期，整个行业才开始向建筑节能转型。随着90年代许多民间组织的兴起，类如美国绿色建筑协会（USGBC）的成立，开始把绿色建筑带向了一个更复杂的层面，以及更重要的是，清晰地指出房地产行业应该推行绿色建筑。

2.2 美国绿色建筑协会和LEED评估体系

2.2.1 关于美国绿色建筑协会

如第一章所述，建筑环境对于我们的自然环境、经济、健康和社会的生产效率等各方面都有着深刻的影响。现在，随着建筑科学、技术、产品和运营等方面的不断突破和进展，创造一个绿色的、可以实现经济和环保效益都最大化的建筑环境，对于设计师、建造商和业主来说已经是完全可以做到的事情。

在创建新一代的、内外性能卓越的建筑物方面，美国绿色建筑协会（United States Green Building Council，简称USGBC）领导着全美国的行业发展方向。协会的成员们共同工作，开发出行业标准、设计规范、方针政策、以及各种研讨会和教育工具，以支持整个行业采用各种可持续发展的设计和建造方法。作为全美国唯一一个在环保建筑方面代表整个建筑行业的全国性机构，USGBC独特的视角和集体的力量为其成员们提供了一个巨大的机会——改变各种传统的建筑设计、施工和保养方法。

USGBC的会员都是来自于行业中各种类型公司的领袖企业，包括：建筑设计事务所、开发商、物业公司、房屋中介、施工承包单位、环保团体、工程公司、财务和保险公司、政府部门、市政公司、设备制造商、规划师、专业团体、大学和技术研究机构、出版机构等（图2-1）。

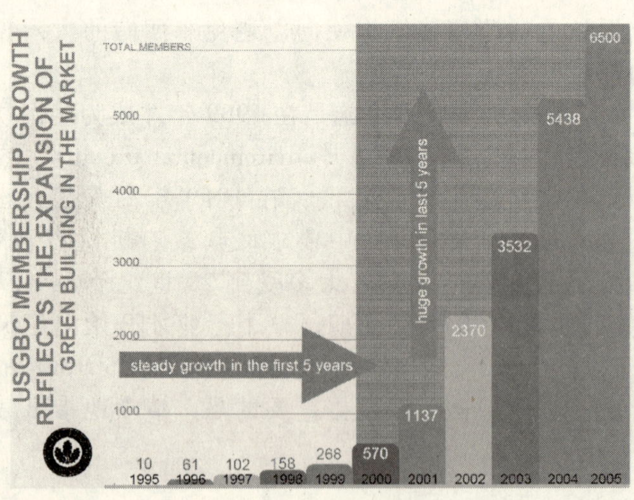

图2-1　美国绿色建筑协会会员数量的增长趋势也反映出绿色建筑的增长势态

从1993年成立至今，美国绿色建筑协会就一直扮演着一个非常重要的角色：为建筑行业提供了一个可以充分交流和讨论的领袖论坛，从而逐渐集合了整个建筑行业的领导力量。整个美国绿色建筑协会的运作，及其所提出的各项计划，都是基于以下几个原则来进行：

1）以各个专业委员会为基础

作为一个有效运转的联合体，USGBC的核心是其各个专业委员会，例如管理委员会、教育委员会、以及各种不同LEED评估体系的专业委员会等。各个委员会的会员们（也就是来自不同类型公司的企业代表）共同制定各种有关的策略，并由USGBC的员工和外聘的专业顾问来进行具体执行。这些不同的专业委员会为其会员们提供了一个讨论交流的场所，来自不同立场的各种不同观点在这里得以碰撞、沟通，求同存异、建立联盟、稳步推进各种合作的解决方案，最终逐步影响了建筑行业中各个方面的变革。

2）会员驱动

美国绿色建筑协会的会员制度是开放的、均衡的，即各种企业都可以申请加入协会成为会员，而且来自不同类型企业的会员数量在协会中也相对均衡，这就保证了整个协会的运作及其制定的评估体系和各种策略不会偏向于某一类型的企业，而是均衡各方利益的结果，并且反映了各种类型企业不同需求的协调。

美国绿色建筑协会的会员制度，为执行协会各项重要的计划和活动提供了一个平台，各种政策和策略的制定、修订、以及各项工作计划的安排，都是基于来自整个建筑行业中不同类型企业会员们的需要而定。协会每年也都需要进行年度回顾，以确保其各项工作是有助于解决会员们提出的各种问题，其实也就是协调整个美国建筑行业在绿色建筑发展中的各种矛盾，并逐步推进整个行业的变革。这种机制使得美国绿色建筑协会的各种意见得到了整个美国社会的认可，并具有相当的影响力。

3）关注共识

追求共识并取得共识，是整个美国绿色建筑协会运作和制定各种策略的关键。协会推崇的一个共同目标，是整个行业共同合作，促进绿色建筑的发展，而且通过这些工作，可以在低成本水平上帮助培育和促进经济的增长、健康的环境和人们生活起居的安康。协会鼓励并推动行业中不同的企业能跨越彼此意识上的差异和利益诉求的不同，共同来发展各项保持均衡的政策，而这最终将使得整个行业都获益。

2.2.2 美国绿色建筑委员会与LEED的发展简史

在美国绿色建筑协会于1993年成立之后不久，其各个成员就意识到对于可持续发展建筑这个行业，首要问题就是要有一个可以定义并量度“绿色建筑”各种指标的体系。于是，USGBC开始研究当时的各种绿色建筑量度和分级体系。在成立之后不到一年，各个成员就组建了一个专注研究此课题的专业委员会来跟进各项初步的研究发现和成果。这个委员会一开始就由多方面不同的群体构成，包括了一位开发商、一位律师、一位环境专家、一些建筑师、房地产经纪人以及一些行业代表。这个跨行业的群体和职业组成，丰富并深化了当时这个研究的流程以及最终的产品。

做为调查内容的一部分，这个专业委员会审阅了当时两个来自于英国的绿色建筑分级体系，BREEAM（建筑研究机构环境评价方法——Building Research Establishment Environmental Assessment Method）和 BEPAC（建筑环境性能评价标准——Building Environment Performance Assessment Criteria）。审阅的结果有三个选择：①接受 BREEAM 分级体系并在美国市场采用；②修改 BREEAM 体系以适合美国市场；③创造一个独立的美国绿色建筑分级体系。第三个选择最终被采用了，因为委员会觉得，美国的建筑市场非常需要一个有针对性的绿色建筑量度工具。

到 1994 年秋，研究委员会已经起草了一个绿色建筑分级评估体系并递交协会审核，这就是名为“能源与环境设计领袖”（Leadership in Energy and Environmental Design，简称 LEED）的绿色建筑分级评估体系。经过进一步的深化之后，在 1998 年 8 月份的 USGBC 会员峰会上，LEED 1.0 版本的试验性计划（Pilot Program）正式推出了。到 2000 年 3 月，共有 12 个项目完成了申请过程并被认可为“LEED 认证试验性项目”。

在 LEED 1.0 版本成功的基础上，1999 年 USGBC 在纽约的 Pocantico 召开了一次专家审查会议，在这次会议上讨论并形成了 LEED 2.0 版本。经过广泛而全面的修正之后，USGBC 的成员们对 LEED 2.0 版本的草稿进行了全面审阅，以及最后的批准投票。2000 年 3 月，LEED 2.0 版本正式发布。此时，美国能源部建筑科技办公室向 USGBC 提供了启动资金，资助 LEED 2.0 试验性计划、LEED 参考指南的编写，以及最初的 LEED 培训课程。在这项资助下，LEED 巩固了实施的基础，并得以进一步全面发展。

回顾 LEED 的发展历史，我们看到，让这个评估体系开发流程和最终结果可行的关键，需要以一个强烈的共同目标来创造一个以共识为基础的分级体系，需要坚持以积极的态度来推进和经历各种困难的决策讨论，需要一支由不同利益群体组成但团结一心的团队来为这个共同的目标而付出艰辛的劳动。正如我们常说的，集体的力量是无穷的。关于绿色建筑的各种知识一直在持续增长，我们可以预见，LEED 也将成为一个积极且不断变化的体系，在不同利益各方的意见、审查和参与中日趋丰富、完整。

2.2.3 LEED 的使命、远景及其“市场转型”策略

LEED 的使命（Mission）是通过创造和实施广为认可的标准、工具和建筑物性能表现评估标准，从而鼓励并加快全球对于可持续发展的绿色建筑的建造与开发技术的采用。LEED 的远景（Vision），概要而言，就是要在整个建筑行业实现“市场转型”（Market Transformation）。美国绿色建筑协会认为，设计、建造和营运我们已经建成的建筑环境，以达到与自然环境和谐共处，是一个可以做到并且必须实现的目标。USGBC 的承诺，是通过开发和实施 LEED 绿色建筑分级评估体系，来实现建筑和房地产市场的转型，让所

有的场所最终都成为绿色建筑。

目前，各种建筑的“绿色”程度千差万别。在图 2-2、图 2-3 中可以看出美国绿色建筑协会如何进行 LEED 的市场定位以推动“市场转型”这一策略。在美国的建筑市场中，绝大多数都采用了略微高于先行建筑规范的技术措施，当然也有 5% 的项目违反了有关条例的规定，没有达到标准。图中的另一个极端的 5%，则是非常热衷绿色建筑应用创新的先行者们，他们大胆采用各种先进的技术应用，但同时也承担了相当大的技术和财务风险。

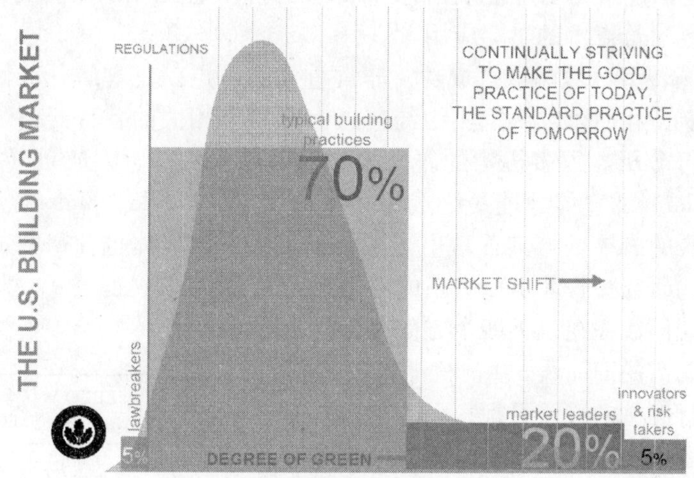

图 2-2 美国的建筑市场分布
（美国绿色建筑协会正努力把今天的先进技术应用，转变为未来的常规实施方法）

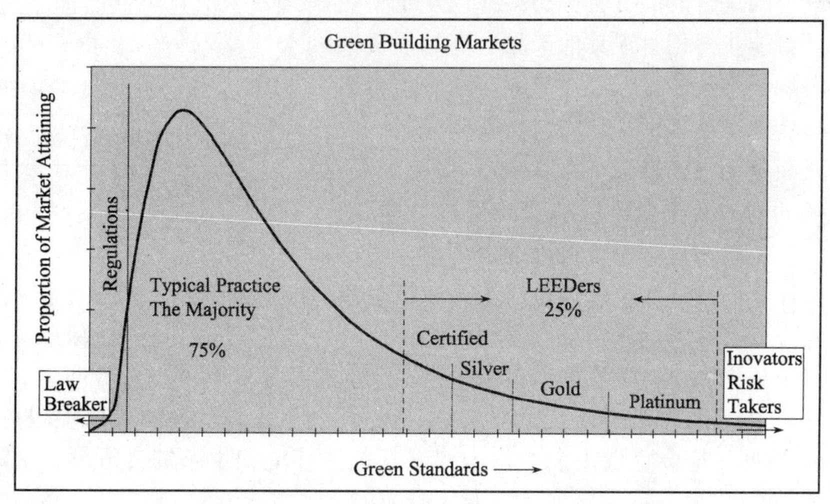

图 2-3 LEED 实施者一般而言都是位于市场的前 25% 水平

LEED针对的是愿意领先于市场、相对较早地采用绿色建筑技术应用的项目群体。LEED认证作为一个权威的第三方评估和认证结果，对于提高这些绿色建筑在当地市场的声誉，以及取得优质的物业估值非常有帮助。尽管那些极端热衷绿色建筑应用创新的先行者并非LEED评估标准的目标群体，但是在LEED当中仍然提供了一个机制来鼓励使用创新的绿色建筑技术。这些创新的技术为LEED未来鼓励采用的措施提供了参考，同样地，随着LEED不断地把绿色建筑应用推入建筑市场的主流，整个行业逐渐进步提高，要取得LEED认证的建筑物的性能表现水平要求也将相应提升，以满足LEED所针对的市场群体，即绿色建筑技术的早期应用者。

要使得“市场转型”策略取得成功，非常重要的一点就是理解什么因素可以推动市场的改变。实际上，我们可以从现实中与普通大众息息相关的各种经济、社会和环境的变化和影响来进行分析。很多机构的研究报告没有注意到，研究成果（Research）要经过媒体（The Media）的宣传才能最终成为大众的观点（Public Opinion）。只有当人们感觉到各种研究报告的成果是与其日常生活息息相关，并且媒体也在研究成果的报道方面推波助澜时，这些研究报告才可以真正的对市场产生影响和改变。

一般而言，人们往往在以下四个方面有与众不同的做法：

（1）改变所购买的商品；

（2）选择银行储蓄的投资目标；

（3）投票选举出支持他们利益目标的行政机构；

（4）选择理想的工作场所。

因此，LEED评估体系除了宣传绿色建筑各种潜在好处，更重要的是告诉消费者：购买绿色建筑将更加物有所值，更能获得相对于其他产品更高的投资回报。消费者的购买决策使得绿色建筑的实际价值得以提升，从而与其他产品区别开来。这样就构成了一个良性循环，从而推动市场转型（图2-4）。

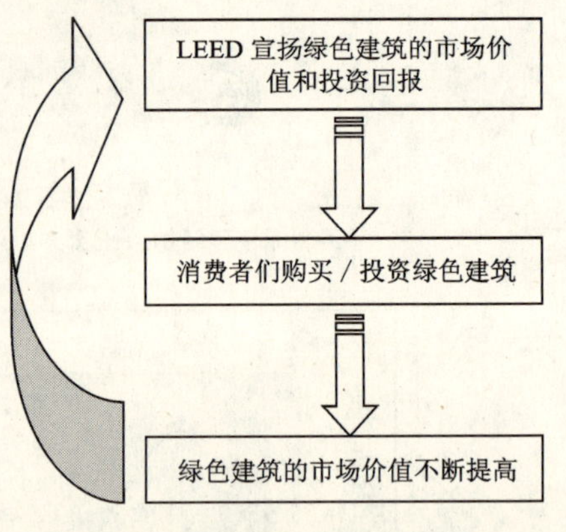

图2-4 推动市场转型的良性循环

随着市场的形成，企业可以选择购买绿色建筑，从而在企业的员工、客户和投资者面前表现出企业的关怀和社会责任。而且，绿色建筑也将为企业带来营运成本的节约、员工工作效率的提高、因病缺勤率的降低，并有助于留住优秀的员工，因为人们总是倾向于在绿色建筑中工作。总体而言，对于环保和可持续发展的投资总是一个明智而且获利的投资方向。

对于美国的各级政府机构而言，投资绿色建筑，并且推出各种可以促进绿色建筑市场发展的政策工具，将会在选民们心目中树立其关注环境和生态的良好形象。LEED则提供了一个非常好的政策工具。事实上，从LEED推出至今，政府机构们一直都大力推行并采用LEED认证标准，并为之配套了各种税收优惠政策（图2-5）。

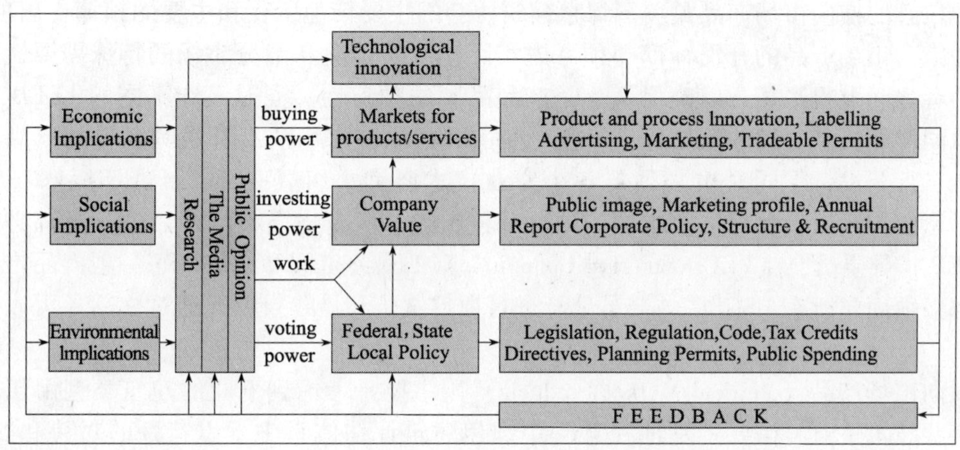

图 2-5 推动"市场转型"的策略框架

2.2.4 LEED 产品家族

针对不同的建筑类型和业态，LEED 产品家族从一开始仅有面向新建筑和楼宇改造工程的 LEED-NC，逐渐发展为 6 种彼此关联但又有不同侧重的评估体系，如图 2-6 所示：

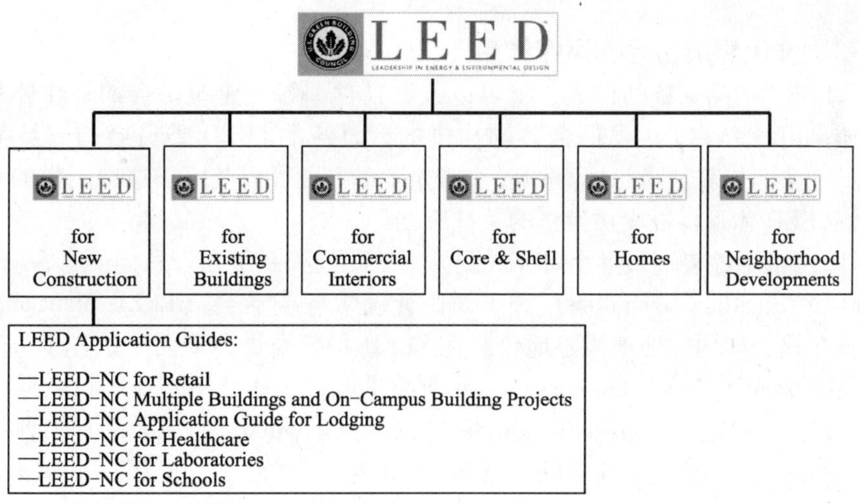

图 2-6 LEED 的 6 种评估体系

从图 2-6 可以看出，LEED 的产品分为两大类：横向市场产品（Horizontal Market Products）和纵向市场产品（Vertical Market Products）。

横向市场产品（Horizontal Market Products）是指 6 种 LEED 的核心产品，覆盖了不同的建筑类型以及建筑物生命周期中的不同阶段，从而满足建筑市场细分的不同需求。

这6种核心的横向市场产品是美国绿色建筑协会的主要精力所在和主要的预算支出项目。每一种横向市场产品的开发，都必须考虑实际应用的情况和细分市场的特殊需要，并尽量在两者之间取得平衡，以确保每一个产品品牌的独特性，同时又在不同的LEED产品中秉承同样严格和一致的评估标准。每一种LEED横向市场产品都由其各自的产品专业委员会自行开发，但同时也必须与各个专业技术咨询小组（Technical Advisory Groups）保持紧密合作，以确保评估要求的一致性和连贯性。所有横向市场产品的开发都必须经过LEED指导委员会（LEED Steering Committee）的最终审阅和批准。每一项产品推出之前，都必须面向所有USGBC的会员公开进行项目试验和最终投票，通过之后才可以正式实施。

纵向市场产品（Vertical Market Products）则主要是考虑到不同的建筑类型由于其本身的某些技术特点，需要特别地在某一个绿色建筑评估体系中予以特别的对待和处理。在这些特殊的情形下，《LEED应用指南》(LEED Application Guides）会解释如何就某些技术环节如何恰当地应用LEED推荐的节能环保措施，或者某些特别情况应如何进行特殊解释，从而协助项目团队更好地实施项目并最终取得LEED认证。同样地，所有纵向市场产品的开发也都必须经过LEED指导委员会（LEED Steering Committee）的最终审阅和批准。每一项产品推出之前，都必须面向所有USGBC的会员公开进行项目试验和最终投票，通过之后才可以正式实施。

2.2.5 美国绿色建筑协会的运作体系

理解了LEED产品家族的构成，就可以预见到美国绿色建筑协会的运作体系。整个USGBC实质是由各个LEED委员会共同构成的，而各个LEED委员会的成员都是来自USGBC会员企业的代表。因此，USGBC会员企业的专业性以及对于这项工作的热忱与付出，是整个LEED体系得以成功运作的关键所在。

示意图2-7清晰地表达出各个LEED委员会之间的关系所在。总体而言，LEED指导委员会（LEED Steering Committee）和LEED管理常务委员会（LEED Management Sub-Committee）在整个架构中处于核心地位。在LEED指导委员会下面，是各个LEED横向市场产品（Horizontal Market Products）的专业委员会，这些产品专业委员会同时也负责其自身产品的应用指南（Application Guides）的开发。同时，为了确保有关评估要求在不同LEED产品中的一致性和连贯性，LEED指导委员会之下也成立了一个专业技术咨询委员会（Technical Scientific Advisory Committee），这个委员会按照LEED评估系统的5个方面，分为5个专业技术咨询小组（Technical Advisory Groups，简称TAG），主要协助编写各得分点的释疑和LEED体系的技术改进。

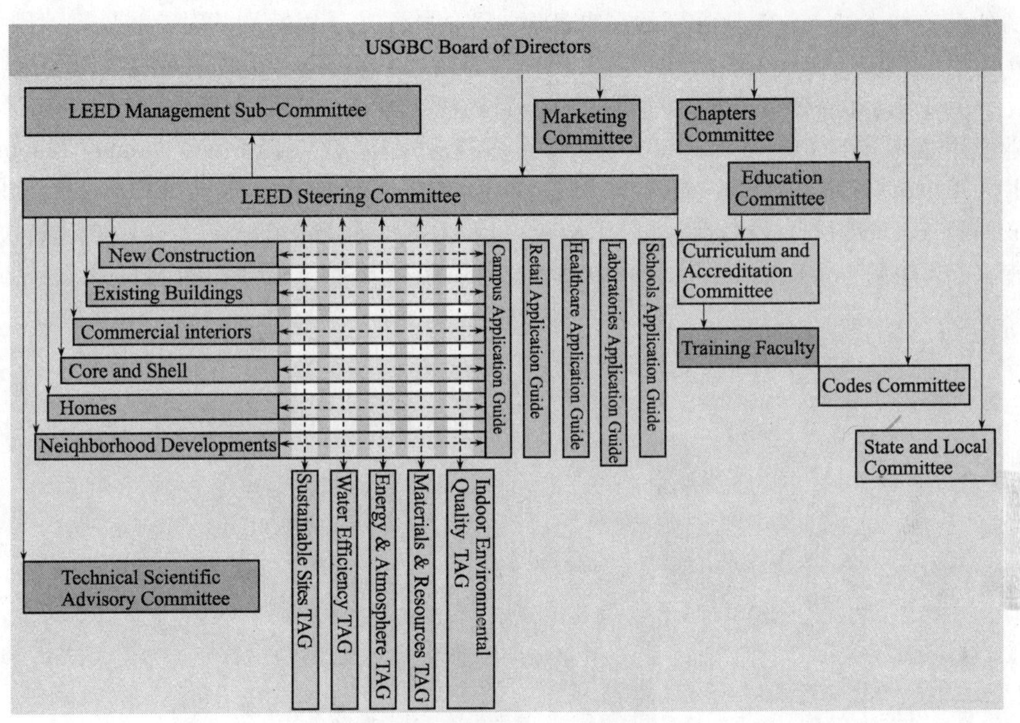

图 2-7 绿色建筑协会的运作体系

2.3 LEED 评估方法剖析

2.3.1 6 个 LEED 评估体系的概况（参见图 2-6）

1）面向新建筑的评估体系——LEED for New Construction

对新建筑和楼宇改造工程进行绿色建筑评估的体系简称为 LEED-NC（LEED for New Construction and Major Renovations），主要是用于指导各种高性能的商业和公共机构建筑的设计和施工过程，尤其是针对办公楼宇。目前，LEED-NC 评估体系也被用于各种 K-12 学校（指幼儿园到高中）、住宅楼、厂房、实验室等建筑类型当中。

2000 年 3 月 LEED-NC 2.0 发布之后，随着各种技术应用的不断成熟以及市场发展的需要，2002 年 11 月美国绿色建筑协会推出了 LEED-NC 2.1 版本。2005 年 11 月，在总结过去 NC 2.1 版本三年来的应用经验基础上，USGBC 推出了目前最新的 LEED-NC 2.2 版本。在后面的第四节中，我们将详细研究 LEED-NC 2.0 到 2.2 三个版本逐步改进的过程。

随着 LEED-NC 的应用从办公楼延伸拓展到多种建筑类型中，不同的建筑类型由于其本身的某些技术特点，需要特别的在绿色建筑评估体系中予以特别的对待和处理。因此，美国绿色建筑协会推出了在不同建筑类型中如何应用 LEED-NC 评估体系的《LEED 应用指南》(LEED Application Guides)(图 2-8)。目前尚在开发当中的这套指南包括有：零售商业应用指南（LEED-NC for Retail)、校园建筑应用指南（LEED-NC Multiple Buildings and On-Campus Building Projects)、小型旅馆（4 层以下）应用指南（LEED-NC Application Guide for Lodging)、医疗设施应用指南（LEED-NC for Healthcare)、实验室建筑应用指南（LEED-NC for Laboratories）和中小学建筑应用指南（LEED-NC for Schools)。

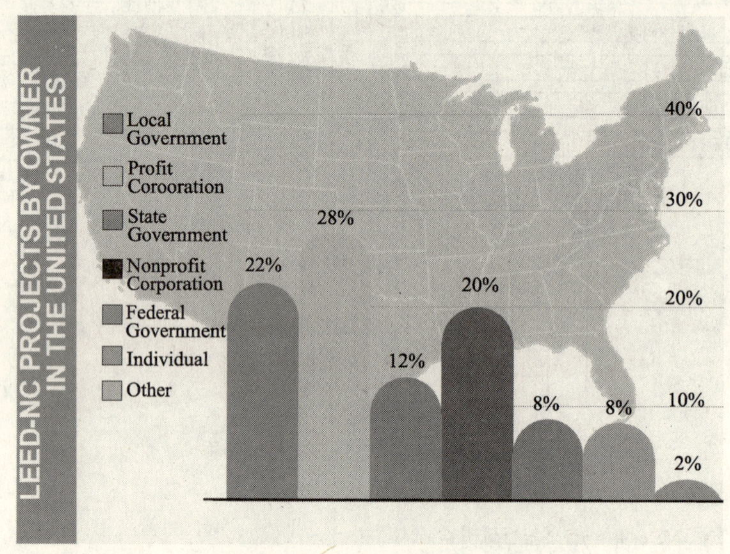

图 2-8　美国 LEED-NC 项目所属业主类型分类
（当 LEED-NC 在 2000 年推出的时候，联邦政府机构的建筑项目占了绝对多数，
现在已经有越来越多各种不同类型组织和机构在其建筑中采用 LEED-NC 评估标准。)

2）强调建筑营运管理评估——LEED for Existing Building

与 LEED-NC 侧重于新建筑的设计和施工过程互补，LEED for Existing Building（简称 LEED-EB）的理念是将建筑物的营运效率最大化，同时减小对于环境的影响。LEED-EB 为建筑物的业主和物业管理单位提供了一个评估系统，以便有效地比较和验证在建筑整个生命周期的营运过程中所进行的更新、改善和维护保养等措施的实际效果。

作为一个在全美国广泛受到认可的绿色建筑评估体系，LEED-EB 认证有助于展现业主在环保方面的承诺和领导作用，为现有的大厦吸引新的租客，同时也是企业向其员工和所在的社区传递一个人性关怀的信息。LEED-EB 评估体系在以下几个方面提出改善的建议：

（1）建筑物周围场地养护计划；

（2）节水及节能措施；

(3) 使用环保材料进行清洁和维修工作;

(4) 废水管理;

(5) 改善室内环境质量;

(6) 在建筑物的生命周期中减少对于环境的影响。

LEED-EB 的灵活性使得实施者可以按照该建筑物或者是该组织机构的环保目标来建立相应的营运、维护和系统更新的策略。相应的认证和再认证过程使得建筑物的长期营运成本得以降低，从而取得整个投资周期的最佳回报。

在 LEED-EB 的认证要求中，许多标准只需要通过该大厦目前的物业管理公司和设备供应商充分合作，就可以轻易满足，且仅需要很低的成本甚或零成本。LEED-EB 中所倡导的各种节能措施，将可以显著地减少建筑物的长期营运成本，最终这些节约的成本将是几倍于采取这些节能措施的投入。

最后，从财务观点来看，在现有建筑楼宇的日常营运中采取节能环保的措施，不仅是可行的，在经济上也是必须采取的措施之一，以使得建筑物的价值得以不断保持和提高。LEED-EB 可以有助于下列因素:

资产价值的提高;

(1) 大厦内租户的满意度提高并留住好的租户;

(2) 股东价值的提高;

(3) 员工满意度和士气的提升;

(4) 投资回报率的提高;

(5) 净营运收入 (Net Operating Income, NOI) 提高，而营运成本降低;

(6) 工作效率的提高。

(7) 资产价值的提高。

根据美国绿色建筑协会对于部分 LEED-EB 认证建筑所做的抽样调查发现，采取有关节能措施的投资回报率平均为 2.6 年，每年的成本节省超过了 17 万美元。

一项最近的分析发现，从 2000 ~ 2004 年，所有采取了美国绿色建筑协会的 LEED 评估体系所推荐的节能措施的上市公司，其总回报超过了道琼斯工业平均指数 (Dow Jones Industrial Average) 达 18%! 这充分表明了很多管理良好的、大胆革新的企业正在把绿色建筑和绿色营运的实施看成一个有助于企业区别于其他竞争对手并最终成为市场领导者的良好机会 (图 2-9)。

3) 针对商业内部装修——LEED for Commercial Interior

针对不断成长的零售商业 (Retail Business) 市场，LEED-NC for Retail 满足了市场上独立建造的零售商业建筑对于采用绿色建筑指导的需求。但针对商店选址于各种大厦楼宇内部的零售商，由于他们只是租赁店铺，而非新建建筑，因此这些租户只能控制其商店内部装修的实施，而整个楼宇的其他部分是在大厦业主的控制之下。为此，针对这一商业内部装修的市

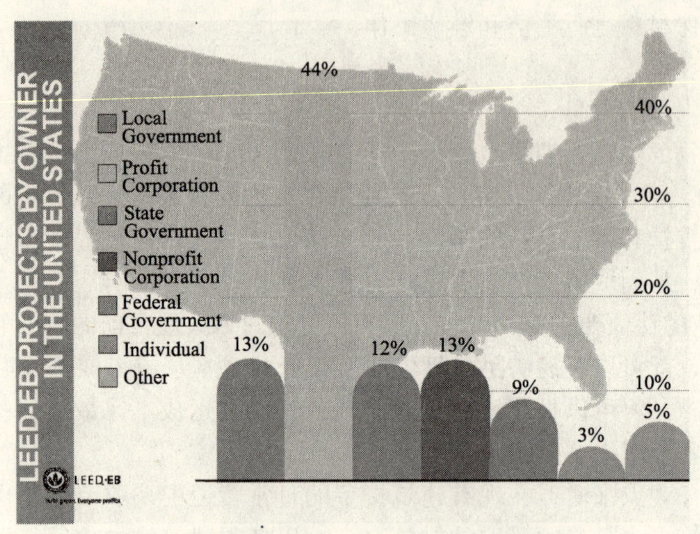

图 2-9 美国 LEED-EB 项目所属业主类型分类
（赢利性企业占了主流）

场，美国绿色建筑协会（USGBC）推出了 LEED for Commercial Interior，简称 LEED-CI。

LEED-CI 提供了一套集成的设计指南，主要用于优化租赁空间的整体性能，提高处于商店内的人员的舒适程度，同时最大程度地减小内部装修所附带的环境影响。对于租赁区域的装修和改造而言，LEED-CI 是理想的绿色设计和绿色施工评估系统。根据 LEED-CI 的建议，租户和他的设计团队、施工团队能够在他们能够控制的区域范围内采取各种可持续发展的设计措施，提高整个商店的室内环境。作为一项权威的第三方认证，LEED-CI 认证能够彰显出该商店内部改造项目的绿色程度，并表明该商店在创造健康、舒适的室内空间环境方面处于领先地位，从而有助于商家在激烈的市场竞争中脱颖而出。

LEED-CI 另一个更重要的方面，是强调对于员工的投资，因为员工的工资最多可以占到一个商店每年营运成本的 85%。对于一个获得 LEED-CI 认证的商业空间而言，雇主不仅是在员工的士气和健康方面进行投资，而且是在员工的工作效率上进行投资。LEED-CI 的各项要求尤其关注对于员工工作效率有影响的因素，包括：

①冷热环境的舒适程度；

②用于良好的日照和景观；

③把室内污染物的含量降到最低；

④以及对灯光和温度的控制。

LEED-CI 所鼓励的整合设计过程可以确保从项目的一开始就将环保节能的措施与整个设计融为一体，从而降低了整个项目的成本。这个整合设计过程也为租户和雇主评估装修改造工程中采取环保节能措施的投资和好处给出了一个框架。LEED-CI 的评估要点归纳为 5 个类别，各个要点彼此互相结合，从而使得实施的结果能够与企业的价值观相吻合，同时又取得一个均衡的环保表现。

概括而言，LEED-CI 有助于以下方面：

（1）提高商业空间内人员的舒适、健康及工作效率；

（2）减少员工病假、旷工以及留住好的员工；

（3）减少由于室内空气质量问题而引起的纠纷或责任；

（4）提高商铺的市场知名度；

（5）减少流失成本（Churn Cost）；

（6）降低营运和维护成本。

从图 2-10 中可以看出，盈利机构是采用 LEED-CI 体系的主要客户群。

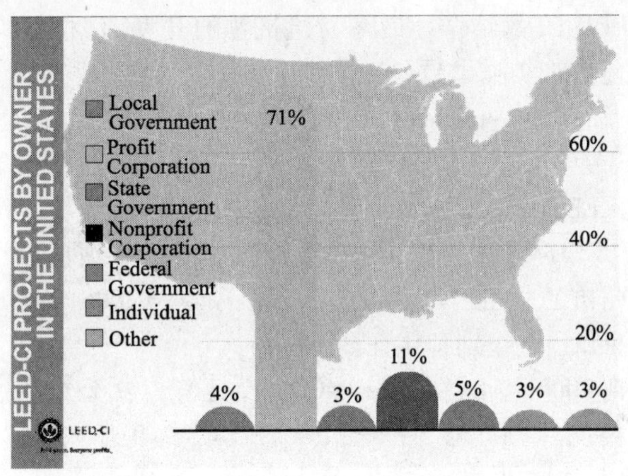

图 2-10 美国 LEED-CI 项目所属业主类型分类

4）提倡业主和租户共同发展——LEED for Core & Shell

如同在 LEED-CI 中所介绍，针对商店选址于各种大厦楼宇内部的零售商，由于他们只是租赁店铺，而非新建建筑，因此这些租户只能控制其商店内部装修的实施，而整个楼宇的其他部分是在大厦业主的控制之下。为了鼓励大厦业主在整个大厦的设计和施工过程中也采用绿色环保的可持续发展理念，美国绿色建筑协会推出了 LEED for Core & Shell 评估体系，简称 LEED-CS。

LEED-CS 应该说也是一个针对特定市场需求的产品。在高度发达的商业社会中，一个建筑物建成之后（例如各种商场），其内部空间往往都是出租予各个不同的商家进行不同商业形态的营运，这种模式就称为 Core & Shell 开发模式，所谓的 Core 就是各个租客，他们构成了整个建筑物的核心部分，而开发商，或者是建筑物的业主，则是 Shell，即负责开发、管理和营运整个建筑的公共区域。LEED-CS 评估体系承认在这种开发模式中，由于无法预测商户/租户入驻之后的需求，开发商对于楼宇的控制受到一定的限制，而只能在其所能直接控制管理的公共区域内实施可持续发展的绿色设计和施工措施。开发商往往可以实施一些可持续发展的设计，使得将来入驻的租户可以间接获益。反之，如果不予以足够的重视，开发商的某些做法也将使得未来入驻的租户无法进行绿色环保的装修标准。因此，LEED-CS 的目的，是希望在开发商的开发过程和未来的租户的装修过程中建立一种协调互动的关系，从而使得未来租户的商业内部装修可以最大程度地利用开发商已经实施的绿色环保策略。

具体而言，对于开发商来说，其应该考虑在整个建筑物的围护结构、结构支撑体系、楼宇机电系统（例如中央空调）等方面采取可持续发展的措施。而对于租户内部空间的规划、装修、灯光、机电系统布置等，开发商往往无能为力，而需要由未来的租户来自行设计、规划和施工。因此，LEED-CS 侧重的是整个楼宇层面的建筑、结构和机电系统设计。LEED-CS 和 LEED-CI 的结合，最终为建筑物的开发商/业主和租户提供了一套完整的、内外兼顾的绿色建筑实施指南和评估体系。

为了满足 Core & Shell Development 这一市场的需求，美国绿色建筑协会于 2001 年 2 月份成立了 LEED-CS 专业委员会，2003 年 8 月发布了 LEED-CS 的第一版草稿，并与 2003 年 10 月份开始了 LEED-CS 试验性计划。LEED-CS 一经推出，就受到了市场的热烈欢迎和巨大反响。在 LEED-CS 试验性计划中，中国也有若干项目参与，其中特别值得一提的是位于浙江省杭州市的杭州“西湖天地”发展项目于 2005 年 3 月获得了全世界第一个 LEED for Core & Shell 白金级别预认证。

从 2005 年 12 月到 2006 年 1 月，LEED-CS 进入了第一次公众评估阶段，总结两年来的试验性计划的实施情况。2006 年 5 ~ 6 月，LEED-CS 2.0 版本通过了 USGBC 会员的投票，于 2006 年 7 月份正式推出。

5）住宅评估产品——LEED for Home

美国每年建成 140 万间房屋，这些住宅建筑所带来的的环境影响占到所有类型建筑物影响总和的 55% ~ 60%，尤其是住宅对于资源的消耗和大量土地的占用引起了巨大的忧虑。因此，作为实现建筑市场从传统模式向可持续发展转型战略的核心部分之一，美国绿色建筑协会于 2000 年初成立了“LEED Residential”专业委员会，并于 2001 年下半年完成了有关评估标准的初稿。

由于住宅建筑市场的复杂性，USGBC 在 2002 年侧重投入资源研究住宅市场、实现绿色住宅的配套基础设施条件、与其他相关团体建立合作关系以及逐步发展协会中与住宅建筑类别相关的行业会员。由于当时美国各个州、市都有各自的绿色住宅发展计划，但没有一个全国性的绿色住宅标准，于是在 2003 年 7 月，美国绿色建筑协会牵头成立了“绿色建筑计划联盟”（Coalition of Green Building Programs，简称 CGBP），把全美国各地的绿色住宅发展计划一并纳入，以期建立一个全国性的标准。2003 年 8 月，新的“LEED for Home”（简称 LEED-H）专业委员会成立，取代了之前的“LEED Residential”专业委员会。从 LEED-H 开始，LEED 评估体系的开发不再是由 USGBC 一家独立完成，而是有了更多行业合作伙伴的介入和参与。关于整个 LEED-H 评估体系开发的合作伙伴关系图，在后续本章第八节中将详细叙述。这种开发合作的 LEED 评估体系产品开发模式，在相当程度上也回应了当时美国绿色建筑行业希望 LEED 评估体系开发能够开放的呼声，即整个行业认可 USGBC 的声誉和成就，但希望能够更多地参与到其中。关于这一点，在本书第六章“LEED 评估体系的未来”中会再讲述。

LEED-H 定位于所有住宅产品中的前 25%，即其价格和成本可以承受实施一些有助于可持续发展的节能和环保措施，包括有：

①能源的有效使用；

②水资源的有效利用；

③通过设计改进、材料选择和利用、施工技术改良等手段，实现建筑施工过程的资源有效利用；

④土地资源的有效利用；

⑤提高室内空气质量以保障住户的身体健康。

LEED-H 所针对的住宅产品主要类型包括：独立基地上建造的独立结构、单个家庭居住的独立房屋、复式别墅、排屋、Town House（二层楼或三层楼多幢联建住宅）等。如果住宅项目规模较大，则建议采用 LEED-NC 标准。

目前，LEED-H 正在实行试验性计划，试验期从 2005 年 8 月至 2007 年初。美国绿色建筑协会将对每个试验性项目在前三个月进行有关培训。在试验性计划结束之后，LEED-H 评估体系将根据试验期的经验教训进行修订。预计在 2006 年下半年，LEED for Home 评估体系将进入公众咨询阶段，正式版本预计在 2007 年初经过 USGBC 全体会员投票批准后推出。

6）社区规划与发展评估——LEED for Neighborhood Development

社区规划与发展 LEED 评估体系（LEED for Neighborhood Development，简称 LEED-ND）是美国绿色建筑协会最新推出的，也是所有 LEED 评估体系产品中层次最高的。其评估范围涵盖了多种建筑类型、多种用途、多个地块，并且也将所有其他 LEED 产品协调融入其中。

LEED-ND 是 LEED 系列产品家族中的特殊一员，类同于 LEED-H 开放合作的产品开发模式，LEED-ND 是由美国绿色建筑协会（USGBC）、新城市化主义协会（Congress for the New Urbanism，简称 CNU）和自然资源保护协会（Natural Resources Defense Council，简称 NRDC）三家共同开发的一套评估体系，这三个组织在 2002 年 12 月就这项“LEED-ND 合作伙伴”计划签署了一份谅解备忘录。这三个组织基本上已经代表了目前美国最为领先的建筑师、规划师、承建商、开发商以及环保社团，其目的也是将目前全美各地不同的绿色社区发展计划统一协调起来，共同打造一个全国性的绿色社区规划和发展标准。迄今为止，已经有多个组织参与资助开发 LEED-ND 评估体系，包括美国环保署褐地清理与重建办公室、美国环保署（开发、社区及环境部门)、国家疾病控制中心、以及蓝月亮基金会。

LEED-ND 集成了三个主要的原则：精明增长（或者叫智慧增长，Smart Growth）、城镇化（Urbanism）和绿色建筑（Green Building）。美国城镇化所面临的一个严重问题就是无节制的城市扩张（Urban Sprawl）所带来的土地资源严重浪费。目前，整个美国的土地利用速度是其人口增长速度的 2 倍。全美已开发土地中的 30% 是在 1982 ~ 2001 年间开发的。随着人们出行目的地之间距离的拉大，车辆使用也随之增长，由此导致了许多的污染排放。从 1970 年以来，全美每年的驾驶公里数已经从 1 万亿增长到 2. 8 万亿。城市的不断延伸拓展危及大量的农田和荒野。从 1992 年到 1997 年，美国已经失去了 24 281 km^2（600 万英亩）的农田，而这种蔓延伸展的城区发展模式已经被认为是令物种濒临灭绝的一个主要原因。

LEED-ND 评估体系的开发正是为了解决上述这些环境问题以及其他的一些影响。它也有助于美国绿色建筑协会回应目前一些对于现有 LEED 评分的批评意见，因为这些评分点使得一些所谓“精明增长”（Smart Growth）的项目难以获得分数。

2004 年 5 月份，USGBC、CNU、NRDC 三方共同召集并成立了 LEED-ND 专业委员会。2004 年 5 ~ 12 月，开始着手组织各个 LEED-ND 分项子委员会的初步框架以及开始起草 LEED-ND 评估体系的评分要点。在 2004 年，三个合作组织也在一些主要的行业会议上为其成员及相关参与者举办了各种研讨会。在 2004 年 12 月，LEED-ND 专业委员会第二次会议审阅了 LEED-ND 分项子委员会的工作并制订了下一步工作的策略。由此，LEED-ND 运作体系搭建完成，工作也全面铺开了。

尽管 LEED-ND 评估体系的开发工作才刚刚开始，但已经可以看到整个美国建筑和房地产行业及相关市场对于 LEED-ND 的巨大兴趣。例如，到 2004 年 3 月份，登记加入 LEED-ND 外围参与小组的人数已经达到了 630 人，其中美国绿色建筑委员会的成员有 260 位，非成员 370 位。这些专业人士尽管不能直接参与 LEED-ND 专业委员会的工作，但是却可以通过这个外围参与小组获得所有 LEED-ND 专业委员会的工作进展信息，并向其提供反馈意见。从这一点可以看出，尽管 LEED 评估体系开发仍然主要在美国绿色建筑协会的领导之下进行，但其的开放性却是越来越强。

从市场参与者角度来看，LEED-ND 主要针对两个群体：房地产开发商和城市规划者。2005 年 9 月 6 日，LEED-ND 评估体系草稿正式推出，其评估内容主要包括以下四个类别：

（1）项目选址的利用效率：包括周边的交通资源、市政基础设施配套、是否旧区改造、配套公共空间、教育设施、工作距离等；

（2）环境保护：包括对于物种、农田、湿地等的保护和施工期间的场地保养等；

（3）规模紧凑、功能完整、互相依存的社区开发模式：包括社区发展规模的控制、社区内建筑类型的多样化、包含适合不同消费群体的住宅产品、融工作、生活、娱乐于一体的综合社区功能等；

(4) 资源的有效利用：包括节水、节能、提倡绿色建筑、采用可再生能源、中水回用、降低热岛效应、材料循环、光污染控制等。

所以，与其他 LEED 评估体系产品不同的是，LEED-ND 更加强调的是“精明增长”和综合性社区开发模式的应用措施，当然同时也鼓励采用一些最主要的绿色建筑技术。LEED-ND 主要的原则是采用了 Smart Growth Network（一个民间团体）所提出的十条“精明增长”的原则。

按照目前的开发时间表，预计 2006 年将推出 LEED-ND 试验性计划，2007 年进入公众咨询阶段，2008 年正式推出 LEED-ND 2.0 版本。

7）小结

概括而言，LEED-NC 和 LEED-EB 一起，共同构成了办公楼建筑（当然也包括其他建筑类型）从选址、设计、建造、营运、维修保养、拆除一个完整的生命周期当中应该采取的可持续发展措施。LEED-CS 和 LEED-CI 一起，则完整构成了一个 Core & Shell 开发模式内外结合所应采取的绿色建筑措施。LEED-H 面向了住宅这一主要的建筑类型，而 LEED-ND 则在更高的社区规划与发展层面上，把各种 LEED 产品结合在一起，提出了实现“精明增长”和综合性社区发展模式的具体措施。

LEED-NC 是 LEED 家族中的第一个产品，也是最重要的旗舰产品。理解了 LEED-NC 评估体系，则非常容易理解与之紧密相关的 LEED-EB，LEED-CS 和 LEED-CI。因此，美国绿色建筑协会所提出的整个 LEED 评估体系的结构、特点、认证过程，都是以 LEED-NC 为基础进行说明，本书也将主要基于 LEED-NC 进行分析，而在 LEED-EB、LEED-CS 和 LEED-CI 中，则主要对比其与 LEED-NC 的不同之处。对 LEED-H 和 LEED-ND，也将作为本书的第二重点进行介绍。

2.3.2 LEED 评估体系结构和特点

总体而言，LEED 绿色建筑分级评估体系是一个民间自愿的、基于共识的、市场推动的建筑评估系统。LEED 所建议的节能和环保原则及相关措施，都是基于目前市场上成熟的技术应用，同时也尽量在依靠传统实践与提倡新兴概念之间取得一个良好的平衡。LEED 是从建筑物的整体角度来评估各种环保性能，从而为构成所谓“绿色建筑”的各种因素给予了明确的衡量标准。

LEED 评估体系的开发是由 USGBC 所领导的，代表了整个建筑行业中不同的声音，同时也是开放的，接受公众的监督和审查。

LEED 评估体系，一般而言，主要从 5 个方面来考察绿色建筑：

(1) 场地选址（Sustainable Sites）；

(2) 水资源利用效率（Water Efficiency）；

（3）能源利用效率及大气环境保护（Energy and Atmosphere）；

（4）材料及资源的有效利用（Materials and Resources）；

（5）室内环境质量（Indoor Environmental Quality）。

在这5方面考量的基础上，LEED特别增加一些奖励分（Bonus Credits），归为一类，名为“设计流程创新”（Innovation & Design Process），目的是鼓励创新，同时也弥补上述各方面的疏漏。

所有的LEED评估产品的评估点都分为三种类型：

（1）评估前提（Prerequisite）：任何项目都必须满足的必要条件，如果不能满足任何一个评估前提的要求，则该项目不可能通过LEED认证。

（2）评估要点（Credits）：或称为得分点，即在上述5个方面中所描述的各种建议采取的技术措施。项目实施过程中，可以自行决定要采取哪些评估要点所建议的技术措施，但每一个LEED认证级别都会有相应的得分总值要求。

（3）创新分（Innovation Credits）：这些分数主要用于奖励两种情况，一种是候选项目中采取的技术措施所达到的效果显著超过了某些评估要点的要求，具有示范效果；另一种情况是项目中采取的技术措施在LEED评估体系中并没有提及的环保节能领域取得了显著的成效。

这些评估点都是通过四个方面来阐述其要求：评估点的目的（Intent）、评估要求（Requirement）、建议采用的技术措施（Technologies/Strategies）、以及所需提交的文档证明的要求（Documentation requirements）。这种结构使得每个LEED评分点都易于理解和实施。

LEED是以性能表现为评估标准，即每个得分点的获得乃是取决于建筑物在某方面的性能表现，而与达到这个表现背后所采用的技术无关。例如，在LEED-NC中，如果建筑物中所采用的可再生能源达到建筑物总体电力能耗的5%，则可以得到1分。至于这5%是采用太阳能还是生物能、风能、潮汐能，由实施者自行决定。

一个申请项目如果满足了所有评估前提条件的要求，那么LEED的评估结果则按照评估要点和创新分的满足情况，分为以下四个级别：

（1）认证级：满足至少40%的评估要点要求；

（2）银级：满足至少50%的评估要点要求；

（3）金级：满足至少60%的评估要点要求；

（4）白金级：满足至少80%的评估要点要求。

根据评估的分数，来决定不同的认证级别，该结果也恰当地反映出建筑物性能表现的级别。

整个LEED评估体系的设计是力求在覆盖范围广，同时实施为非常简单易行。这也是其获得美国市场，乃至国际社会认可的关键原因之一。

2.3.3 LEED 评估认证和实施的技术支撑体系

LEED 评估体系今天所取得的巨大成功，离不开其后端的一整套评估支撑技术体系，包括 LEED 认证项目在线注册系统、《LEED 参考指南》(LEED Reference Guide)、《LEED 应用指南》(LEED Application Guide)、LEED 2.1 版本信函模板（Letter Template)、在线得分点释疑系统（Credit Interpretation Request)、LEED 认证评估团队等。下面将按照一个 LEED 项目认证流程的各个步骤，来详述这套评估支撑体系。

1）参与认证项目的资格

所有满足标准的建筑设计规范的商业楼宇都可以参与 LEED 楼宇认证。商业楼宇包括（但不限于）办公楼、零售和服务设施、公共建筑（图书馆、学校、博物馆、教堂等)、酒店和四层或以上的住宅楼。三层或以下的酒店和住宅楼可以参考《LEED 2.0 版本旅馆/居住建筑应用指南》(LEED-NC Application Guide for Lodging)，该指南可以从 USBGC 的网站下载（图 2-11)。

图 2-11 《LEED 2.0 版本旅馆/居住建筑应用指南》封面

2）项目注册

获得 LEED 认证的第一步必须首先通过 USGBC 网站进行项目注册。网站上提供了注册费用的信息，USGBC 的会员和非会员费用有所不同。在项目设计的早期就进行项目注册将有助于为取得认证而充分挖掘项目的各种潜力。

项目注册是与 USGBC 联系沟通、获得有关信息和软件工具等的一个重要步骤。在注册完成后，项目联系人将获得访问各种资源的权限，从而可以深入了解 LEED 申请的整个过程并获得有关的答疑。

首先，项目联系人必须注册为 USGBC 网站会员。后续项目有关的所有步骤都是在美国绿色建筑协会 USGBC 的网站上完成的。注册为网站会员的网页如图 2-12。

网站会员注册成功之后，项目联系人就可以开始进行 LEED 认证项目的登记了 (LEED Project Registration)（图 2-13)。项目联系人也可以全面使用 USGBC 网站 (www.usgbc.org）的各种资源，包括得分点释疑（CIR）系统和 LEED 在线（LEED Online）项目管理系统。

3）《LEED 参考指南》(LEED Reference Guide)

项目注册完成之后，建议项目团队向美国绿色建筑协会（USGBC）购买一本项目所对应评估体系的《LEED 参考指南》(LEED Reference Guide)。不过，这并非美国绿色建筑协会的强制性要求，也就是说可买可不买。由于本书前后都多次提到这本《LEED 参考指南》，因此特别在此处对这本指南做详细介绍。

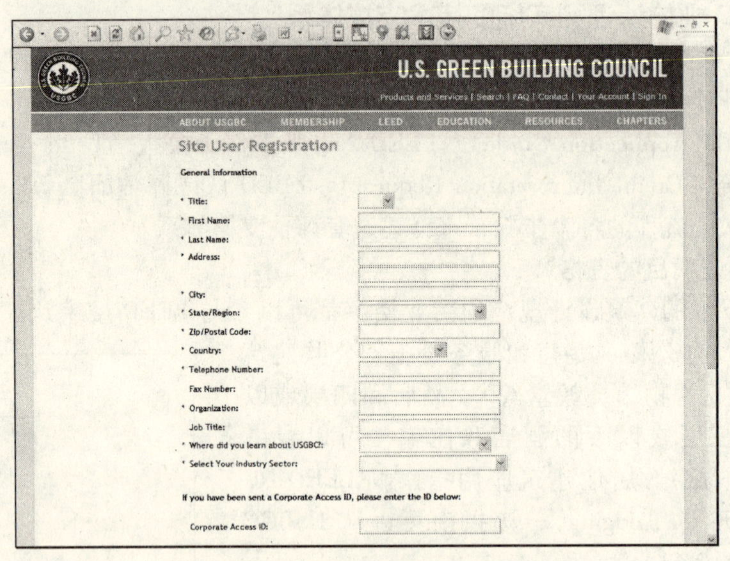

图 2-12　USGBC 网站会员注册界面

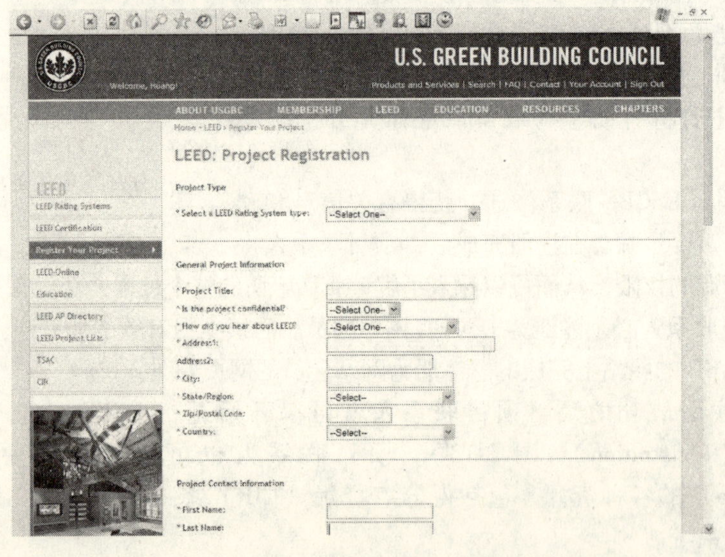

图 2-13　LEED 项目注册页面

正如前文介绍美国绿色建筑协会和 LEED 评估体系的发展历程时所介绍，《LEED 参考指南》第一次出现，是在 LEED-NC 2.0 版本的时候。2000 年 3 月，LEED 2.0 版本正式发布。此时，美国能源部建筑科技办公室向 USGBC 提供了启动资金，资助 LEED 2.0 试验性计划、LEED 参考指南的编写，以及最初的 LEED 培训课程。在这项资助下，

LEED 巩固了实施的基础，并得以进一步全面发展。下面将以应用最广泛的 LEED-NC 2.1 版本的《参考指南》为例，介绍该书的体系结构。需要注意的是，目前美国绿色建筑协会（USGBC）已经为不同的 LEED 评估体系编写出了各自最新的《参考指南》，包括《LEED-NC 2.2 版本参考指南》、《LEED-EB 2.0 版本参考指南》、《LEED-CS 2.0 版本参考指南》和《LEED-CI 2.0 版本参考指南》，各个项目应该购买对应的最新 LEED 评估版本的参考指南。由于 LEED-NC 2.1 版本应用项目最多，全面推广时间最长，所以本书以其为例进行介绍。

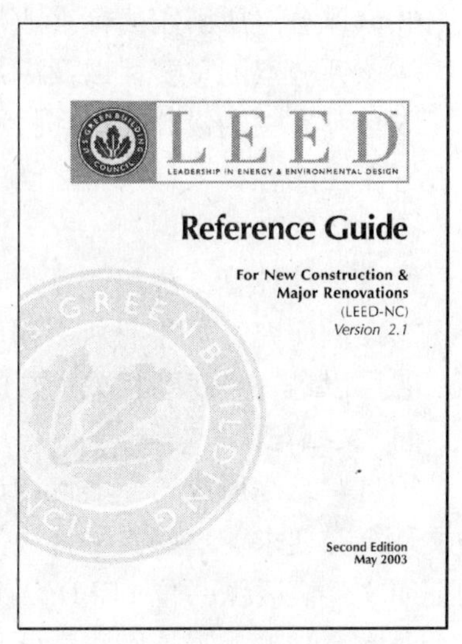

图 2-14 《LEED-NC 2.1 版本参考指南》封面

目前，应用最广的应该算是于 2003 年 5 月份推出的 LEED-NC 2.1 版本的《LEED 参考指南》第二版（Second Edition）。这份厚达 328 页的手册为 LEED 项目的可持续发展设计提供了丰富的参考资源，同时也是 LEED 项目认证的评判依据，以及 LEED 专家认证考试的教材。这份参考指南列出了各个得分点的详细信息以及引用的各项设计和施工标准，以帮助项目团队理解满足这些规范和标准所能够为项目实施带来的好处（图 2-14）。

对于每一个评分点，《LEED 参考指南》提供了以下信息（示例如图 2-15）：

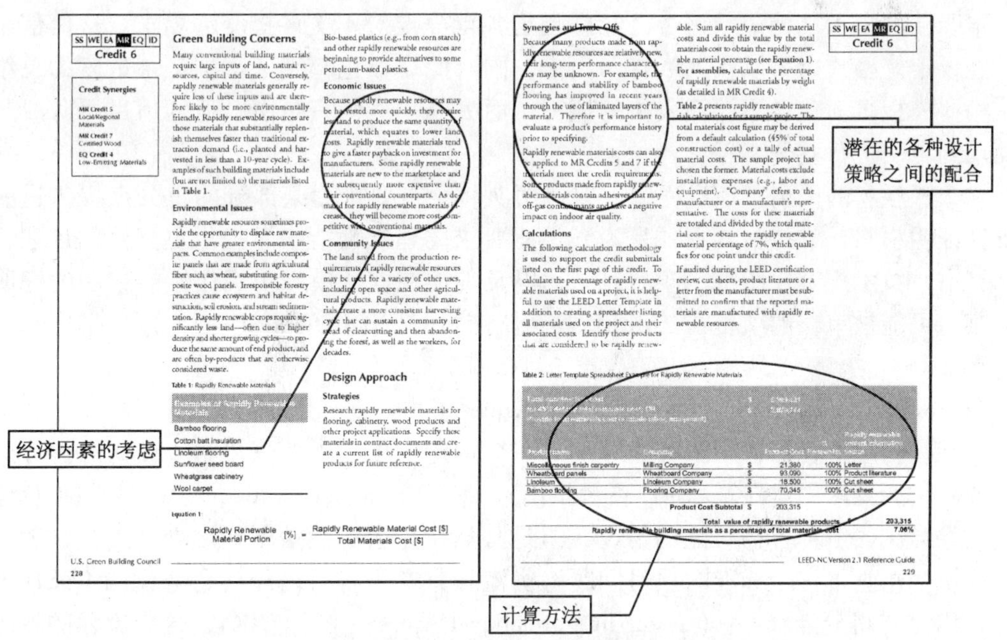

图 2-15 《LEED 参考指南》提供信息的示例

①评分点概述及该评分点可以获得的总分数；
②文件归档（Documentation）的要求；
③该评分点所引用的标准或规范的小结（如果有所引用的话）；
④该评分点的重要性以及满足该评分点要求能够为项目带来的好处或回报；
⑤推荐有关的设计策略和技术应用；
⑥潜在的各种设计策略之间的配合及平衡；
⑦经济因素的考虑；
⑧有关的计算方法和计算公式；
⑨案例研究（如果有所引用的话）；
⑩可以进一步找到相关资料的资源和各种专业名词定义。

4）文档记录

项目一旦注册成功，项目设计团队就应该开始准备各种文档记录以满足各个得分点的文件提交要求。这些文档将成为LEED 2.1版本认证申请中所申明的各项建筑性能表现的证明文件。委派一位LEED认证专家作为项目联络人和负责协调认证流程的团队成员，将会非常有帮助。需特别注意的是，文档记录必需贯穿设计和施工的所有阶段。

LEED 2.1版本信函模板（Letter Template）是一个动态跟踪项目申请进程和文档记录的软件工具（一个非常复杂的经过大量编程开发的Excel文件）。对于每一个得分点，这份信函模板都会进行有关数据统计，并提醒申请者签署对建筑物所达到的性能表现的有关申明，并提示文档记录是否已经满足了各得分点对于文件提交的要求。这份信函模板已经设定好格式，可以在信纸打印出来，同时此模板也起到了文档记录进度的总结功能。一些模板页面包含了计算表格的填写，而另外一些则只是由合适的项目团队成员对于简单的申明进行签署。

在2.1版本的申请审核过程中，项目团队将会被要求为某部分的得分点提供进一步的支持证明材料。支持材料主要是为满足所要求的建筑性能水平提供更具体的证明，例如计算书、技术规范、图纸、产品目录，以及其他在信函模板中用作性能申明的证明文件。某些可能被审核的项目在《LEED参考指南》（LEED Reference Guide）一书中有所提示（图2-16）。

5）得分点释疑（Credit Interpretation Request）

在某些情况下，项目团队可能对于某一个特定的项目如何去申请LEED的得分感到困惑或者是遇到困难。在《LEED参考指南》（LEED Reference Guide）中，美国绿色建筑协会已经尝试去解释各种可能的情况，但是必然还是会有涵盖不到之处。因此，美国绿色建筑协会建立了一个标准的项目问题咨询流程，专为各个已经注册登记的LEED项目服务，称为“得分点释疑”（Credit Interpretation Request，简称CIR）。这个流程的目的是为了确保对于同一种类型疑问的解答在不同的项目应用中都保持一致，不会因为项目不

LEADERSHIP IN ENERGY & ENVIRONMENTAL DESIGN

LEED Version 2.1 Letter Templates

Introduction - LEED Version 2.1 Letter Templates replace LEED Version 2.0's LEED Application Template and LEED Calculator. Letter Templates simplify the submittal and certification process by prompting for correct and complete documentation and incorporating straightforward and integrated calculators.

Navigation - Users navigate through the templates by clicking the tabs at the bottom of each page. Prompts, identified as any red text, guide users through the completion of each template. Each template begins by prompting the user to fill in his or her name in the declaration statement. Subsequent prompts appear on the page until the user has entered enough information about the project to document that the prerequisite or credit requirement has been met.

Submittal - Each credit and prerequisite template should be printed and submitted to USGBC on the letterhead of the individual signing the template. Additionally, the complete Letter Templates file must be submitted electronically to USGBC on a CD.

Usability - The Letter Templates file utilizes Microsoft Excel macros. For the application to function properly, users must chose "Enable Macros" if prompted to do so when opening the file. If users experience difficulty opening the Letter Template file, they may have the security level on their computers set too high thus preventing files containing macros from running. These users should lower the security level on their computers and try opening the file again.

Text within the template may run into the margins when viewed on some computers. Adjusting the monitor's screen resolution or the "Zoom" settings under "View" in Excel usually resolves this issue. The file is already set to print on one page within the margins. Accordingly, users will notice that even though the template may not appear to fit on one page when viewed on a computer monitor, it will still print to one page.

Warning- Attempting to alter the document by changing cell references; cutting and pasting sheets, rows and columns; or inserting new rows into tables and calculators can result in damage to the Letter Templates file requiring the user to download a new copy of the file and re-enter data.

File last modified: August 1, 2003

SS Credit 3: Brownfield Redevelopment

Declaration not made
(Civil Engineeror Responsible Party)

I, ______________________, declare that this project is developed on a site documented as contaminated (by means of an ASTM E1903-97 Phase II Environmental Site Assessment) or on a site classified as a brownfield by a local, state, or federal government agency or a narrative describing real or perceived contamination has been provided.

The following documents have been provided to document the contamination:

EITHER
- A copy of pertinent sections of the Phase II Environmental Site Assessment documenting the site contamination

OR
- A letter from a local, state or federal regulatory agency confirming that the site is classified as a brownfield by that agency.

OR
- A narrative and supporting documentation describing real or perceived site contamination that has been remediated prior to development.

In addition, I confirm that the following remedial measures have been or will be taken prior to construction to protect the environment:

Contamination Risk	Areas of the Site Affected	Remedial Measures Taken

SS Cr 3 (1 point): Brownfield Redevelopment — Points Documented: 0

Name: #N/A
Organization: #N/A
Role in project: #N/A
Signature:
Date: 2006-11-3

File last modified: August 1, 2003

图 2-16 LEED 2. 1 版本信函模板（Letter Template）封面及信函样例

同而有所偏颇，同时也是为了方便不同的项目之间共享信息。

如果碰到问题，项目团队应该尝试通过以下步骤来寻求解决方案（图 2-17）：

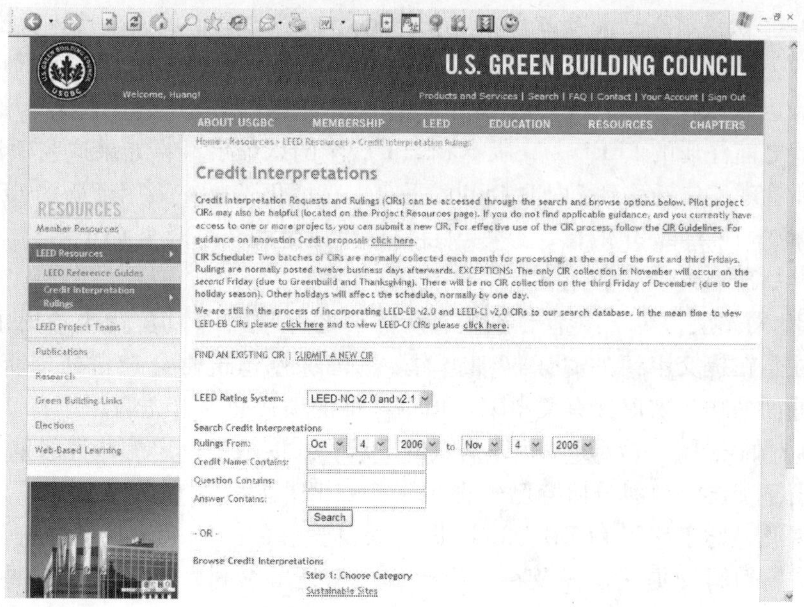

图 2-17 USGBC 网站上“得分点释疑（Credit Interpretation Request）”栏目的界面

（1）查阅《LEED 参考指南》对于问题得分点的描述，包括该评估点的目的、实施要求和有关计算方法；

（2）反复研究该评估点的目的，并思考该项目是否可以满足此种目的；

（3）查看“得分点释疑”（CIR）的网站，看是否有过类似问题的解答；

（4）如果在 CIR 网站上找不到类似的疑问解答，或者解答不充分，不足以帮助项目团队理解该问题，则可以通过 CIR 网站提交问题解答申请。请注意，提交的问题必须简洁，阐述理由时应基于《LEED 参考指南》的信息，并强调对于该评估点评估目的的理解。

需要注意的是，每个“得分点释疑”（CIR）并不是马上递交就能够马上得到处理的。事实上，美国绿色建筑协会（USGBC）每个月分两次统一收集各个项目团队递交的 CIR 进行审阅，两次收集 CIR 的时间分别是每个月的第一个星期五和第三个星期五。有关的解答（Ruling）则是在收到 CIR 之后的 12 个工作日给予回复。在每年的 11 月份，由于 USGBC 年会以及美国感恩节假期的影响，11 月份的 CIR 收集只有一次，时间为 11 月份的第二个周五。类似地，每年 12 月份由于圣诞节假期的影响，12 月份只有在第一个周五有 CIR 的收集，而第三个周五的 CIR 收集则被取消，即 12 月份也是只有一次 CIR 收集的时间。平时美国的国定假日同样也会影响 CIR 收集的时间，但通常只会延迟一两个工作日。因此，项目团队需要认真仔细考虑递交 CIR 的时间，以及获得解答（Ruling）所需要的时间周期对于整个项目进度的影响。

递交 CIR 并获得解答是需要收费的，每个问题解答为 220 美元。原来美国绿色建筑协会（USGBC）对于每个 LEED 注册项目，是免费赠送两个 CIR 解答的，即可以免费提问两个问题。但从 2005 年 11 约 15 日起，不再有免费的 CIR 提供了。但对于部分在 2005 年 11 月 15 日之前注册的 LEED 2.0 版本和 2.1 版本的认证项目，如果这些项目还没有把其 LEED 认证管理工作迁移到 LEED Online 平台上，而仍然是在采用纸质的 LEED 信函模板（LEED Letter Template）的话，这些项目仍然可以免费获得两个 CIR 解答。

6）递交认证申请

在 USGBC 网站上，对于申请的流程、所需要的评估时间以及费用给出了详细的描述，需特别注意在提交申请的时候仔细查看。美国绿色建筑协会亲自处理所有的申请，而并不是由外面的顾问来审阅有关申请。申请认证的项目必须首先满足所有“评估前提”（Prerequisites）的要求，并满足一些评估点的要求，才能取得一定的认证级别。

目前，由于美国绿色建筑协会已经推出了“LEED 在线”（LEED Online）这一项目管理平台，因此，对于使用 LEED Online 进行项目管理的团队来说，各个得分点的材料都可以在线进行填写和提交，以及在线进行认证费用的缴付，这个流程都是无纸化的。对于 LEED Online，在后面将专门再详细介绍。

对于目前还没有使用 LEED Online 平台进行认证管理的项目而言，项目团队需要准备两套完全一样的项目认证申请文件，连同支付认证申请费用的支票/汇票一起，邮寄给美国绿色建筑协会的LEED认证经理（收件人为：LEED Certification Manager，U. S. Green Building Council，收件地址为：1015 18th Street，NW，Suite 508，Washington，DC，20036）。每套项目认证申请文件需要包括以下内容：

（1）打印出来的LEED信函模板（LEED Letter Template），用分页片分开每一个“评估前提”（Prerequisites）和该项目每一个获得的“评估点”（Creidt）的详细材料。同时，请把填写完整的LEED信函模板（LEED Letter Template）刻录在一张光盘中，随着材料一并提交。

（2）LEED项目注册信息，包括项目联系人、项目类型、项目规模、竣工日期、入驻人数等。

（3）一份简要全面的项目概述，能提供效果图则更好。

（4）LEED分数表，注明项目得分情况。

（5）有关的图纸及照片，包括但不限于：基地平面图、标准层平面图、建筑剖面图、建筑立面图、项目照片或者渲染效果图。

在项目递交了认证申请文件和认证费用之后，美国绿色建筑协会内部的LEED认证审核团队将仔细审核每一个“评估前提”（Prerequisites）和该项目每一个获得的“评估点”（Creidt）。一般而言，在30天内，美国绿色建筑协会（USGBC）将给项目团队发出一份“初步LEED审核报告”（Preliminary LEED Review），该报告将注明哪些评估点已经获得审核通过，哪些还在进一步审核中，哪些已经被否决。而且，部分“评估前提”（Prerequisites）或者是“评估点”（Creidt）将会被要求审计（Audit），即需要提供更加全面详细的资料做审核，但这些被要求审计的“评估前提”和“评估点”总计不会超过6个。

在收到“初步LEED审核报告”（Preliminary LEED Review）之后，项目团队可以有30天的时间来针对USGBC的疑问提供进一步的补充文件或者是内容更正，例如更详细的计算书或者其他支持该点得分的文件。通常来说，USGBC收到这些补充文件之后，将在三个星期内完成“最终LEED审核报告”（Final LEED Review），并确定该认证项目的最后得分和认证级别，以及发出LEED认证通知函。但如果前面所提到的要求被“审计”的评估点中有超过两个评估点通不过审计，则其他评估点也将被进一步审计。这些审计过程可能会使得USGBC需要进行“第二次LEED初审报告”（Second Preliminary LEED Review）。这种情况下，项目需要通过第二次初审，才能获得“最终LEED审核报告”（Final LEED Review）。

为了满足部分项目的特殊需要，2006年10月1日开始，美国绿色建筑协会推出了“加急认证审核服务”，可以应项目要求缩短LEED认证材料审核时间。项目团队需要在LEED认证审核工作开始前的10个工作日致电美国绿色建筑协会的LEED认证项目经理，提出加急认证审核服务请求，美国绿色建筑协会将会视其自身情况而决定是否可以给予该项目加急服务。加急服务视要求不同，需要增加5 000~10 000美金不等的加急费用，同时认证材料审核时间则可以将“初步LEED审核报告”（Preliminary LEED Review）从正常的30d缩短为12个工作日，项目团队补充材料的时间从正常的30d缩短为10个工作日，“最终

LEED 审核报告”（Final LEED Review）的时间从正常的三个星期缩短为 7 个工作日。

如果在 USGBC 的“最终 LEED 审核报告”（Final LEED Review）发出之后，项目团队对于其中某些被否决的得分点不同意，则可以向 USGBC 提请“上诉”（Appeal）。每个得分点的“上诉”费用为 500 美元。在收到上诉请求之后，USGBC 将会在 30 天内向申请人发出“LEED 上诉审核报告”（Appeal LEED Review）。

7）认证颁发

在收到 LEED 认证通知函之后，项目团队可以有 30d 的时间来决定接受认证或者是向美国绿色建筑协会提出“上诉” （Appeal），即要求重审。如果项目团队表示接受 LEED 认证，或者没有在 30d 内提出“上诉”，则此 LEED 认证为最终结果。美国绿色建筑协会将向项目团队颁发正式的认证函件以及相应级别的 LEED 认证金属牌匾。

目前，根据所采用的 LEED 评估体系的不同，目前 USGBC 所颁授的评估认证有两种：预认证（Pre-certification）和最终认证（Certification）。预评估仅适用于 LEED for Core & Shell 2.0 版本的项目，此类项目可以在设计阶段就对各个目标得分点给出承诺，并递交初步的设计文件供 USGBC 审核。在获得初步预审通过之后，USGBC 将向 LEED- CS 2.0 项目颁发预认证的证书，该证书可以用于市场推广等宣传目的。但是，通过预认证并不意味着就一定能通过最终认证。所有的 LEED 认证项目，都必须在项目完工之后，向 USGBC 提交完整的文档，申请最终认证。获得最终认证之后，项目就可以获颁一块认证牌匾，可以镶嵌在建筑物上，以做认可和宣传目的（图 2-18）。

图 2-18 LEED 认证金属牌匾

2.4 LEED-NC/LEED-EB/LEED-CS/LEED-CI 评估体系分析

在前面的 2.2.2 节，以及 2.3.1 中，已经初步介绍了 LEED-NC 评估体系的创始思路及其发展历程：1994 年的 1.0 版本、2000 年的 2.0 版本、2002 年的 2.1 版本、2005 年的 2.2 版本。LEED-NC 评估体系，可以说是整个 LEED 家族的深厚根基所在。作为整个

LEED体系的原型，LEED-NC奠定了LEED评估体系的架构，并在这种架构中发展出了LEED-EB、LEED-CI和LEED-CS等满足不同市场需求的产品，一直到LEED-H和LEED-ND才逐步有所调整。至今，LEED-NC仍然是USGBC的主打产品，市场接受程度仍然是最高的。因此，深入掌握LEED-NC评估体系，是学习整个LEED系统的坚实基础。

本节将首先从宏观层面整体分析LEED-NC架构中各个分数的分布，之后将分析LEED-NC的版本发展历程及内在原因。第三部分则侧重介绍USGBC最新推出的LEED项目管理工具——LEED Online在线管理系统。为不影响本书对于LEED家族整体剖析的连贯性，加深读者对于美国绿色建筑评估整个系统机制的理解和把握，对于LEED-NC（2.1版本）评估体系每个得分点的详细技术性解释则将作为本部分的附录。

2.4.1 LEED-NC架构分析

LEED-NC主要从5个方面来考察绿色建筑：

（1）场地选址（Sustainable Sites，简称SS）；

（2）水资源利用效率（Water Efficiency，简称WE）；

（3）能源利用效率及大气环境保护（Energy and Atmosphere，简称EA）；

（4）材料及资源的有效利用（Materials and Resources，简称MR）；

（5）室内环境质量（Indoor Environmental Quality，简称IEQ）。

在这5方面考量的基础上，LEED特别增加一些奖励分（Bonus Credits），规为一类，名为“设计流程创新”（Innovation & Design Process，简称ID），目的是鼓励创新，同时也弥补上述各方面的疏漏。

LEED-NC（2.1版本）总分为69分，分类如下：

（1）评估前提（Prerequisite）

①SS评估前提：侵蚀和沉淀控制（Erosion & Sedimentation Control）；

②EA评估前提1：基本建筑系统调试（Fundamental Building Systems Commissioning）；

③EA评估前提2：最低能耗表现（Minimum Energy Performance）；

④EA评估前提3：减少暖通空调制冷设备中的氟氯烃（CFC Reduction in HVAC&R Equipment）；

⑤MR评估前提：可回收物质的收集和储存（Storage & Collection of Recyclables）；

⑥IEQ评估前提1：室内空气质量的最低要求（Minimum IAQ Performance）；

⑦IEQ评估前提2：控制环境中的烟草烟雾（Environmental Tobacco Smoke Control）。

这7个评估前提是任何项目都必须满足的必要条件，如果不能满足任何一个评估前提的要求，则该项目不可能通过LEED认证。

（2）评估要点（Credits）：

①场地选址（Sustainable Sites，简称SS）共计14点；

②水资源利用效率（Water Efficiency，简称 WE）共计 5 点；

③能源利用效率及大气环境保护（Energy and Atmosphere，简称 EA）共计 17 点；

④材料及资源的有效利用（Materials and Resources，简称 MR）共计 13 点；

⑤室内环境质量（Indoor Environmental Quality，简称 IEQ）共计 15 点；

⑥设计流程创新（Innovation & Design Process，简称 ID）共计 5 点。

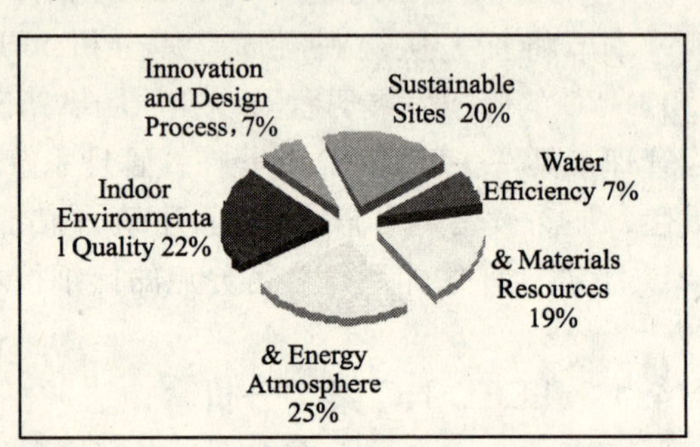

图 2-19 评估要点分析

需注意，评估前提不算分。因此 69 个评估要点当中不包含 7 个评估前提。

从各个类别所占的百分比来看，可以看出 LEED 评估的均衡性和侧重点（图 2-19）：

项目实施过程中，可以自行决定要采取哪些评估要点所建议的技术措施，但每一个 LEED 认证级别都会有相应的得分总值要求。在 LEED-NC（2.1 版本）中，认证级别分为：

①认证级：26—32 分；

②银级：33—38 分；

③金级：39—51 分；

④白金级：52—69 分。

全部获得满分 69 分其实是理想状态。对于现实环境下的项目，总是会因为各种各样条件的限制，而导致一些得分不可能获得。比如 SS Credit 3 褐地开发（Brownfield Redevelopment），该评估点的目的鼓励新的开发项目尽量利用受环境污染或者影响的场地，从而减少未开发场地所承受的压力。但这些所谓的“褐地”过去正是因为其所受到的环境污染和影响而导致无法进行房地产开发，比如说垃圾填埋场。但是，随着美国城市化的进展，一些可以被房地产利用的所谓“褐地”正逐渐进入开发商的视线，比如说废弃的船坞。随着一些造船厂或者码头的搬迁，之前无法用于开发的船坞或者厂房土地可以转变为房地产开发用地。从这个简单的例子可以看出，要顺利取得 LEED 认证，其中一个重要的条件就是要理解 LEED 评估体系背后的美国房地产以及建筑市场的历史和现状。

2.4.2 LEED-NC 的持续改进（从 2.0 版本、2.1 版本到 2.2 版本）

LEED-NC 评估体系在 10 年当中，历经了 4 个版本的演变，从 1994 年的 1.0 版本、2000 年的 2.0 版本、2002 年的 2.1 版本、一直到 2005 年的 2.2 版本。目前，LEED-NC 3.0 版本也已经在酝酿之中了。

根据 USGBC 对于“LEED 持续改进”（LEED Refinements）的政策，2.1 版本是

LEED-NC 2.0 版本在项目管理方面的升级改进。此次改进的目的是使得 LEED 认证的文档记录要求更简单，减少文档归类（Documentation）的成本，但同时又仍然保持了 LEED 2.0 版本各项评估点要求的一致性。新的 LEED 2.1 版本信函模板（Letter Template）是此次 2.0 版本到 2.1 版本升级的核心措施。

简单而言，LEED-NC 2.0 版本到 2.1 版本的升级可以如图 2-20 所示：

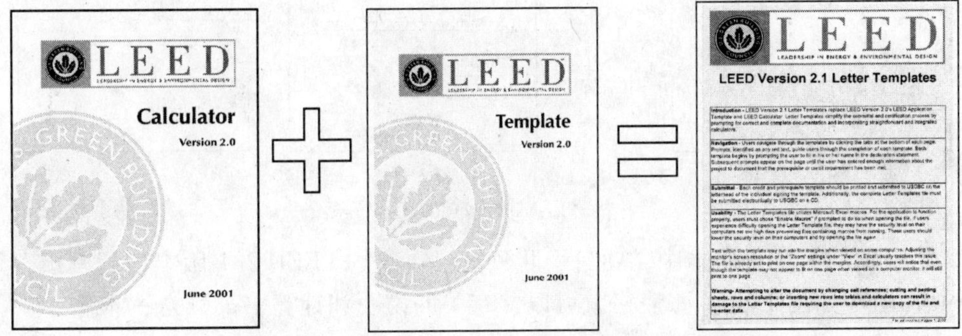

图 2-20　LEED-NC 2.0 版本到 2.1 版本的升级

例如，对于“场地选址”中的第 2 个评估点“开发密度”（SS Credit 2 Development Density），在 2.0 版本当中，项目团队首先需要在“申请信函模板”（LEED Application Template）中填写一张表格（图 2-21 中右图）：

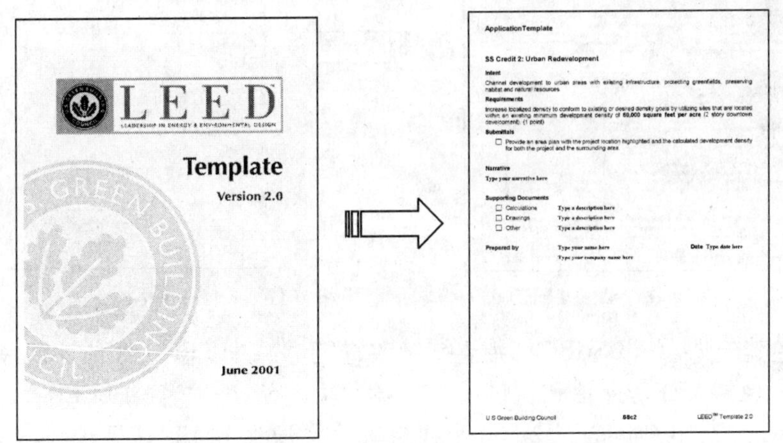

ApplicationTemplate

SS Credit 2: Urban Redevelopment

Intent

Channel development to urban areas with existing infrastructure, protecting greenfields, preserving habitat and natural resources.

Requirements

Increase localized density to conform to existing or desired density goals by utilizing sites that are located within an existing minimum development density of **60,000 square feet per acre** (2 story downtown development). (1 point)

Submittals

☐ Provide an area plan with the project location highlighted and the calculated development density for both the project and the surrounding area.

Narrative

Type your narrative here

Supporting Documents

☐ Calculations　Type a description here
☐ Drawings　Type a description here
☐ Other　Type a description here

Prepared by　Type your name here　Date Type date here
Type your company name here

U S Green Building Council　SSc2　LEED™ Template 2.0

图 2-21　LEED-NC 2.0 版本的“申请信函模板”
（LEED Application Template）

然后，由于该得分点需要涉及计算内容，项目团队需要在 2.0 版本的计算书（Calculator）中，填写两张表格（图 2-22）：

而在 LEED-NC 2.1 版本中，上述三张表格的繁复填写得到了很大的改进。还是以上面这个“场地选址”中的第 2 个评估点“开发密度”（SS Credit 2 Development Density）

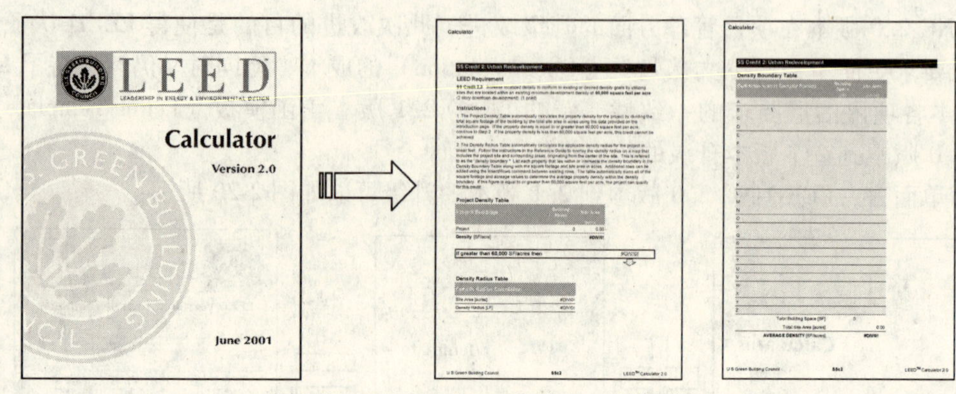

图 2-22　LEED-NC 2.0 版本的“计算书”
（LEED Calculator）

为例，在 LEED NC 2.1 版本中，项目团队只需要在新的 LEED 2.1 版本信函模板（Letter Template）填写如图 2-23 一张表格就可以，有关的说明和计算书都融为一体。

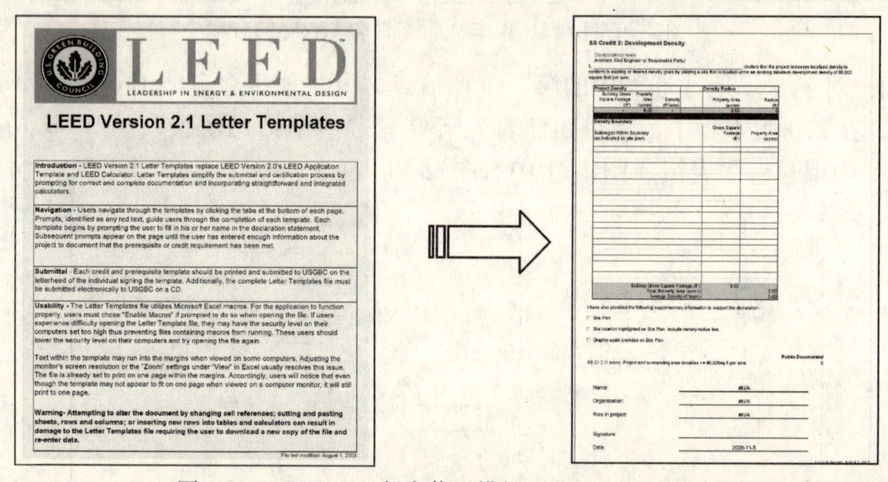

图 2-23　LEED 2.1 版本信函模板（Letter Template）

美国绿色建筑协会（USGBC）希望持续改进能够减少 LEED 评估认证过程的复杂性和认证成本，保持 LEED 评估和认证的高效竞争力。从 2000 年的 LEED-NC 2.0 到 2005 年的 LEED-NC 2.2，5 年间超过 2 700 个建筑项目登记为 LEED 认证项目。其中，近 400 个项目已经完成了 LEED 认证，这个过程从项目注册开始算起平均需 3 年以上时间。可以预见，随着未来几年完工项目的大量增加，LEED 认证完成的数量也将大幅上升。这也就意味着 USGBC 对于 LEED 注册项目用户和建筑市场的支持服务工作量也将快速攀升。面对市场的压力，在 2005 年初，美国绿色建筑协会的主席和创始人等最高管理层开始对 LEED 项目的认证文档管理和认证流程进行了全面检讨。USGBC 的最高管理层亲力亲为，与大量的 LEED 用户、绿色建筑行业的专家，以及 USGBC 的员工进行了会谈，以了解

LEED 认证流程应该可以如何优化。2005 年 4 月份，USGBC 董事会决定成立一个由部分 USGBC 董事会成员、一些 LEED 用户和一些 USGBC 员工共同组成的工作小组，研究 LEED 认证流程管理的改进和优化。经过几个月大量的研究工作，2005 年 8 月份，LEED 认证流程管理的改进和优化计划得到了 USGBC 董事会的批准。

与此同时，USGBC 也会同著名的 McGraw-Hill Construction 出版社进行了一项业内调查。调查结果发现，不断攀升的能源价格是绿色建筑技术得以被采用的首要原因，而紧接着的第二个原因就是一个整合的、便捷的 LEED 项目管理流程。为了满足这一市场需求，2005 年 11 月，美国绿色建筑协会正式宣布了一系列 LEED 认证流程的改进措施。其中主要包括推出以下三项创新的做法：

（1）LEED 认证过程实现无纸化：

USGBC 与 Adobe 公司合作，采用 Adobe LiveCycle 技术，推出了 LEED Online 在线项目管理平台。通过这个平台，项目团队可以提交所有图纸、文件的电子档案，而不再需要纸质打印的材料邮寄给 USGBC。在 LEED Online 这个平台上，项目团队的成员还可以提交"得分点释疑"（CIR），看到实时更新的最新项目 LEED 认证得分情况，跟踪项目进度，检查未完成资料提交的得分点，联系 USGBC 的客户服务人员，以及与 LEED 审核团队的成员进行在线沟通等。

（2）文档归类（Documentation）和认证审核工作更紧密集成：

通过 LEED Online 这个平台，每个得分点需要提交什么材料，都表示得非常清楚，项目团队不需要提交过多的文档，而 USGBC 内部的 LEED 认证审核团队也可以快速方便地审核各个项目的申请资料。

此外，由于 LEED 评估体系是开放的，即允许项目团队以其他标准从不同于常规的方法来达到各个评估点的环保设计和施工要求，但需要证明该项目所参考的标准是比 LEED 所推荐的设计和施工标准的要求更加严格。在这种情况下，LEED-NC 2.0 和 LEED-NC 2.1 版本的"信函模板"（Letter Template）难以满足认证资料递交的要求。而 LEED Online 则很好的解决了这个问题，允许项目团队在网站上对于这些特殊的评估点做出特别说明。

（3）认证资料递交分成"设计"和"施工"两类：

在 LEED 2.0 和 2.1 版本中，除了 LEED-CS 的预评估以外，项目认证申请都是需要等到项目完工之后才进行。这样就把各种可能存在的问题都放到 USGBC 收到申请材料进行初审时候才能发现，而某些设计和施工问题可能已经由于项目完工这一既成事实而无法再更改了。为了改变这种状况，LEED 2.2 版本中允许项目团队在施工图设计完成之后，就把部分与设计紧密相关的评估点先行递交给 USGBC 进行"设计认证"（Design Certification）。此时由于项目尚未开工，或者仅处于局部的施工过程，为了满足 LEED 认证要求而进行局部设计调整的可能性就比较大。待项目完工之后，项目团队可以再把与施工紧密相关的评估点递交给 USGBC 进行"施工认证"（Construction Certification），从而与前面的“设计认证”一起，构成了完整的申请文件提交。这种分类也使得项目进程中，项目团队可以与 USGBC 一直保持有效的沟通。但是，需要注意的是，“设计认证”(Design Certification) 并不是会颁发证书，如果施工没有完成，项目仍然无法获得最后的 LEED 认证。另外，对于通过“设计认证”的评估点，如果其后续的施工过程中没有设计修改，那么在最后的认证中就不需要再提交审核，如果发生了大的设计改变，则需要把受影响的得分点重新审查。

总体而言，对于 LEED 评估体系，其版本的升级并非只是技术层面的提升，而更重要的是整个认证体系的不断完善、不断满足市场和客户的需求。这才是 LEED 评估体系成功的核心之一。

2.4.3 LEED 在线项目管理平台（LEED Online）

LEED 在线项目管理平台（LEED Online）是 USGBC 在 LEED 2.2 版本升级中各项创新措施的载体。各项创新的内容在以上部分已有概述，下面主要是通过一些图例，来展示 LEED Online 的“风采”。

（1）系统首页：登陆 LEED Online 的时候，首先需要登记成为 USGBC 网站的用户，其次需要属于某一个项目团队。这样才能够进入 LEED Online 系统进行有关的操作（图 2-24）。

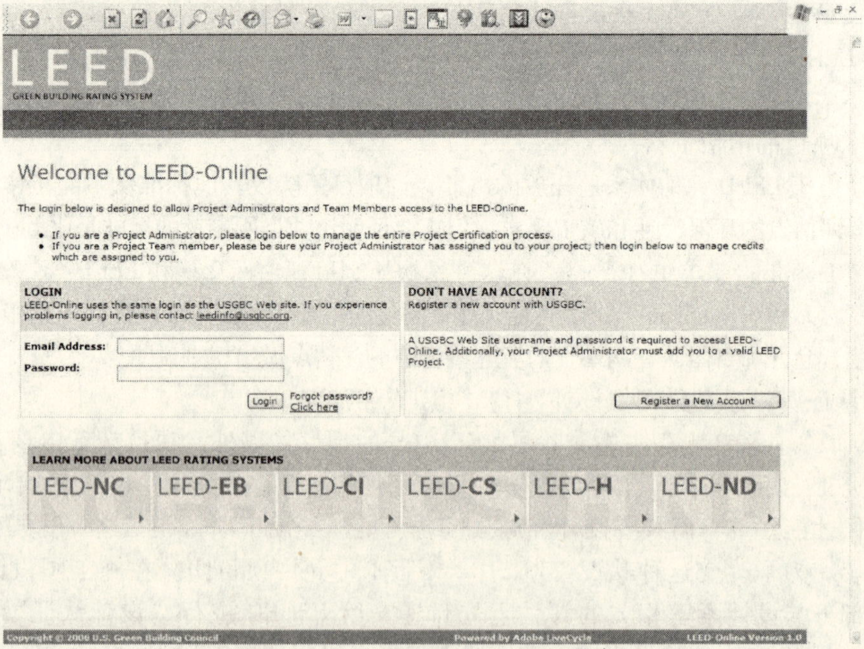

图 2-24 LEED Online 系统登陆首页

(2) 项目管理：登录进入系统之后，就可以进行项目资料输入、项目团队管理、提交“设计认证”或者“施工认证”等工作了（图2-25）。

(3) 项目得分卡：总结项目目前状态的 LEED 认证得分情况和可能的认证级别（图2-26）。

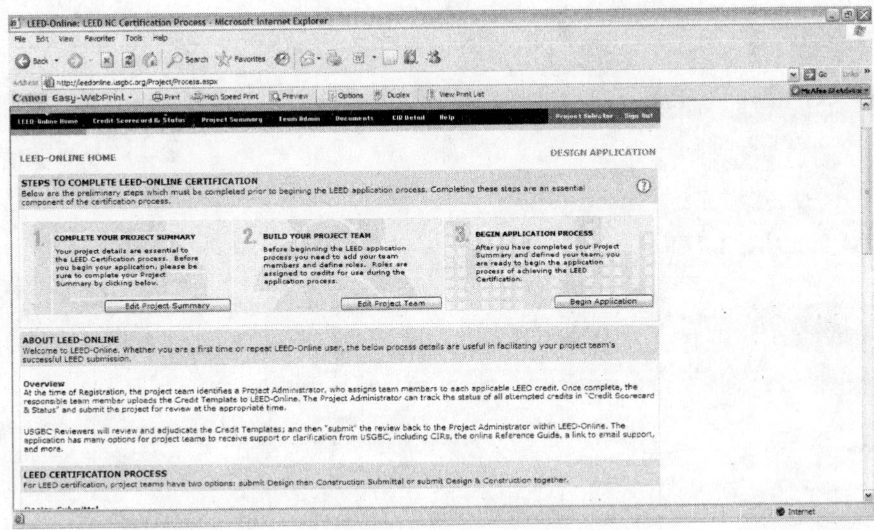

图 2-25 进行认证工作

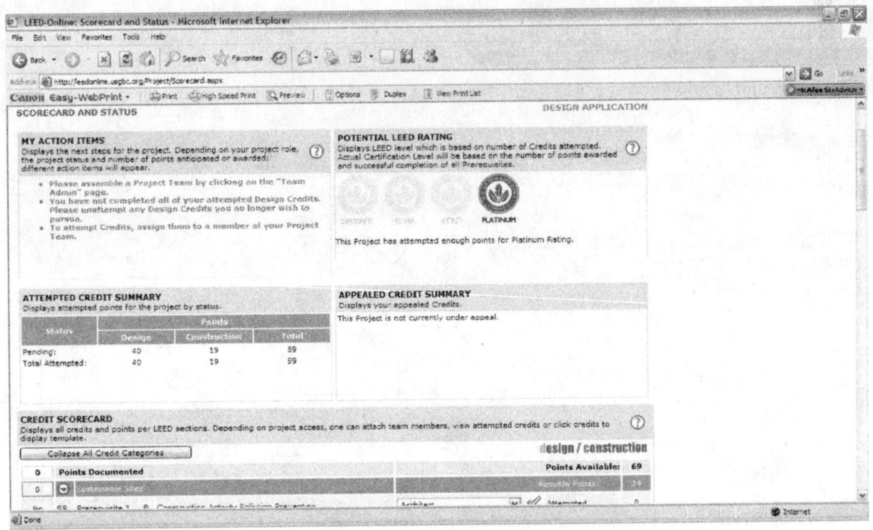

图 2-26 LEED 得分和认证级别

（4）各个“评估点”（Credit）的认证资料填写和提交（图 2-27）。

LEED Online 平台提供了强大的在线项目管理功能，从而真正有助于进一步推动绿色建筑市场的转型。这也正是符合 USGBC 对于行业调研的结果。这一点，非常值得中国绿色建筑评估体系在发展过程中进行借鉴。

LEED-Online: Credit Details - Microsoft Internet Explorer

LEED-Online Home | Credit Scorecard & Status | Project Summary | Team Admin | Documents | CIR Detail | Help

SUSTAINABLE SITES: SITE SELECTION (CREDIT 1)

DESIGN APPLICATION

SS Cr 1: Site Selection

CLAIM OF CREDIT STATUS

Displays status information and team member assigned to credit. A project administrator can also unattempt a credit in this section.

Attempted On: 5/20/2006

Credit Status: Attempted

Is Clarification Needed for this Credit?: No

Assigned Team Role: Project Team Administrator

Unattempt

CREDIT TEMPLATE

Displays information on credit template status and documents uploaded. Only the team member associated with credit can upload information.

Template Status: Last Updated on 6/26/2006

Manage Template: DOWNLOAD TEMPLATE

Note: LEED-Online requires Acrobat Reader 7.0/Acrobat Professional 7.0 or higher.

Required Documents: Document Name | Uploaded Documents

Other Documentation | Document Name

Browse... Upload Cancel

Note: LEED-Online accepts the following file types: PDF,JPG,JPEG,GIF,TIF,BMP,PNG,DWF,DWG,DFW,XLS,DOC,TXT,ZIP

Documentation Status: Complete

Mark As Incomplete

REVIEW COMMENTS

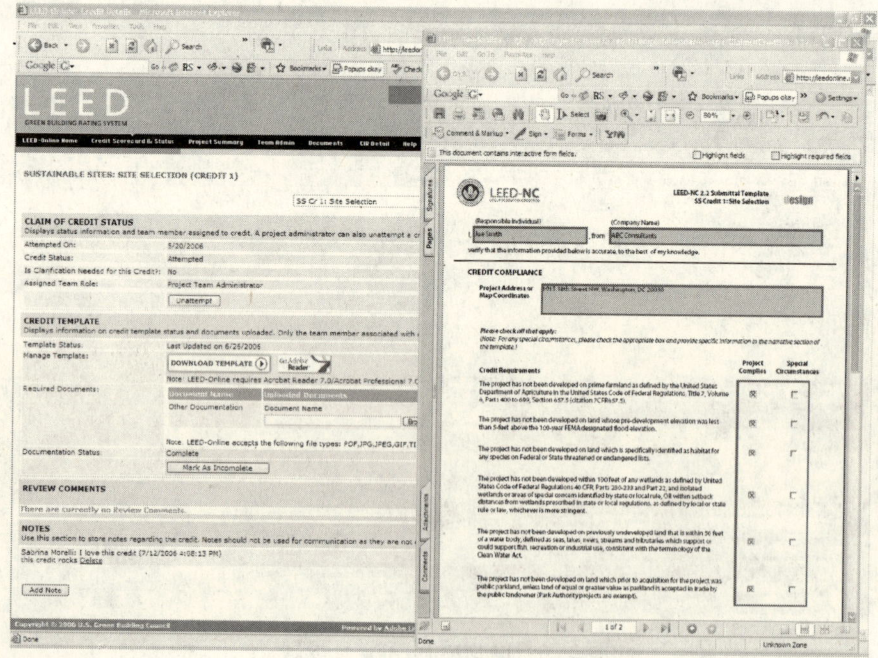

图 2-27　认证资料填写和递交

2.4.4 强调建筑营运管理的 LEED for Existing Building 评估

如同在2.3.1节中所述，与LEED-NC侧重于新建筑的设计和施工过程互补，LEED for Existing Building（简称LEED-EB）的理念是将建筑物的营运效率最大化，同时减小对于环境的影响。LEED-EB为建筑物的业主和物业管理单位提供了一个评估系统，以便有效地比较和验证在建筑整个生命周期的营运过程中所进行的更新、改善和维护保养等措施的实际效果。

我们把LEED-NC和LEED-EB从三方面可以进行比较：

（1）LEED-NC可以看作是一项一次性的工作，因为其绿色建筑流程随着设计和施工工作的完成而终止，但LEED-EB则是一项持续性的工作，随着建筑物使用年限的增长而不断延续。

（2）LEED-NC主要针对的是新建筑的设计和施工过程，而LEED-EB侧重的则是建筑物生命周期中持续不断的营运、维护和系统升级换代。因此LEED-NC是一项一次性的认证，而LEED-EB则是每5年便需要重新认证。

（3）在LEED-NC认证上的投入是基于项目投资的资本预算，而在LEED-EB上的持续投入则是基于每年的营运费用预算。

总体而言，尽管LEED-NC在过去5年中取得了巨大的成功，但新建筑对于整个建筑市场来说，仅仅是很小的一部分。已建成的建筑这一市场的潜力更加巨大。

LEED-EB评估体系在以下几个方面提出改善的建议：

（1）建筑物周围场地养护计划；

（2）节水及节能措施；

（3）使用环保材料进行清洁和维修工作；

（4）废水管理；

（5）改善室内环境质量；

（6）在建筑物的生命周期中减少对于环境的影响。

LEED-EB认证的总分为85分，其中80分为基本类别的分数，5分为创新得分。认证的级别分类如下：

（1）认证级　32～39 points（40%）；

（2）银级　40～47 points（50%）；

（3）金级　48～63 points（60%）；

（4）白金级　64～85 points（80%）。

从图2-18中两部分的比较可以看出，LEED-EB增强了“能源利用效率及大气环境保护”（Energy and Atmosphere）和“室内环境质量”（Indoor Environmental Quality）两个评估类别的比重。LEED-EB的总分85分，比LEED-NC的69分多了16分，主要也是在EA方面增加了6分，在IEQ方面增加了7分，另外在MR材料方面增加了3分，其他类别的评估分数则维持不变。

LEED-EB的灵活性使得实施者可以按照该建筑物或者是该组织机构的环保目标来建

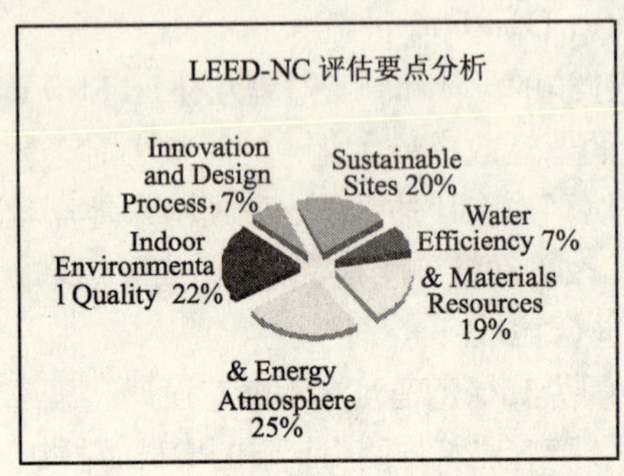

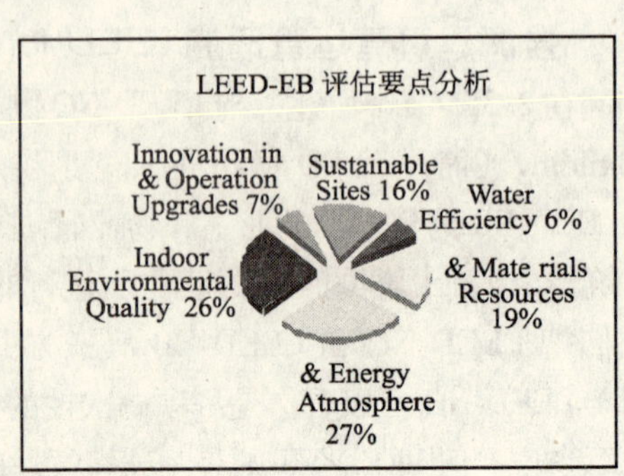

图 2-28 评估要点分析

立相应的营运、维护和系统更新的策略。相应的认证和再认证过程使得建筑物的长期营运成本得以降低，从而取得整个投资周期的最佳回报。

在 LEED-EB 的认证要求中，许多标准只需要通过该大厦目前的物业管理公司和设备供应商充分合作，就可以轻易满足，且仅需要很低的成本甚或零成本。LEED-EB 中所倡导的各种节能措施，将可以显著地减少建筑物的长期营运成本，最终这些节约的成本将是几倍于采取这些节能措施的投入。

从以下几个案例的简单统计中，我们可以发现 LEED-EB 的巨大价值：

● 美国国家地理协会总部大楼（National Geographic Society Headquarters Complex）

该大厦位于华盛顿特区，为 LEED- EB 试验性项目，获得银级认证。从该大厦实施了 LEED-EB 之后的营运情况来看，建筑物的资产评估价值显著上升，大厦的出租率提高，争取到了更低的债务利率，废弃物处置成本下降，物业营运成本也显著减少。相对于大厦建造时 600 万美元的投资，目前该楼宇的综合资产评估价值已经增值了 2 400 万美元（图 2-29）。

图 2-29 美国国家地理协会总部大楼

● Joe Serna Jr. California EPA Headquarters：

该大厦位于加利福尼亚州首府萨克拉门托市，为 LEED-EB 试验性项目，获得白金级认证。从该大厦实施了 LEED-EB 之后的营运情况来看，员工流失率显著降低，建筑物的资产评估价值上升，越来越多的政府职员也愿意进入大厦内工作。而楼宇的能耗、废弃物处置费用和物业营运开支等方面则成本显著降低。目前，该大厦每年的营运成本可节约 61 万美元，大厦的资产评估价值也上升了 1 200 万美元（图 2-30）。

图 2-30 Joe Serna Jr. California EPA Headquarters

2.4.5 业主与租户共同发展：LEED-CI 和 LEED-CS 体系介绍

LEED-CI 和 LEED-CS 可以说是一对孪生兄弟，这两套评估产品的推出，典型地体现除了美国绿色建筑协会针对特定市场需求推出不同 LEED 评估产品这一战略。

针对不断成长的零售商业（Retail Business）市场，LEED-NC for Retail 满足了市场上独立建造的零售商业建筑对于采用绿色建筑指导的需求。但在高度发达的商业社会中，一个建筑物建成之后（例如各种商场），其内部空间往往都是出租予各个不同的商家进行不同商业形态的营运，这种模式就称为 Core & Shell 开发模式，所谓的 Core 就是各个租客，他们构成了整个建筑物的核心部分，而开发商，或者是建筑物的业主，则是 Shell，即负责开发、管理和营运整个建筑的公共区域。LEED 评估体系承认在这种开发模式中，开发商无法预测商户或租户入驻之后的需求，而只能在其所能直接控制管理的公共区域内实施可持续发展的绿色设计和施工措施。反之，对于商店选址于各种大厦楼宇内部的零售商，由于他们只是租赁店铺，而非新建建筑，因此这些租户只能控制其商店内部装修的实施，而整个楼宇的其他部分是在大厦业主或者是开发商的控制之下。因此，为了在开发商的开发过程和租户的装修过程中建立一种协调互动的关系，美国绿色建筑协会（USGBC）推出了LEED-CI和LEED-CS。

LEED-CI提供了一套集成的设计指南，主要用于优化租赁空间的整体性能，提高处于商店内的人员（包括工作人员和顾客）的舒适程度，同时最大程度地减小内部装修所附带的环境影响。LEED-CS评估体系，具体而言，是要求开发商应该考虑在整个建筑物的围护结构、结构支撑体系、楼宇机电系统（例如中央空调）等方面采取可持续发展的措施。而对于租户内部空间的规划、装修、灯光、机电系统布置等，则希望由未来的租户在后续的设计、规划和施工中应用LEED-CI。LEED-CS和LEED-CI的结合，最终为建筑物的开发商/业主和租户提供了一套完整的、内外兼顾的绿色建筑实施指南和评估体系。

从项目实施的角度来看，如果一个计划将内部空间用于出租的商业建筑，选择LEED-CS将会比选择LEED-NC更容易获得LEED认证，因为LEED-NC将部分的绿色建筑设计和施工责任转移到未来的租户身上，自然对于开发商的压力就会减轻。同样的，一个零售商如果希望自己的商铺获得LEED认证，那么选择在一个大厦内部的租赁空间内实施LEED-CI，相对于自己建造楼宇并取得LEED-NC for Retail认证，会容易一些。这一点，从总得分的比较就可以看出来（图2-31）：

评估点分布	LEED-NC	LEED-CS	LEED-CI
- 场地选址（Sustainable Sites）	14	15	7
- 水资源利用效率（Water Efficiency）	5	5	2
- 能源利用效率及大气环境保护（Energy and Atmosphere）	17	16	14
- 材料及资源的有效利用（Materials and Resources）	13	11	14
- 室内环境质量（Indoor Environmental Quality）	15	13	15
- 创新（Innovation）	5	5	5
- 总得分	69	65	57

图2-31 评估得分比较

仔细研究也可以发现，LEED-CS与LEED-CI在各个评估点上所采用的设计策略和技术是相互补充的，这一点也和通常的“CS + CI = NC”这一原则相符合。限于篇幅，对于LEED-CS和LEED-CI的各个评估点就不在本章节详细展开。

2.5 LEED 评估案例分析

2.5.1 EAC 项目简介（图 2-32）

图 2-32 世贸丽晶城欧美中心（EAC）

建筑名称：	世贸丽晶城欧美中心（EAC）
建筑地址：	中国杭州市教工路
建筑面积：	约 12.7 万 m^2（含商业配套）
楼层：	地上楼体高 20 层
开发商：	浙江建工房地产开发集团
建筑设计：	王董国际有限公司
LEED 评估单位：	北京启迪德润能源科技有限公司

由于 LEED 有针对不同业态和建筑形态的产品，其技术体系的构成也不尽相同，但基本结构大致相同，其变化主要体现在需要突出的不同业态的区别上。EAC 申请的是提倡业主与租户共同发展的 LEED for Core & Shell。

LEED CS2.0 是最新版本的 LEED CS 认证，其目的是希望在开发商的开发过程和未来的租户的装修过程中建立一种协调互动的关系，从而使得未来租户的商业内部装修可以最大程度地利用开发商已经实施的绿色环保策略。

2.5.2 LEED-CS 认证的实施过程

LEED 认证作为一套完整的技术管理体系，充分体现了绿色建筑生命周期价值的概念，它强调从项目的规划阶段即开始成立一个由多学科专家组成的团队，从最初方案设计到综合考虑规划、建筑、结构、设备、园林等各专业有机整合，从多个角度对项目进行论证，以确保实现业主意图，使舒适、节能、环保、高效的设计原则始终贯穿于整个设计之中，保证项目在节能和环保方面的高性能。因而，在整个 LEED 认证实施过程中，需要业主、设计单位，施工单位之间密切配合。成功的整合设计过程一般说来包括以下几个方面：

(1) 建筑师、工程师、预算师、运行维护人员以及其他与本项目相关的人员在项目最初的设计阶段即参与进来，对一些问题进行探讨；

(2) 在业主和建筑师、工程师之间，就项目的能源、环境和资源性能达成一致的目标；

(3) 采用全生命周期的分析方法，综合考虑各种设计方案的运行和建造成本；

(4) 需要有一位能源专家，能用计算模拟评价项目的能源性能，并让项目设计团队了解各种方案的能源性能；

(5) 设计团队需在整个设计过程中，完整的记录项目性能目标和设计策略等方面文件。

世贸丽晶城 EAC 从建筑规划设计阶段就开始以 LEED 要求为标准进行整合设计，进行多次绿色建筑整合设计研讨会，力求在设计阶段就充分贯彻绿色设计理念，以达到 LEED 认证的各项要求。

EAC 项目采用了大量的节能设计和节能产品，如双层中空 LOW-E 玻璃，外墙保温隔热系统，太阳能恒温游泳池，符合环保要求的低挥发性装修材料，空中花园，为绿色动力交通工具提供停车场所，节水型卫生器具，变频给水系统，环保冷媒、高能效比中央空调系统，中央空调计费系统，加湿滤尘新风系统，空调杀菌装置，室内外 CO_2 监控，能源利用最优化——能耗模拟，照明控制，绿色屋面等。

在 LEED-CS 认证内容中，一些得分点需要根据建筑的设计情况，利用相关的模拟软件来模拟计算分析，最后定出相应的得分。在 EAC 项目中进行了两个重要的模拟计算，一个是能源利用部分。在 LEED 评估体系中，建筑的节能要求同样占据了重要的部分，“能源利用最优化”最高可得到 8 分。利用 EQUEST 软件进行建筑的整体能耗模拟，和美国 ASHRAE 标准模型进行对比，得出该项目的节能百分率为 15%，得到 2 分。另外一个是室内的自然采光和视野部分。利用 EcoTect 生态模拟模拟软件，进行室内的自然采光和视野模拟，证明有良好的自然采光和视野，以增加居住者的舒适度，达到了 LEED 认证的要求（图 2-33 ~ 2-35）。

LEED 认证在施工阶段对施工单位和发展商的要求主要体现在以下几个方面：

(1) 水土保持和泥沙淤积控制：避免土地水土流失的景观设计包括增加贫瘠土量，种植特定的植物固土等。增加的景观可能需要养护，就会增加建筑运行成本。使用本地植物既可以减少灌溉用水量，又无需太多的养护成本。

(2) 减少施工过程中对生态环境的破坏：为项目场地设计总体规划，调查现有的生态系统并确定场地的土壤类型。为现有的水资源、土壤条件、生态系统、野生动植物走

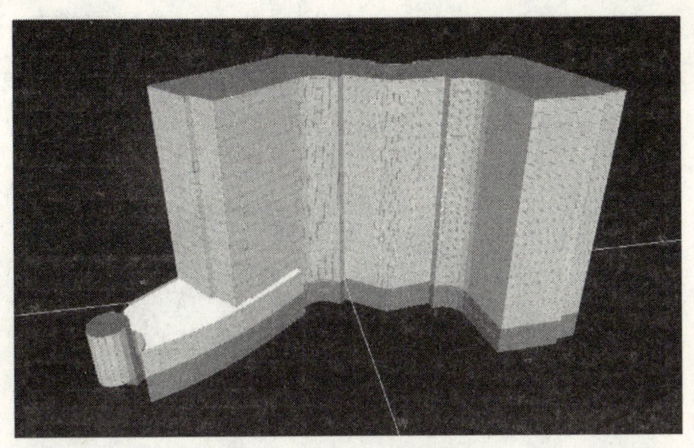

图 2-33 能耗模型的建立

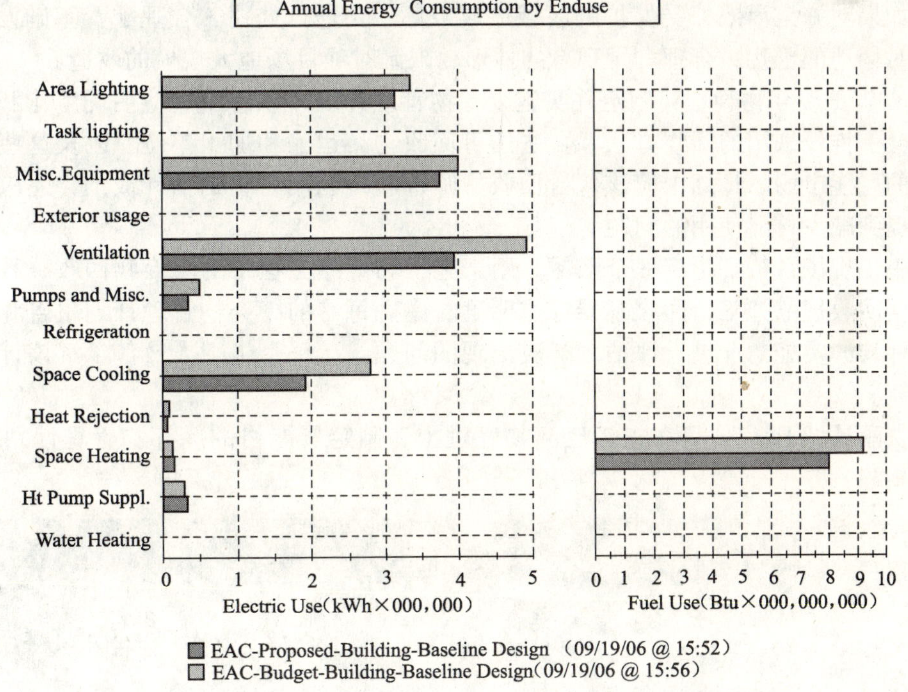

图 2-34 能耗模拟结果

廊、植被和绿化情况作详细记录，标明所有可能对自然环境造成危害的因素。考虑待开发项目对现有自然和非自然系统可能产生的影响，以及尽量减少负面影响的措施。

在施工过程中，应树立明显的施工区域和干扰界限的标志，并在施工图中标明这些

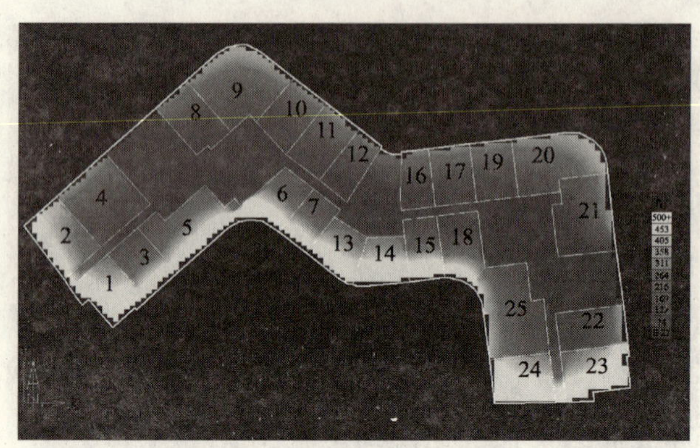

图 2-35 标准层采光模拟

要求。指定材料堆放、回收和弃置区域，脚手架作业在铺路地面上进行。在合同中明文规定，如果对施工界限外受保护的区域造成破坏，要进行处罚。合理配置基础设施，尽量减少对场地的干扰；合理利用现有的地形，限制对项目场地大规模的改造。

（3）施工废弃物管理：制定并实施废弃物管理计划，该计划中应明确解构和回收材料的机会、推荐采用的回收方法、合法的可回收物品运输和加工单位、以及这些加工后的产品的可能市场。计划中应该包含回收、筛选和再利用材料的估计成本，还应该有针对性的提到减少材料使用的问题。

在施工现场，特别指定一个区域，用于施工和拆除工程中的废弃物回收。教育施工工人根据回收规范施工，回收容器标志明确。建立每月的废弃物管理计划报告和反馈制度，对计划的实施情况进行评估，解决出现的问题。让每个施工人员都了解该计划及其实施细节。

世贸丽晶城 EAC 项目在施工废弃物管理上，制定了严格的废弃物管理计划（图 2-36、图 2-37）。

图 2-36 废弃物（钢筋）回收

图 2-37 废弃物（木材）现场有组织堆放

（4）施工期间及入住前室内空气质量（IAQ）管理：该评分条件与施工人员的操作有关。无论项目采取何种操作方式，不管是设计/招标/施工，还是设计/施工，总承包商都必须在施工过程中实施 IAQ 管理计划。该计划应该包含的内容为：在施工期间保护通风系统各组件，以及在完工后清洁受污染的组件。在施工合同的总则中明确要求进行暂时通风。

与施工有关的 IAQ 操作应该在施工前和施工过程中的会议记录中有所体现。而且，必须保证所有参与施工的人员理解 IAQ 操作步骤，认识到 IAQ 管理计划及其目标的重要意义。必要时，可确定一名业主的代表作为 IAQ 管理人员，确认 IAQ 问题并及时解决。

世贸丽晶城 EAC 制定了严格的室内 IAQ 管理计划，并按照计划严格实施，以保障在施工期间就保证室内的空气品质，避免入住后带来二次污染。

由此可见，LEED 认证除了要求在设计中充分考虑节能、环保设计，甚至对施工工艺也做了严格细致的要求。

（5）施工后的建筑系统调试：建筑系统调试监控是一种以质量为标准的方法，业主采用该方法可以确保项目的成功实施。调试监控并不是施工或项目管理的附加任务，而是业主确保项目规划、设计、施工和运行达到目标要求，最终完成高品质、有着最高资产价值的建筑的方法。一幢经过调试监控的建筑将提供最优化的能源效率、室内空气品质和住户舒适体验，并为实现最低的运行和维护成本提供了基础。

在 EAC 项目设计阶段，就已经结合设计，制订了较为详细的调试计划。为了确保整个项目从设计到施工，直至调试使用均符合 LEED 认证要求，必须全面的整合各技术环节和开发过程。

2.5.3 LEED 认证实施体验

LEED-CS 评估体系改变了我们对绿色建筑概念的一般理解，绿色建筑的范围不仅仅是建筑设计本身，在 LEED 体系中，从建筑的地址选择，建筑本身的设计，到建筑施工的过程管理，以及建筑居住后的物业管理都有严格的要求，使绿色建筑的概念贯穿了建筑规划、建筑施工以及建筑使用的所有过程。绿色建筑不是一时的阶段性的理念，而是自始至终的行动标准。

世贸丽晶城 EAC 的绿色建筑理念是贯彻整个产品设计到现场施工以至产品采购和使用调试的各个开发阶段和各个技术环节的，是真正意义上的、全方位的绿色建筑，颠覆了仅依靠采用一种或几种节能材料或产品的“绿色建筑”概念，而是设计、施工、使用等多方面整合的完整的绿色建筑。

世贸丽晶城 EAC 项目目前已经获得了美国绿色建筑委员会颁发的银级预认证证书（图 2-38）。表 2-1 是 USGBC 在预认证阶段的审核评分表。

图 2-38 世贸丽晶城获得美国绿色建筑委员会颁发的银级预认证证书

USGBC 在预认证阶段的审核评分表 **表 2-1**

USGBC LEED-CS Preliminary Pre-Certification Review

Project Name：Euro America Center

LEED-CS Pre-Certification Level：Silver

Date：December 15，2006

LEED^{TM}评分卡

	可持续发展建筑场地		可评总分 15
Y ? N			
Y	先决条件 1	建筑污染预防	
1	评分条件 1	建筑选址	1
1	评分条件 2	开发密度和社区关联性	1
not pursuing	评分条件 3	废置用地恢复开发	1
1	评分条件 4.1	新型交通，公共交通	1
1	评分条件 4.2	新型交通，自行车存放和更衣室	1

续表

1	评分条件 4.3	新型交通，低排放高效车辆	1
not pursuing	评分条件 4.4	新型交通，泊车容量	1
not pursuing	评分条件 5.1	减少场地干扰，保护或恢复公共绿地	1
not pursuing	评分条件 5.2	减少场地干扰，开放空间最大化	1
not pursuing	评分条件 6.1	径流管理，流量控制	1
not pursuing	评分条件 6.2	径流管理，质量控制	1
1	评分条件 7.1	热岛效应，非屋顶表面	1
not pursuing	评分条件 7.2	热岛效应，屋面	1
not pursuing	评分条件 8	光污染控制	1
1	评分条件 9	租户设计和施工指南	1
7	项目得分		
	节水	可评总分	5
Y ? N			
not pursuing	评分条件 1.1	节水景观美化，减少 50% 用水	1
not pursuing	评分条件 1.2	节水景观美化，完全减少饮用水灌溉	1
not pursuing	评分条件 2	创新废水处理技术	1
not pursuing	评分条件 3.1	减少用水，减少 20%	1
not pursuing	评分条件 3.2	减少用水，减少 30%	1
	项目得分		
	能源利用与环境保护	可评总分	14
Y ? N			
Y	先决条件 1	建筑能源系统的基本调试	
Y	先决条件 2	最低能源性能	
Y	先决条件 3	基本的制冷剂管理	
2	评分条件 1	能源利用最优化	1－8
not pursuing	评分条件 2	可更新能源，贡献 1%	1
1	评分条件 3	增强的调试	1
1	评分条件 4	增强的制冷剂管理	1
1	评分条件 5.1	测量和审计—基本建筑	1
1	评分条件 5.2	测量和审计—租户辅助计量	1
not pursuing	评分条件 6	绿色电力	1
6	项目得分		

续表

			材料与资源	可评总分	11
Y	?	N			
Y			先决条件 1	可回收物品的储存和收集	
not pursuing			评分条件 1.1	建筑再利用，保存现有 25% 的结构框架	1
not pursuing			评分条件 1.2	建筑再利用，保存现有 50% 的结构框架	1
not pursuing			评分条件 1.3	建筑再利用，保存现有 75% 的结构框架	1
1			评分条件 2.1	建筑废弃物管理，废物利用/回收 50%	1
1			评分条件 2.2	建筑废弃物管理，废物利用/回收 75%	1
not pursuing			评分条件 3	资源再利用，指定 1%	1
1			评分条件 4.1	循环利用成分，指定 10%（消费使用后 +1/2 消费使用前）	1
not pursuing			评分条件 4.2	循环利用成分，指定 20%（消费使用后 +1/2 消费使用前）	1
1			评分条件 5.1	本地材料，10% 在当地制造	1
1			评分条件 5.2	本地材料，MR 评分条件 5.1 中，增加 10% 在当地采集	1
not pursuing			评分条件 6	使用经过认证的木材	1
5			项目得分		
			室内环境质量	可评总分	11
Y	?	N			
Y			先决条件 1	最低室内环境质量要求	
Y			先决条件 2	吸烟环境（ETS）控制	
1			评分条件 1	新风监控	1
not pursuing			评分条件 2	加强通风	1
1			评分条件 3	施工室内环境质量管理计划，施工期间	1
1			评分条件 4.1	低挥发性材料，胶粘剂和密封剂	
Y			评分条件 4.2	低挥发性材料，油漆	
1			评分条件 4.3	低挥发性材料，地毯	3
1			评分条件 4.4	低挥发性材料，合成木材	
1			评分条件 5	室内化学制品和污染源控制	1
		1	评分条件 6	系统可控制性，热舒适度	1
1			评分条件 7	热环境舒适程度，符合 ASHRAE55—1992	1
1			评分条件 8.1	自然采光和视野，75% 空间中使用自然采光	1
1			评分条件 8.2	自然采光和视野，90% 空间的视野	1

续表

9		1	项目得分		
			创新及设计过程		可评总分 5
Y	?	N			
1			评分条件 1.1	设计创意，公众教育	1
	1		评分条件 1.2	设计创意，总包单位 ISO14001	1
	1		评分条件 1.3	设计创意，水泥中飞灰含量	1
	1		评分条件 1.4	设计创意，空中花园	1
1			评分条件 2	LEED™认证专业人员	1
2	3		项目得分		
29	3	1	项目总得分		可评总分 61
			认证通过 23-27 分 银级 28-33 分 金级 34-44 分 白金级 45-61 分		

世贸丽晶城 EAC 将成为杭州乃至整个浙江第一个通过 LEED CS2.0 认证的顶级写字楼项目，将对长三角地区绿色建筑、绿色办公理念产生深远的影响。

2.6 LEED 评估体系的未来

LEED 绿色建筑评估体系是一个真正意义上以需求为导向、以市场为驱动的绿色建筑评估系统。LEED 体系的成功，其技术方面的先进性和完整性固然重要，但其巨大的市场影响力是源自于 USGBC 为 LEED 体系所建立的市场推动机制。而这正是目前中国的绿色建筑体系发展当中最需要借鉴的部分。

具体而言，LEED 评估体系的发展，是从办公楼开始起步的，LEED-NC1.0 版本的目标客户就是自行兴建办公楼的各大商业机构和公共机构，针对他们的节能需求而开发的第一代 LEED 产品。应该说，能够有实力自行投资并兴建办公楼宇的商业机构或者公共机构，其机构规模已经达到一定程度，对于可持续发展、绿色建筑等理念也能够接受。这些客户以及这些项目，相对而言能够承担起在绿色建筑、可持续发展设计和环保施工等方面比较高的初期投资。另外，有了这些大型机构的支持和示范作用，LEED 1.0 的市场推广也将相对容易达到宣传的目的。

随着 LEED 发展到 NC 2.0，美国绿色建筑协会开始从办公楼向其他建筑物类型拓展。然而，不同的建筑类型由于其本身的某些技术特点，需要特别的在绿色建筑评估体系中予以特别的对待和处理。因此，美国绿色建筑协会推出了在不同建筑类型中如何应用

LEED-NC 评估体系的《LEED 应用指南》（LEED Application Guides），包括有：零售商业应用指南（LEED-NC for Retail）、校园建筑应用指南（LEED-NC Multiple Buildings and On-Campus Building Projects）、小型旅馆（4 层以下）应用指南（LEED-NC Application Guides for Lodging）医疗设施应用指南（LEED -NC for Healthcare）、实验室建筑应用指南（LEED -NC for Laboratories）和中小学建筑应用指南（LEED-NC for Schools）。由此，LEED 开始进入到零售、教育机构（学校）、旅游（酒店旅馆）、医疗设施等领域。其实这些应用指南的推出，是美国绿色建筑协会一个所谓摸着石头过河的策略。如果未经实践试验就贸然推出一个针对校园建筑的 LEED 评估产品，结果却没有得到行业支持，那么失败的后果会更加打击整个 LEED 产品系列的发展。如果这些所谓应用指南能够得到行业的接受和支持，那以就可以逐步发展壮大为一个分支，并最终独立成为一个成熟的 LEED 产品。例如，目前 USGBC 就即将推出一个新产品 LEED for School，而它其实就是基于“校园建筑应用指南”和“中小学建筑应用指南”的不断实践、改善而孵化出来的。

尤其值得一提的是，美国绿色建筑协会没有错过建筑市场中两个重要的细分市场：已建成建筑（Existing Building）和零售建筑（Retail）。已建成建筑真正占据了建筑市场中的大多数份额，而零售建筑则是经济增长、消费增强、零售业快速发展的一个直接反映。针对已建成建筑，有 LEED-EB；针对零售市场，有 LEED-CI 和 LEED-CS。USGBC 的策略布局应该说是相当成功，既呼应了市场的需要，又没有错过市场发展的时机，让 LEED 产品继续广为应用。

在推广 LEED 在不同行业中应用的同时，美国绿色建筑协会也在不断完善其自身的管理流程，以及各种为 LEED 认证所配套的支撑系统。这一点，在“2.4.2 LEED-NC 的持续改进（从 2.0 版本、2.1 版本到 2.2 版本）”这个章节中已有详细分析，此处就不再重复，值得我们借鉴的是，良好的、简单易行的绿色建筑认证管理系统，是绿色建筑评估体系最终是否能够被行业接受的基本条件之一。

尽管美国绿色建筑协会和它的 LEED 评估体系占据了美国建筑市场的主导地位，但它仍然不能组织其他类似的环保建筑机构和绿色建筑评价产品的发展。很明显，其他的几个机构抓住了住宅市场和城镇规划中主流评估体系的空缺机会，迅猛发展起来。然而，美国绿色建筑协会并没有闭关自守，而是主动联合其他机构，共同研发和推广 LEED for Home 以及 LEED for Neighborhood Development。从这里我们可以深刻感受到 USGBC 领导层的智慧。联合开发这两套面向住宅和城镇规划的绿色建筑评估产品，远比各自开发并在市场上争斗，来得更有意义，也更加能够实现多赢的局面。这不仅对于产品的发展有利、对于整个建筑行业有利、对于各家机构更加有利。而且，美国绿色建筑协会因为已经拥有 LEED 的品牌和网络，毫无疑问在 LEED-H 和 LEED-ND 两个产品的开发中仍然是处于领导的地位。

所以，从本章的整个叙述中，我们可以清晰地分析出 USGBC 所采用的发展策略：响应市场需求、渗透多个行业、完善管理体系、主动开放合作。这些策略和后续的成功实施，奠定了 LEED 评估体系今天的市场地位。

目前，美国绿色建筑评估的发展已经从建筑技术领域更进一步影响到资产估值、风险评估、保险价值、市值预测等相关行业。概括而言，绿色建筑在以下方面可以提供增加值：

（1）提高楼宇的出租率；

（2）降低租户流失率；

（3）节约建筑物的营运和维修成本；

（4）节约能耗，减少温室气体排放；

（5）获得政府或者其他机构对于环保措施的资助；

（6）提高员工的生产效率，减少可能的环境危害；

（7）降低租户重新装修的成本。

绿色建筑的这些好处，从资本市场角度来说，建筑物的资产价值可以得到更高的估值，大厦的租金相对要高于其他传统建筑，建筑物生命周期的成本也将大幅度降低，从而使得投资回报率提高了。未来，美国绿色建筑市场还将进一步渗透和影响以下领域：

（1）房地产行业、金融行业对于绿色建筑的估值方法；

（2）不动产估价中，应该对绿色建筑中所采用的各种技术及其效益给予更全面合理的评估；

（3）在绿色建筑评估体系中，也应该考虑物业价值的有关问题；

（4）各种资产评估的指南和标准中也应该更全面细致地考虑绿色建筑各项技术及其性能表现的效益；

（5）商业租赁合约中应该更鼓励租户降低营运成本，同时参与到大楼整体的节能改进中；

（6）建筑设计团队中可以考虑邀请不动产评估师、估价师的参与，以便在建筑设计中就考虑到各种物业估值的因素，而在物业估值中也能恰当地反映绿色建筑设计的效益；

（7）各种建筑规范、规划条例也应该针对如何提升绿色建筑的价值做出相应的调整和修改；

（8）应该加强绿色建筑价值的宣传；

（9）会计准则中对于绿色建筑的价值如何反映出来也应该有所考虑。

我们完全有理由相信，这些渗透和影响，无疑更是从资本市场角度，为绿色建筑的卓越价值做了最好的注释。

3 英国 BREEAM 体系发展与案例介绍

BRE 是英国建筑环境研究、实践与咨询方面的主要机构。能够成为中国设计、建造、建筑管理领域的可持续出版书籍中的成员之一，BRE 建筑研究组织对此感到十分高兴。BRE 将为本书提供 BREEAM 体系的概要以及一部分研究案例。

什么是 BREEAM 体系？谁制定了它？

BREEAM 体系是一种设置建筑环境基准的评估方法。BREEAM 体系（办公建筑）最初的版本是在 1990 年制定。自那以后，这种方法不断被更新并将其应用范围拓展到工业、商业/零售开发、学校、医院以及住宅（采用了生态家园版本）多种建筑类型。这些类型以外的建筑则可以采用 BREEAM 体系的定制版本进行评估。目前 BRE 正在制定 BREEAM 体系体育与休闲建筑版本，该版本可用于体育设施的评估，例如运用到 2012 年的伦敦奥林匹克运动会上。

BREEAM 体系的目标

BREEAM 体系的目标是减少建筑物的环境影响，体系涵盖了包括从建筑主体能源到场地生态价值的范围。BREEAM 体系关注于环境的可持续发展，包括了社会、经济可持续发展的多个方面。BREEAM 体系这种非官方评估的要求高于建筑规范的要求，它有效地降低了建筑的环境影响。如今，在英国及其他一些地区，BREEAM 体系已经得到各界的认同与支持。

BREEAM 体系通过设置得分等级，对于设计、建造以及建筑维护阶段中的最优者进行认证与奖励。BREEAM 体系旨在激发各界认识建筑对于环境的影响，同时希望在建筑的规划、设计、建造以及使用管理阶段，能够为决策者们做出正确的选择以及提供必要的帮助。

此外，BREEAM 体系还提供了减少运行费用（如能源方面）的可行方法，同时为建筑的使用者创造了一个更好的工作环境。

BREEAM 体系的操作

遍布全国的独立评估者（由 BRE 培训并认证）与建筑设计团队或是客户紧密工作，依据标准对建筑进行评估。

评估者对项目的评估是在设计或者建造后的阶段，运行管理阶段的评估需要在建筑投入使用两年后方可进行。

评估报告将被送至 BRE 进行公证。评估者包括建筑专业人员、多学科咨询顾问及建筑的所用者和管理者。伴随着可持续发展需求的增长，评估者与评估对象的数量也在不断增长。

BREEAM 体系的评估结果包括四个分级：通过、好、很好、优秀。

通过 ●

好 ●●

很好 ●●●

优秀 ●●●●

BREEAM 体系的评估组成内容：

- 管理
- 能源使用
- 交通
- 健康与舒适性
- 水
- 材料（绿色建材和垃圾管理措施）
- 土地利用——选择褐地或是被污染用地开发
- 用地生态价值
- 污染

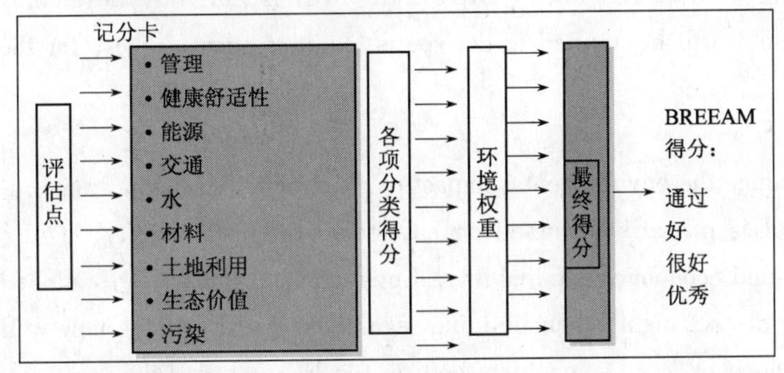

各个类别（如能源、水等）中评分点的得分相加得到总分，然后加上“生态积分”确定的权重系，得到最终的得分。

BREEAM 体系在世界范围内受到认可

许多组织开始要求强制执行 BREEAM 体系，以获取规划许可证或是集资。

BREEAM 体系在 2005 年的 SB2005 东京年会上获得了“最优秀的奖励程序”〔the winner of The Best Program Award（B-2 in SB2005 Tokyo）〕，“用于奖励在世界范围内成功促进建筑可持续发展的执行程序”。

BREEAM 体系与中国

BRE 希望将其全面的专业技术和经验有效地服务于建筑及其相关产业，对象包括多国公司、政府部门、个体建筑师以及建造者等。BRE 愿意为推动中国建筑工业的可持续发展贡献自己的力量。

黛博拉·布朗
商业主管
BREEAM 体系中心
BRE，英国

BRE the UK based Building Research Establishment is delighted to be part of this publication addressing the key environmental sustainability issues in the design, construction and management of buildings in China. BRE is the UK's leading centre for research, testing and consultancy in the built environment, and welcomes this opportunity to present a summary of BREEAM, the BRE Environmental Assessment Method for buildings including some case studies.

What is BREEAM and who developed it

BREEAM is an assessment method which sets environmental benchmarks for buildings. The original version of BREEAM (for offices) was developed in 1990. Since then, the method has been continually updated and extended to cover industrial buildings, commercial/retail development, schools, hospitals and domestic buildings (EcoHomes). Buildings which do not fit into these categories are assessed using a Bespoke form of BREEAM. BRE is currently developing BREEAM for sports and leisure which will be applied to the sports facilities such as those for the London 2012 Olympic games.

What is the aim of BREEAM

The aim of BREEAM is to reduce the environmental impact of construction, ranging from embodied energy to ecology. While it is primarily focussed on environmental sustainability, it also covers some aspects of both social and economic sustainability. Environmental impacts are reduced through voluntary standards which are set higher than building regulations. BREEAM is now well established, accepted and championed by key stakeholders both in the UK and overseas.

BREEAM recognises and rewards best practise in the design, construction and operation of buildings by awarding credits according to the level of achievement. It aims to raise awareness of the environmental impacts of buildings among key stakeholders, offering assistance in making the right choices when planning, designing, constructing, occupying and managing buildings.

BREEAM offers the potential to reduce operating costs (e. g. energy) and achieve a better working environment for building users.

How does BREEAM work

A national network of independent assessors (trained and licensed by BRE) work closely with building design teams/their clients to assess construction using set parameters. Assessments are carried out by assessors at the design stage, after construction, or they can be performed after the building has been in use for two years (operational/management stage assessment).

The assessment reports are sent to BRE for quality assurance. Assessors are building professionals, multi-disciplinary consultancies and building owners and managers. The number of assessors as well as assessments is growing rapidly in line with the demand for sustainability.

BREEAM rates the performance of a building on a simple four point scale from 'PASS', 'GOOD', 'VERY GOOD', through to 'EXCELLENT'.

Pass ●
Good ● ●
Very Good ● ● ●
Excellent ● ● ● ●

The final rating is arrived at following the award of credits for performance (i. e. in excess of building regulations) across a broad range of issues:

- Management
- Operational Energy
- Transport
- Health and Well Being
- Water
- Materials (green material and waste management strategies)
- Land use - Selection of Brownfield and/or contaminated land
- Site Ecological Value
- Pollution

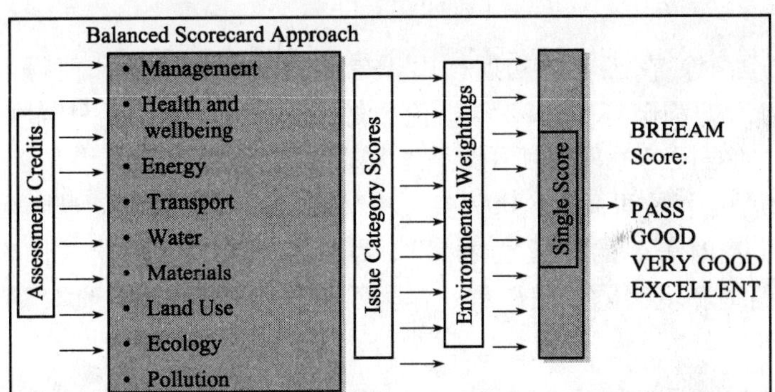

The credit scores in each category (i. e. energy, water etc), are added together to produce a single score. This is achieved by applying a weighting system based on a measure called 'Ecopoints' and a building is then awarded showing the final score.

BREEAM is recognised world wide

A number of organisations have started to specify BREEAM standards as mandatory requirements in order to receive planning permission or funding for their development.

BREEAM was the winner of The Best Program Award (B-2 in SB2005 Tokyo) in 2005 "in recognition of the most successfully executed program for disseminating sustainable building practices that has influenced other initiatives worldwide".

BREEAM for China

BRE is committed to making its comprehensive expertise and experience available for the benefit of those involved in the construction and associated industries, from multinational companies and government departments to individual architects and builders. BRE would like to help enhancing the sustainability of rapidly expanding Chinese building industry by assisting the development of BREEAM in China.

Deborah Brownhill
Commercial Director
BREEAM Centre
Building Research Establishment, UK

3.1 BREEAM 体系的产生背景

BREEAM 体系的产生与英国的具体的环境问题、环境政策有着重要联系。因此，要对 BREEAM 体系有深入的了解，还需从认识英国的环境问题与政策开始。

3.1.1 英国的环境问题

环境问题的产生是由经济发展引起，并伴随经济发展扩大化。作为老牌资本主义国家，英国的环境问题是由来已久。

英国是世界上工业化最早的国家。在工业化初期，由于单纯追求经济发展，使得人类赖以生存的环境遭受了空前的污染和破坏。1952 年，伦敦爆发了“八大公害”❶ 事件之一的烟雾事件。这起事件由当地居民冬季取暖所用燃煤含硫量过高引起，其结果是：4 天内近 4 000 人被夺去生命，此后两个月间又有 8 000 多人相继死亡，类似的大劫难随后共发生了 12 起之多，伦敦成为了当时著名的“死亡之都”。尽管伦敦烟雾事件给人们敲响了警钟，但 50 年后的今天，英国环境问题依然严重。作为欧洲最大的酸雨输出国，英

---

❶ “八大公害”事件分别是：比利时的马斯河谷烟雾事件，美国的多诺拉烟雾事件、洛杉矶光化学烟雾事件，英国的伦敦烟雾事件，日本的水俣病事件、四日哮喘事件、米糠油事件、富山事件。

国的能源消耗与 SO_2 的排放量高居欧洲前列。在严峻的现实面前，英国政府不得不更为重视环境问题和强调解决环境问题。

3.1.2 英国的环境政策

英国是世界上环境立法最早的国家之一。但是 19 世纪前，英国的环境立法大多是地方性立法。1847 年《都市改善法》实施以后，英国的国家环境立法逐渐成形。

英国环境立法经过多年的调整，内容已较为完善，主要包括大气污染、水污染、噪声污染等方面。英国在防治大气污染上制定了两项立法，用以控制化工厂排出的废气和制碱业以外各种向大气排放烟尘的污染源。1974 年制定的《污染控制法》是英国环境保护的基本法，涵盖了废弃物、水污染、空气污染、噪声污染等多方面的内容。该法实行后成效显著。1990 年该法由治理污染转变为以预防污染为主，从而使英国的环境得到了进一步的保护和改善。

英国工业化造成了严重的环境问题，引发了社会各界人士对其的重视，希望采用有效的途径改善现有环境、进而美化环境。BREEAM 体系就是在这种背景下应运而生的。而英国政府制定已较为成熟的环境政策为其的成长发展提供了充分的外部条件。

我国随着经济的高速发展，也出现了一些环境问题。而我国的环境立法与英国相比，起步晚，基础数据的积累少。这意味着，我国产生发展绿色建筑评估体系的外界土壤与滋养 BREEAM 体系的环境既有相似之点，又有不同之处。

3.2 BREEAM 体系的发展历程

“建筑研究所环境评估法”（Building Research Establishment Environmental Assessment Method，BREEAM 体系）最初是由英国“建筑研究所”（Building Research Establishment，BRE）在 1990 年制定。BREEAM 体系是世界上第一个绿色建筑评估体系。不同的国家或地区的研究机构受 BREEAM 体系的启发，均制定了自身的绿色建筑评估体系，例如加拿大、美国及欧洲诸国的评估体系就参考或是直接借鉴了 BREEAM 体系。在绿色建筑评估领域，BREEAM 体系无疑是一位开路先锋。

3.2.1 建构思路

BREEAM 体系的目的是提供绿色建筑实践的指导，减少建筑对全球和地区环境的影响；使得设计者对环境问题更加重视，引导“对环境更加友好”的建筑需求，刺激环保建筑的市场；提高对环境有重大影响的建筑的认识并减少环境负担；改善室内环境，保障居住者的健康。BREEAM 体系建立了绿色建筑的衡量标准，它基于对环境问题的科学理解来确定相应的评估指标。指标的建立基于建筑对全球、局部和室内环境造成的影响，并考虑了管理问题，将这些因素作为研究制定 BREEAM 体系的出发点（图 3-1、表 3-1）。

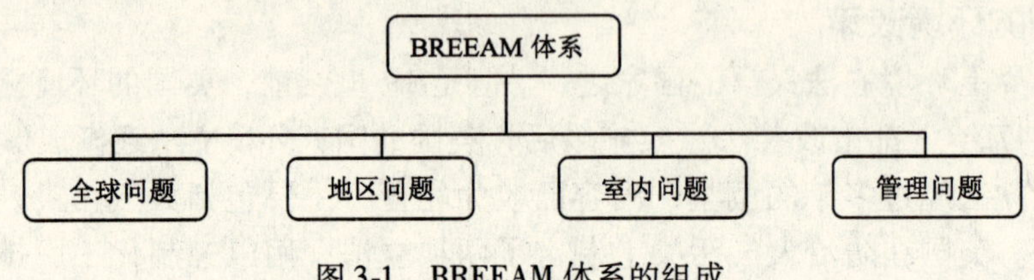

图 3-1 BREEAM 体系的组成

英国 BREEAM 体系环境问题的不同影响 表 3-1

分 类	具 体 内 容
全球问题	能源节约和排放控制、臭氧层减少措施、酸雨控制措施、材料再循环/使用
地区问题	节水措施、节能交通、微生物污染预防措施
室内问题	高频照明、室内空气质量管理、氡元素管理
管理问题	环境政策和采购政策、能源管理、环境管理、房屋维修、健康房屋标准

3.2.2 发展过程

自 1990 年诞生后，BREEAM 体系经历了一个漫长的发展阶段。在十多年的时间里，BREEAM 体系的制定者们依据提高的认识观念与积累的实践经验不断地对体系进行着修正与深化的研究工作。与之相应的是，BREEAM 体系推出了不同时期的各种版本（表 3-2）。

BREEAM 体系主要版本及应用范围 表 3-2

主 要 版 本	颁布时间	评 估 范 围
1/90	1990	新建办公建筑
2/91	1991	新建超级市场
3/91	1991	新建住宅
4/93	1993	已建办公建筑
5/93	1993	新建工业建筑
BREEAM 体系 98 办公	1998	已建及新建办公建筑
BREEAM 体系办公	2004	新建或翻新办公建筑，已建并使用的办公建筑
生态家园	2004	新建及翻新独立住宅和公寓
BREEAM 体系工业单元	2004	新建工业建筑
BREEAM 体系零售建筑	2003	新建及运行商业建筑

3.2.3 发展特点

为了易于被执行者所理解与接受，BREEAM 体系的制定者构思了一个透明开放的、较为简单的评估架构：将所有的评估条款分别归类于不同的环境表现类别（“全球环境影响”、“当地环境影响”及“室内环境影响”三种环境表现类别）中，这样根据实践情况变化进行修改时，可以较为容易地增减评估条款。

BREEAM 体系最初的版本研究耗时 18 个月，当时的内容仅仅包括了 11 项评估标准。此时的 BREEAM 体系，其内容、结构较为简单。随着生态观念的发展，BREEAM 体系中引入了全生命周期的概念，并逐渐发展成为可供建筑师使用的综合模型。1998 年对 BREEAM 体系实行的版本更新使得体系发展向前跨了一大步。BREEAM 体系 98 版本（BREEAM 体系 98）删除了有关法规已经包括的内容或普遍实践已经超越的条款，并增加了已经更新的知识内容。更新后的 BREEAM 体系 98 包括了更广泛、更全面的可持续发展及环境因素，采用了权重系统来决定不同环境影响分类的重要性和建筑环境表现的总体评分。BREEAM 体系 98 包含从建筑设计开始阶段的选址、设计、施工、使用直至生命终结拆除的所有阶段的环境性能。此时 BREEAM 体系已经发展成为涵盖四大方面环境问题、包括九项指标和“核心”、“设计和实施”及“管理和运作”三个部分的庞大体系（图 3-2）。

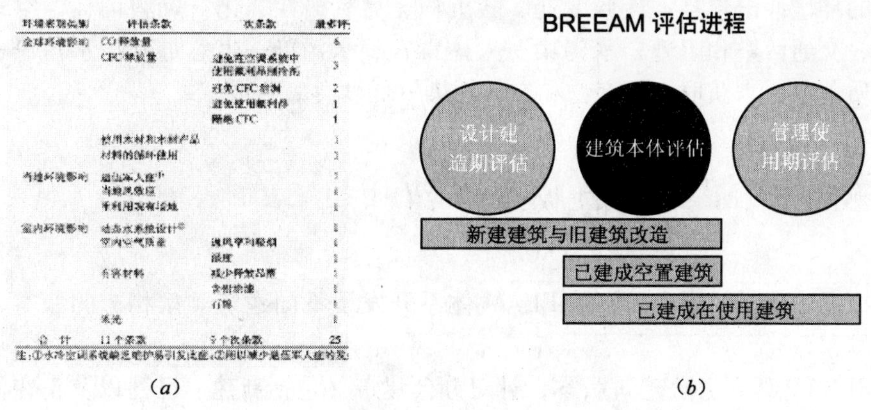

环境表现类别	评估条款	次条款	最多评[illegible]
全球环境影响	CO_2 释放量		6
	CFC 释放量	避免在空调系统中使用氟利昂制冷剂	3
		避免 CFC 泄漏	2
		避免使用氟利昂	1
		隔绝 CFC	1
	使用木材和木材产品		1
	材料的循环使用		2
当地环境影响	避免军人症①		[illegible]
	当地风效应		1
	再利用现有场地		1
室内环境影响	冷却水系统设计②		1
	室内空气质量	通风率和吸烟	1
		湿度	1
	有害材料	减少释放甲醛	1
		含铅油漆	1
		石棉	1
	采光		1
合 计	11 个条款	9 个次条款	25

注：①水冷空调系统缺乏维护易引发此症；②用以减少退伍军人症的发[illegible]

(*a*) (*b*)

图 3-2 BREEAM 体系 90 与 BREEAM 体系 98 的发展
（*a*）BREEAM90 评估标准；（*b*）BREEAM98 评估框架

BREEAM 体系的更新完善了早期版本的不足之处。学者们总结过早期 BREEAM 体系的不足，认为“当时对于建筑对环境的影响缺乏足够全面的认识和研究”，因此“早期 BREEAM 体系将重点放在不重要的细节上，对重要的环境因素缺乏强调”；而且“早期 BREEAM 体系的结构也过于简单，缺乏区别不同指标在整个环境影响中不同重要性的权重系统”。[1] BREEAM 体系 98 引入了一套权重系统。为了确定权重的具体数值，BRE 在 1997 年组织了一次调查研究：BRE 广泛征求了包括政府决策人员、建筑工程专业人员、专家学者、材料生产商、发展商和环保组织在内的各方面意见，在此基础上建立起权重系统。

3.3 BREEAM 体系与生态积分

生态积分（Ecopoint）是了解 BREEAM 体系必须理解的一个概念。生态积分是指对环境影响的一个独立单元，它的得分是对单元中某个特定产品或过程造成的整体环境影响的度量。它根据英国的环境影响测算，因此只能应用于英国。1 个英国公民每年造成的环境影响被定义为 100 个生态积分，越多的生态积分表示越大的环境影响。生态积分描述了 1 个产品整个生命周期中产生的所有环境影响。它以出版的英国建造材料方法论为依据，根据界定过的一系列生命周期（LCA）数据来计算，特定的生命周期数据依据每个英国市民造成的环境冲击量化，并按照一项为英国政府进行的工业调查赋予权重。生态积分目前应用于 ENVEST[2]、BREEAM 体系和绿地指南（GREEN GUIDE）中。生态积分计算的环境冲击包括：气候变迁、酸沉积、臭氧损耗、化石燃料消耗、空气污染—人体毒害、交通污染和阻塞；水污染—人体毒害、水污染—生态毒性、水污染—富营养化、矿物质萃取、水获取、废弃物和空气污染—低度臭氧生成。

3.4 BREEAM 体系的版本介绍

为了推广该体系的影响力，BREEAM 体系开发了不同建筑类型相应的版本，共有如下几个版本：

- BREEAM 体系办公建筑版本，针对办公建筑（包括新建、已建以及正在使用的建筑）

---

[1] 不过学者也同时指出，“在可持续发展建筑实践尚不成熟的时候，相对简单和透明的绿色建筑评估体系，更易于被实践理解和接受，能激发和鼓励人们对可持续发展建筑的兴趣、讨论和实践，较为简明的评估和合理的评估费用也利于建筑评估的推广和应用。权重系统会增加评估的复杂性，而且初始阶段由于缺乏足够的研究，还很难在 BREEAM 中加入一套严谨的权重系统。”

[2] ENVEST 是英国第一个在早期设计阶段对建筑物全生命周期的环境影响进行评估的软件。它不仅考虑了建筑物在建造过程中消耗材料的环境影响，而且还考虑了整个建筑物在使用期间消耗的所有能源和资源。ENVEST 采用生态积分的单位来衡量建筑物对环境的影响，这可以帮助设计者对不同的设计和方案进行直接比较。通过 ENVEST，设计者可以对建筑物的环境影响进行优化并能在最优状况下使用建筑材料。

- 生态家园，针对单体住宅（包括新建与改建的住宅）
- BREEAM 体系零售建筑版本，针对零售建筑（包括新建与正在使用的建筑）
- BREEAM 体系校园建筑版本，针对校园建筑（包括新建与改建的建筑）
- BREEAM 体系办公建筑版本，针对办公建筑（包括新建、已建以及正在使用的建筑）
- NEAT 疗养建筑版本
- BREEAM 体系工业建筑版本，针对轻工业建筑（新建建筑）
- BREEAM 体系定制版本

为了推广 BREEAM 体系，BRE 还推出了 BREEAM 体系的简化自评版。通过阅读这些版本，可以对 BREEAM 体系有全面的了解。由于 BRE 将 BREEAM 体系的自评版本的 pdf 格式文件放在其官方网站上，相关评估表格也可以直接从网上下载，BREEAM 体系的透明度得到了极大提高。

下面将通过 BRE 官方提供的办公与住宅这两个自评版本，通过对这两个版本的解读来认识 BREEAM 体系。

3.4.1 BREEAM 体系办公版本

办公建筑是一种常见建筑类型，办公版本也是 BREEAM 体系中最先问世的版本之一。BREEAM 体系 98 办公版本分为 9 大类，具体内容见表 3-3。

BREEAM 体系 98 自评版内容 **表 3-3**

管理	
评估内容	得 分
是否能够出具证据说明设计团队已经为客户安排了监控试运行；如果存在复杂系统时，是否为客户安排了专业的试运行代理或者管理团队	16
是否能够出具证据说明在建筑投入使用的第一年内会进行季节性试运行	16
是否能够出具证据说明相应承包商的预试运行、试运行以及质量检测都得到了通过，并且所有的交易都满足 BSRIA/CIBSE 的要求	16
是否能够出具证据说明已经为非技术类的建筑管理人员提供了通俗易懂的指南。该指南可以被加在运行与管理手册中，但是应当是单独的一节	16
项目是否符合计划或者相应的其他独立评估计划的要求，并且正式承诺取得该计划的如下等级： 优于行业水平 最佳实践	 16 32
是否正式承诺要与承包商建立一个系统以确定目标，监控并汇报对场地的影响（每月）：水和/或能源消耗/由于建设活动引起的 CO_2 排放	8
由于向场地或从场地进行运输而引起的能源消耗和 CO_2 排放	8
场地内因建设活动产生的废弃物	8

续表

对建设产生的废弃物的分类和再利用	8
是否采取措施减少由于场地建设引起的对空气的污染	8
是否采取措施减少由于场地建设引起的对土地、水源和市政系统的破坏	8
建设过程中使用了临时木材是否是来自可持续管理的资源或者是再利用或再生的	16
此类的总分	
健康和舒适	
评估内容	得　分
冷却塔和蒸发塔是否容易进行清洁、保养，或是没有冷却塔和蒸发塔	10
所有的冷热水系统在设计中都考虑了减少军团菌风险的措施	10
办公室外立面的窗户可开启，当进深超过 7 m 时，对面的窗户也应可开启。可开启面积相当于建筑室内面积的 5%，以保证足够的自然通风	10
安装蒸汽加湿系统或者不安装加湿系统	10
新风口避开主要污染源	10
在机械通风或者采用空调系统时，新风量满足 12l/s/p 或者在自然通风的建筑中，在大多数窗户上都安装了滴流式通风口，窗户的可开启面积相当于建筑室内面积的 5% 并且平面进深不大于 15 m，否则需要采取辅助通风措施	10
至少 80% 的可出租办公面积有足够的自然采光。 能够具有景观视野的使用者距离窗户不超过 7 m（大约为两张办公桌）	10 10
安装了使用者能够控制的防眩光系统（如室内或室外百叶）	10
所有普通办公区照明器都采用高频镇流器	10
照明设计满足照明指南，2001 附录的要求	10
根据交通空间、采光为不超过 4 个工位一组提供独立的照明控制	10
根据不同的负荷要求，能够为不同的办公空间提供温度调节控制的可能	10
是否在设计阶段进行了热舒适性的评估并据此评价相应的服务功能	10
是否能够提供证据说明设计能够满足以下的周边室内噪声等级： 35～40dB LAeqTin 单独适用，单元办公室 40～45dB LAeqTI 在中型尺寸、多人适用的开放办公空间≤4 个工位≤40 m^2 40～45dB LAeqTI 在大型尺寸、多人适用的开放办公空间 >4 个工位 >40 m^2	10
此类的总分	
能源	
评估内容	得　分
为建筑内能耗较大的单位提供包括照明等的单独电力计量，包括： 计算机房； 加湿设备； 制冷设备； 主要风扇。 如果建筑还有其他重要的能耗源，也应当包括进来	8

续表

为出租区域提供单独的电力计量或者整座建筑一并出租	8
损失减去获得，以 $kw \cdot h/m^2$ 为单位，通过建筑构造和形式进行预测。评分以以下范围进行计算： 高于 70.01 kW·h/（m^2·year），低于 −70.01 kW·h/（m^2·year） 在 +/−45.01～70 kW·h/（m^2·year）之间 在 +/−25.01～45 kW·h/（m^2·year）之间 在 +/−15.01～25 kW·h/（m^2·year）之间 在 +/−5.01～15 kW·h/（m^2·year）之间 在 −5～5 kW·h/（m^2·year）之间	 0 8 16 24 32 40
总的净 CO_2 排放预测，根据以下标准打分： 低于 116 kg/（m^2·year） 低于 96 kg/（m^2·year） 低于 76 kg/（m^2·year） 低于 60 kg/（m^2·year） 低于 48 kg/（m^2·year） 低于 40 kg/（m^2·year） 低于 36 kg/（m^2·year） 低于 28 kg/（m^2·year） 低于 16 kg/（m^2·year） 低于 0 kg/（m^2·year）	 8 16 24 32 40 48 56 64 72 80
此类的总分	
交通	
评估内容	得　分
基于位置由通勤引起的 CO_2 排放，根据以下标准打分： 位于具有典型公共交通连接的乡村 位于具有典型公共交通连接的镇周边 位于具有典型公共交通连接的小镇 位于具有典型公共交通连接的城镇中心区 位于具有典型公共交通连接的大城市中心区 位于具有典型公共交通连接的交通枢纽附近	 0 14 28 42 56 70
为 10% 的雇员提供自行车设施（≤500 人） 为 7% 的雇员提供自行车设施（≤1 000 人） 为 5% 的雇员提供自行车设施（>1 000 人） 如，1 300 雇员需要(01. ×500)+(0.07×500)+(0.05×300)=100 辆自行车的空间 其设施包括遮蔽物、柜子和淋浴间 如果提供了更衣和晾衣空间，还可以得到额外的分值 （当项目位置临近大型交通枢纽或者在远郊时，要求的数值减半。）	7 7
500 m 内有公共交通网络，并且通向市中心的运输频率小于 15 min	7
500 m 内有通向便利的公共交通网络的便捷途径，并且通向主要交通枢纽的运输频率小于 30 min	7
此类的总分	

续表

水	
评估内容	得　分
预测用水量 4.5 ~ 5.5 m^3/（人·年） 预测用水量 1.5 ~ 4.5 m^3/（人·年） 预测用水量 <1.5 m^3/（人·年）	8 16 24
对所有建筑设备安装脉冲输出的水表	8
对主要供水设备的主要渗漏点安装渗漏探测设备	8
对所有厕所等安装红外控制关闭阀门	8
此类的总分	
材料	
评估内容	得　分
新建建筑的结构、服务、电梯等设备均不含石棉；原有建筑则进行了是否存在石棉的调查，将所有的石棉都去除或者按照 H&S 计划进行了收纳等处理	8
是否为可再生材料提供了容易达到的储藏空间 2 m^2/1 000 m^2，最多 10 m^2/1 000 m^2	8
主要的建筑部件都根据其说明书和 GREEN GUIDE to SPECIFICATION 或者 ENVEST 中生态积分的基准进行了评估。为了简化，此简化评估表格选用 GREEN GUIDE 注意：在 BREEAM 体系的正式评估中，所有的部件都会面积加权 是否有至少 80% 的楼板取得了 A 级 是否有至少 80% 的外墙获得了 A 级 是否有至少 80% 的屋顶材料获得了 A 级 是否有至少 80% 的窗户获得了 A 级	 8 8 8 8
是否有至少 50% 的新建建筑立面是在利用立面材料，至少 80% 按重量计的现场组装立面材料是再利用的	8
设计是否允许再利用至少 80% 的原有主体结构（按体积计）	8
是否在建筑结构、楼板、道路等处采用大量的粉碎合成材料或石材	8
用于结构或者非结构的木材或者木质构件是来自可持续管理的资源或者再利用的木材	18
开发商承诺仅在展示区或者特殊办公室安装地毯或地板面层，或者为新的租户安装其制定的地毯或者地板面层	8
此类的总分	
土地利用	
评估内容	得　分
最近 50 年内，场地未建造或被用于工业用途	15
场地是否被界定为“被污染的”，是否对此采用了充分的措施以在建设前改造或清理场地。调研或者咨询报告能够证明目标已经达到	15
此类的总分	

续表

生态	
评估内容	得　分
场地是否被界定未具有较低的生态价值	14
场地的生态价值是否发生了较小的负面变化 场地的生态价值的变化是中性的 场地的生态价值变化是较小的正面变化 场地的生态价值变化正面变化 场地的生态价值变化是较大的正面变化	14 28 42 56 70
按照 AWTC 中的建议保护野生环境……	14
承包商承诺确保所有直径超过 100 mm 的树木、水塘、溪流等都会得到保持和充分的保护，免于场地清理和建造工作的破坏	14
采取措施避免对生物多样性的长期影响	14
此类的总分	
污染	
评估内容	得　分
为所有设备的高风险部位安装冷冻渗漏监测系统或者没有冷冻装置	12
对热交换或者储藏罐提供自动冷冻液泵或者没有冷冻装置	12
根据以下标准为锅炉设备燃烧的 NO_X 最大排放等级打分： 1. 当传输采暖热量时排放量 140～90 mg/kWh 2. 当传输采暖热量时排放量 89～60 mg/kWh 3. 当传输采暖热量时排放量 59～40 mg/kWh 4. 当传输采暖热量时排放量 40 mg/kWh	 12 24 36 48
雨水收集系统和/或采用了可持续的排水技术以提供高峰时刻对自然水道或者市政排水系统水流速 50% 的衰减	12
是否在现场提供了雨污分流、过滤等系统	12
冷冻剂的类型全球温室变暖潜在值低于 5 或者没有冷冻剂	12
至少 10% 的热量或者电力消耗来自当地的可再生能源	12
室外照明满足 ILE 指南上的要求，以及减少光污染	12
选择在生产和组合过程中避免产生臭氧消耗或者导致全球气候变暖物质的保温材料	12
此类的总分	
总分	

3.4.2 BREEAM 体系住宅版本

“生态家园”（Ecohomes）是 BREEAM 体系的居住建筑版本，首次发布于 2000 年。它满足了近年来英国市场对居住类建筑进行环境评估的新需求。生态家园评估体系主要包括能源、交通、污染、材料、水、土地利用与生态以及健康与舒适性等七项指标。诸项指标中，能源和交通两者所占总比重较高，这体现了 CO_2 排放问题的重要性。在能源部分对减少空间加热和水加热释放 CO_2 的得分较低，因为在新建房屋中能源用在空间加热上的消耗较少，更多的消耗在于电灯和电器的使用。同时，减少私人小汽车的使用能够大幅度改善 CO_2 排放，因此交通部分也包含了控制私家车交通的有害影响。由于住宅并非主要的污染来源，因而污染部分所占比重并不高，这是因为住宅中含 HCFC（氢氯氟代烷）的产品逐渐不再被使用❶，而且住宅中制造的氧化氮物（NO_X）也大大小于交通环境中产生的。比较起来，在建造阶段出现的污染可能是住宅潜在环境问题的最大因素，但是目前这个阶段被排除在生态家园评估体系之外（在 BRE 中作结论前这个阶段会被考虑，而且它也是其他 BREEAM 体系中的组成部分）。材料部分的比重也较大，在住宅建筑中，材料使用阶段对环境影响超过建造阶段的影响。在水系统中，室内雨水再利用比重不大。因为对于住区而言，雨水收集区域十分有限，而且雨水用于室外灌溉比室内使用更好，因此正确使用高效节水设备比雨水再利用更为有用。土地使用和生态部分中，有通过较少努力就能获得分数的直接方法：通过使用一些当地物种和用鸟巢来调查和改善生态环境。即使对于绿地或者有价值的土地只要采取保护措施也能取得高分，这些条款给那些不理会场地中的具有生态价值区域的开发者设置了障碍。健康和舒适性部分是可持续发展的一个重要的元素，良好的日照和私人的外部空间能给个人健康带来巨大影响。对于许多住区来说，噪声污染是生活质量方面的大问题。

生态家园的各项内容、分类、关系见表 3-4 ~ 表 3-6、图 3-3。

生态家园 2005 自评版内容 **表 3-4**

能源（占总得分比重的 21.42%）	
评估内容	方　面
二氧化碳排放量，≤60 kg（m^2·年）起评，达到≤0 得分为最高	
建筑围护结构热工性能，与现有规范中所规定值的改善率≥10% 开始，达到≥30% 为最高（英格兰、苏格兰和威尔士地区的百分数有所不同）	
干燥的安全空间（主要指干燥衣服）的提供	
使用贴有生态节能标识的白色家电的情况	
外部照明，包括空间照明与安全照明，具有低能耗的室外灯光系统	
此类的总分	

---

❶ 蒙特利尔议定书《修正案》规定 HCFC 类化学品类从 2004 年超份段削减产量，联合国气候变化框架公约《京都协议》要求限期削减温室气体排放总量，以防止全球气候变暖。

续表

交通（占总得分比重的 8.56%）	
评估内容	方 面
具有发展进出方便的公共交通 城市和郊区 80% 的发展在下列范围内：15 min 高峰和半小时一次的非高峰服务的 500 m 范围内，30 min 高峰和一小时一次的非高峰服务的 1 000 m 范围内；乡村 80% 的发展在下列范围内：每小时一次的服务是 500 m 范围内，每小时一次或社区公共汽车服务的 1 000 m 范围内	
自行车库的配置比例	
居住区附近配套设施的情况，如 500 m 范围内有一个食品店和邮局；或 1 000 m 范围内有以下 9 项中的 5 项：邮局、银行、药店、学校、医疗中心、休闲娱乐中心、社区中心、酒店和儿童乐园，另外有安全人行通道到达以上设施	
是否有可供家庭办公的空间和服务设施	
此类的总分	
污染（占总得分比重的 14.99%）	
评估内容	方 面
防止 ODP 和 GWP❶：保证屋顶（包括阁楼）、墙（包括门和窗楣）、楼板（包括基础）、热水贮存器等均不含持续消耗臭氧的物质	
控制氧化氮物（NO_X）的释放：社区 95% 的住宅必须使用氮氧化物的平均排放率低于或等于一定等级的采暖和热水系统	
减少表面径流	
能源的低释放：要求住区采暖（空间和热水）或非采暖供电中至少 10% 由当地可再生能源供应	
此类的总分	
材料（占总得分比重的 14.98%）	
评估内容	方 面
建筑基本结构中，持有证明的木材、木材产品以及可循环再生部分的使用比例	
装饰构件中，持有证明的木材、木材产品以及可循环再生部分的使用比例	
材料回收利用：可循环使用的室内外废物仓库	
材料的环境影响：屋顶、外墙、内墙、楼板、窗户、花园硬地铺材及栅栏等构件在绿色住宅指南中是否为 A 级产品	
此类的总分	

❶ ODP 是 Ozone depletion potential（臭氧耗减潜能值）的简称，GWP 是 Global warming potential（全球变暖潜能值）。

续表

水（占总得分比重的10%）	
评估内容	方 面
内部水的使用：控制每年每户用水量	
外部水的使用：利用雨水收集系统来灌溉花园或景观区域	
此类的总分	
土地利用和生态（占总得分比重的15.01%）	
评估内容	方 面
场地的生态价值	
生态价值的增强：通过专家咨询提高场地的生态价值	
生态特征的保护：对场地内已有的生态特征进行保护与提高	
改变场地的生态价值，严重降低物种数量的项目不得分，提高物种数量的项目得分	
建筑占地：要有效利用建筑占地	
此类的总分	
健康与舒适性（占总得分比重的15.04%）	
评估内容	方 面
是否有充分的采光，包括厨房和其他可居住的房间均有日光	
隔声性能设计是否优于建筑规范要求，包括分户墙隔声或是独立别墅	
是否有私密或半私密的室外空间	
此类的总分	
总分	

生态家园分类权重统计 表3-5

指 标	能 源	交 通	污 染	材 料	水	土地利用及生态价值	健康与舒适性	合 计
标准（项）	5	4	2	4	2	3	3	23
最高得分（分）	20	7	7	31	5	9	7	86
权重	0.3		0.15	0.15	0.10	0.15	0.15	1

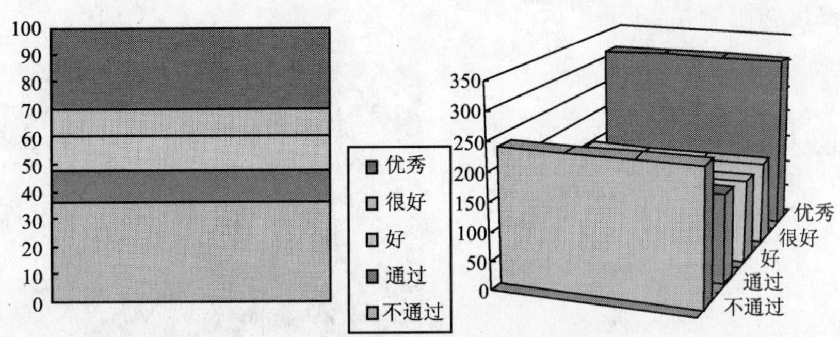

图 3-3　生态家园 2002 体系的等级范围划分的分布关系

英国 Ecohomes2002 体系等级范围划分说明　　**表 3-6**

标　　志	等　级	得分百分率（%）	说　　明
	优秀	70	开发必须在各个方面堪称典范
	很好	60	开发在建筑环境上付出极大努力
	好	48	开发者在大多数领域做出好的尝试
	通过	36	大多数开发通过一定的设计和较少的投入都可以取得该等级

3.5　BREEAM 体系的评估案例

BREEAM 体系评估案例的选取对象以办公建筑与住宅建筑为主。对于其他评估类型，将以一个校园建筑为代表作简要介绍。

3.5.1　办公案例❶

1）伦敦新科学中心（图 3-4）

伦敦城市大学位于伦敦的霍恩斯大街，其评估在 2002 年 2 ~ 5 月间进行。最终评估结果，该建筑获得了优秀等级。

建筑位于伦敦城市环境中的紧密区域。用地地面上 10m 左右有条铁路通过，附近有一条隧道，这些因素造成不能建造地下室。建筑用于运动科学（营养学、运动技巧和健身等）和地理科学（化学、物理和生物等）研究。一层有两层高的体育馆，二层有两个三级的研究工作实验室，三层有一个用于实验的 280 人工作站。用地里的现状建筑使得

❶　该案例由 WPS 公司提供。

新建建筑的高度被限制在 23 m 以内。

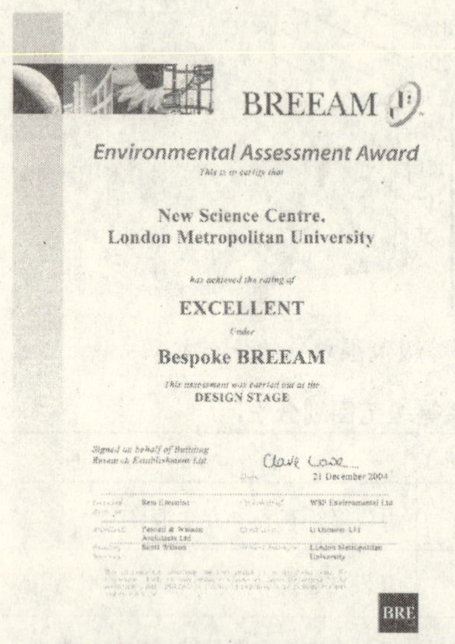

BREEAM

Environmental Assessment Award

This is to certify that

New Science Centre,
London Metropolitan University

has achieved the rating of

EXCELLENT

Under

Bespoke BREEAM

This assessment was carried out at the
DESIGN STAGE

Signed on behalf of Building
Research Establishment Ltd

Date 21 December 2004

WSP Environmental Ltd

Scott Wilson

London Metropolitan
University

BRE

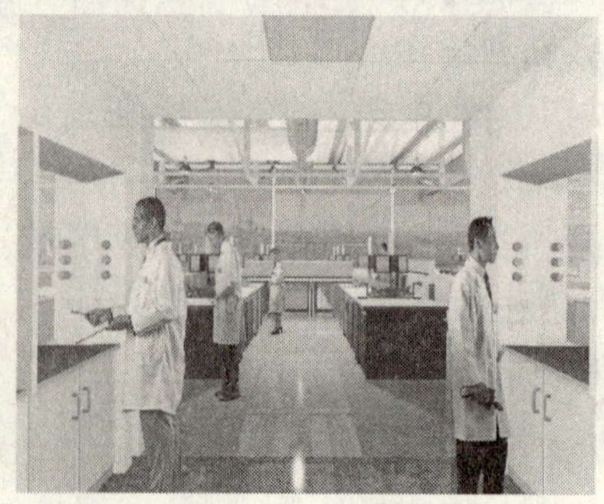

图 3-4　英国伦敦新科学中心

建筑师帕斯卡（Pascall）和沃森（Watson）制定了 WSP 的环境观点。而对伦敦城市大学新科学街区进行 BREEAM 体系预评估，并达到“优秀”等级的目标同时也是客户的要求。WSPE 被通知在详图设计阶段前，提供一份关于他们当前设计预测，并在详图设计阶段结束时，提供一个可鉴定的评估结果。也就是说，需要在设计的适当阶段，提出明确的建议以保证设计团队的环境措施，从而实现以最小的花费获取最高评估等级的目标。

2）威尔士国家会议中心（图 3-5）

图 3-5　英国威尔士国家会议中心

威尔士国家会议中心于 2006 年 1 月开放。它象征着政府新的办事方式，充分展现了设计者的创新力和想象力。建筑座落于加里夫海湾旁边，在威尔士千僖年中心附近。地标式的建筑面朝西南，可以眺望海湾，风景优美。这个面积达 5 000 m^2 的建筑在视觉上是史无前例的，它的外表面完全由玻璃构成，屋顶是由轻钢制成的。

建筑包括一个两层的公共大厅，一个带有公众席的辩论室，三个会议室和审判室，以及一个可以供辩论之前和辩论以后讨论的地方。此外，建筑还有一个茶水间和两个座落在左右两翼的花园。建筑对公众表现出透明度，象征着民主政治。这个水泥结构的建筑的底座是石。一个轻盈的、波浪式的屋顶覆盖了内部和外部空间，这个屋顶在一个区域下降形成了一个漏斗式的结构盖住了辩论室。这个漏斗使阳光照进辩论室，它的顶部由一个通风口使辩论室有新鲜的空气。这个建筑的独个部分在外表面由石材构成。通过采用了威尔士的地方材料，使得这个建筑和威尔士的景色融为一体。

建筑是水泥结构。这主要因为，一方面，安全是首要因素，水泥很坚硬并且能够承受冲击；另外，从环境的角度考虑，水泥的承受高温的能力是一个有利因素：承受高温的能力使得建筑在人多的时候能减少热量，在人少的时候（比如说夜晚）热量排出，从而减少制冷服务系统的放热；第三，设计者们也考虑水泥可以形成一定的美学效果。

建筑有两层对公众开放。这两层主要在中央大厅，通往接待/咨询区域，以及咖啡馆，辩论室的公共走廊，公共委员会办公室和市外庭院的公共区域。巨大的圆形辩论室是建筑的焦点。这个球形空间显著特点是从屋顶上落下引人注目的漏斗。委员会办公室的大小设计是灵活弹性的，可以根据到场人数进行分离和组合。上扬的屋顶和附近的庭院使射入这些房间的自然光量得以最大化。

建筑在设计阶段的可持续发展建设需要遵循的注意点如下：达到 BREEAM 体系优秀级别；达到 100 年使用寿命；使用本土材料；更新技术的应用；成为可持续发展建筑的典范。为了满足需求，泰勒·伍德罗和他的设计团队采用了以下三个步骤：降低资源的需求（能源、水和材料）；通过可持续发展及可更新的技术手段满足需求；以高效的技术手段来减少显著需求。

可持续发展是建筑的设计和建造全过程中的重点考虑的因素。建筑最终的环境资格由 BREEAM 体系所认证。可持续发展是威尔士国民大会政策的中心议题。由于该建筑得到了可持续性的最佳表彰，这就为新建公共建筑树立了很好的榜样。威尔士国民大会的宪法中要求在建造新的建筑时要把环境因素考虑进去，现在威尔士所有的建筑在建造时都需要通过 BREEAM 体系的评估。威尔士国民会议中心通过了 BREEAM 体系的评估。在 BREEAM 体系评估的证明文件中 BRE 采纳了 BREEAM 体系要求来满足这个建筑的功能方面的要求，并且为这个建筑起草了合适的标准。威尔士国民大会建筑和其他的在威尔士的建筑相比达到了 BREEAM 体系的最高要求（表 3-7）。

威尔士国民会议中心的 BREEAM 体系评估分类 **表 3-7**

		10	20	30	40	50	60	70	80	90	100
管理	91%										
能源	87%										
交通	87%										
污染	54%										

续表

		10	20	30	40	50	60	70	80	90	100
材料	78%										
水	86%										
土地利用与生态价值	50%										
健康与舒适性	73%										

会议中心在 BREEAM 体系的管理部分中得到了 90.91% 的高分。这是因为，首先，为了保证投产实施了周密的各种步骤；此外，还采取了一些方法来管理和减轻建筑工地的影响；而且和当地的社区居民进行了广泛的商议，并取得了一些反馈意见。在大楼交付使用时，会议中心的大楼用户指南为用户提供了非技术方面的指导，也帮助大楼的管理者能够高效率地管理整座大楼。

这个建筑在 BREEAM 体系评估中的健康状况部分得到了 72.72% 分。这是因为，会议中心在自然照明，强光控制，自然通气能力，优秀的人工照明，温度舒适度和背景噪声等各个方面表现都很良好。

BREEAM 体系评估系统中能量和交通这两部分是一起算分的，威尔士国民会议中心在这两个部分的总分是 86.84%。建筑有一些节能特征使得它在 BREEAM 体系能量部分中得分很高。这些特征包括把日光使用率最大化，有效的内部和外部人工照明，用时间控制系统来减少不必要的人工照明。由于有效的加热/降温系统使得排放的热量/冷气减少，热量恢复装置，对所有风扇和抽气机速度的控制，和对所有风扇风力进行改良使得风力提高 10%。这个建筑也配置了建筑能源管理系统和有一些合适的分电表使得能量的使用能够在大楼的使用期内被监控。建筑坐落在卡的夫的中心位置，从城市的每个位置都可以到达。建筑为使用者提供了足够的停车空间，也鼓励使用其他交通工具，如自行车或公共交通工具，以减少建筑周围和建筑本身的 CO_2 排放量。这些鼓励措施包括提供公共交通信息和良好的自行车设施如自行车存放，清洗和上锁服务等。威尔士的办事部门还为这个大楼的用户们准备了绿色的交通计划。所有这些在 BREEAM 体系评估中都得到了赞扬。因此建筑在交通部分得了高分。

设计和建造阶段设计者充分考虑了如何减少水的消耗量，所以在水部分建筑的评估得分也很高。这部分具体检查水表，检测漏水系统，雨水收集和节约用水这些卫生设施，比如说节水马桶和自动关闭的水龙头。

BREEAM 体系评估的材料部分得到了 78.16% 的高分。建筑使用了可循环利用的材料，主要的建筑部分使用了对环境影响小的材料（对环境影响小是基于绿色指南中的生活循环影响环境问题的说明），保护建筑周边容易受损坏的区域，延长了建筑材料的使用寿命。

建筑用地是一块开发过的土地，而且以前生态价值很低。因此，建筑在土地利用和生态方面再次获得了高分。会议中心建成后对整个场地的生态价值没有产生任何的负面影响，这一点也受到了 BREEAM 体系的表扬。

在污染部分，建筑得到了 53.85%。建筑对于制冷系统的依赖程度不高；而且建筑还保证其外部照明不会导致该区域内的照明污染；此外，在大楼的运行过程中没有背景噪声的影响；最后一点，良好的隔热系统使得建筑没有释放出对全球变暖和臭氧消失有影响的物质。

3.5.2 住宅案例

1）BedZED 社区的实践

英国著名生态建筑师比尔·邓斯特（Bill Dunster）与环境顾问公司生态区开发集团（BioRegional Development Group）合作成立了零能耗工厂（ZEDfactory），零能耗工厂的代表作品是 BedZED 社区，该社区获得了英国皇家建筑师协会 2003 年度的可持续发展奖。2004 年 7 月，BedZED 社区参加了 BRE 的“生态家园”2002 版的认证评估，获得了“优秀”级别，其中能源一项获得了满分（图 3-6、图 3-7）。

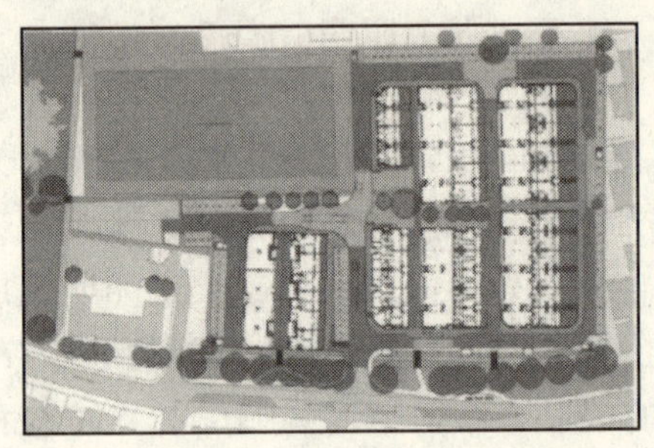

图 3-6　英国 BedZED 社区总平面及外观效果

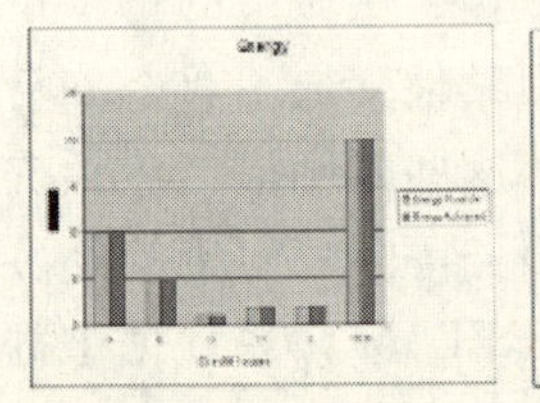

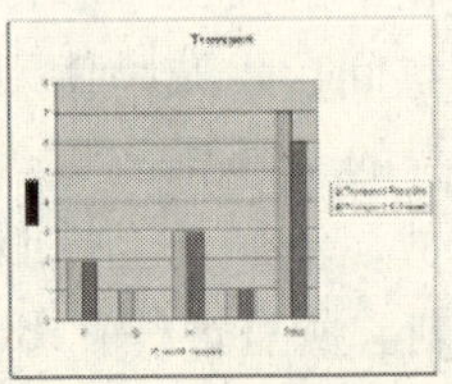

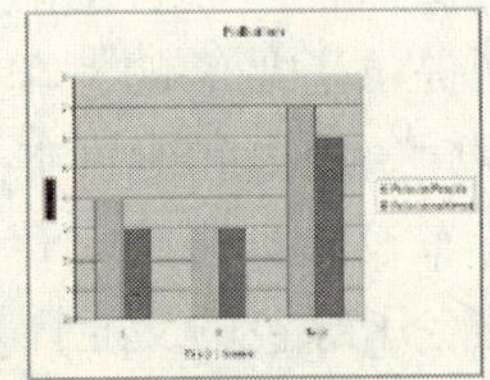

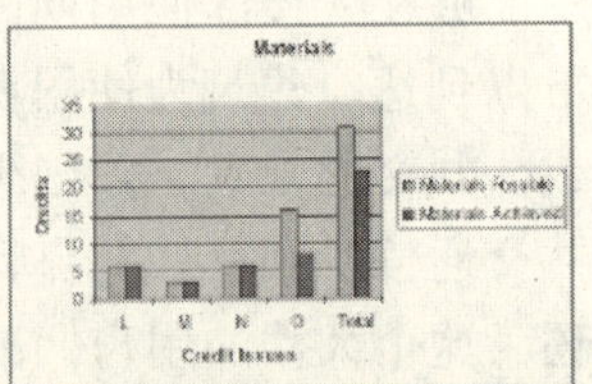

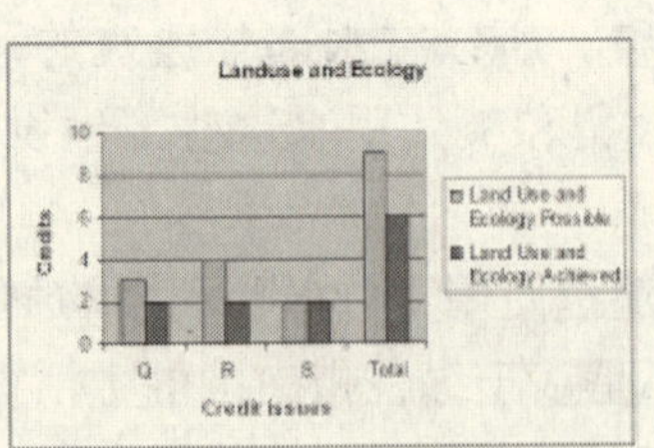

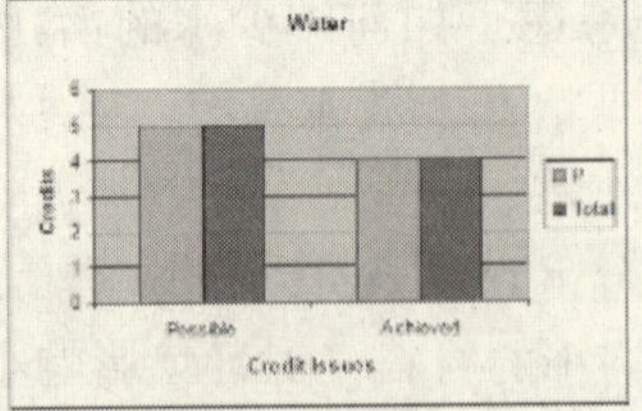

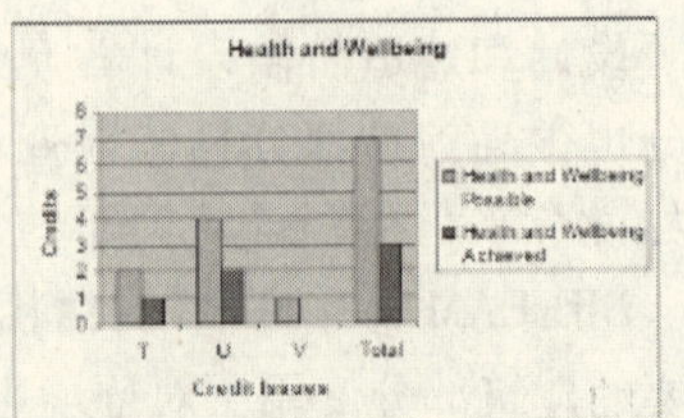

图 3-7　英国 BedZED 社区的“生态家园”评估

ZED 意为零能耗开发，Bed 代表该社区的地名贝丁顿。该社区建设始于 2000 年 10 月，2002 年 3 月竣工入住，是一个以居住为主，兼有工作场所的新型社区。BedZED 的技术依托组合了各种已经被广泛认同了的基本方法：减少能源、水以及汽车的使用，但并不追求高科技。BedZED 创造了一种人们期望而又能够支付得起的生活方式，建立起一个新型的、富有吸引力的、能够反映和发扬当地风格的城市社区。

设计理念在于最大限度地利用自然能源、减少环境污染、实现零化石能源使用的目的，能源需求与废物处理实现基本循环利用的居住模式。建设这样一个实验性建筑群的目的，是为城市住宅建筑实现可持续发展提供一个综合性解决方案，它同时解决环境、社会、经济等不同方面的需求，并运用一些可靠的办法降低能耗、水耗和汽车使用量，最大限度地使用太阳能。该社区的建筑设计综合考虑一系列因素如可再生能源、完美的建筑设计、可持续材料和低环境影响等，是比现代西方建筑和整体设计更为可取的方案。从设计理念上看，主要的目的是：减少电力供应负担，从而减少了新建电站的要求；减少水供应的基础设施建设和水污染；减少生活和工作中交通拥塞；居住地和工作地在一起，可以减少交通污染排放；减少公共交通的负载，减少拥有私家汽车的需求；减少对地方供应链的刺激；减少社会疏远，因为 24h 中，所有的团体都在使用公共设施；减少国家对化石能源的消耗，减少碳释放量；由于污染减少和环保住宅带来健康问题的减少；减少在城市中野生动物栖息地的丧失；减少农业用地的丧失，而且在保证住宅人口高密度的同时又能提供新房屋中玻璃温室和花园带来的适宜（表 3-8）。

BedZED 社区"生态家园"的认证得分 **表 3-8**

指标分类	最高得分	指标得分	得分率	权　重	评估得分
能源	20	20	96.30	0.30	28.89
交通	7	6			
污染	7	6	85.71	0.15	12.86
材料	31	23	74.19	0.15	11.13
水	5	4	80.00	0.10	8.00
土地利用与生态价值	9	6	66.67	0.15	10.00
健康与舒适性	7	3	42.86	0.15	6.43
合　计					77.31

2）Gallions 生态公园

生态家园评估体系中对于优秀级别的要求很高，相应的取得这一称号的住宅数量也较少。泰晤士米德（Thamesmead）的伽昂文生态公园（Gallions Ecopark）是获得优秀级别的案例（图 3-8）。伽昂文生态公园相关信息详参表 3-9。

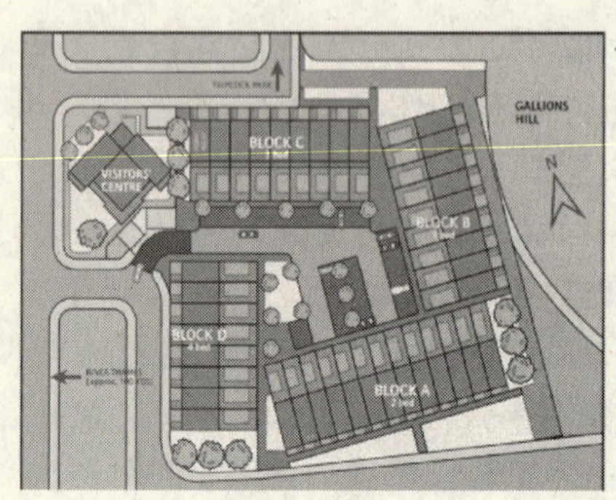

图 3-8 英国泰晤士米德（Thamesmead）的伽昂文生态公园（Gallions Ecopark）的总平面与街景图

伽昂文生态公园评估的相关信息 **表 3-9**

开 发 商		Gallions Housing Association and Willmott Dixon Housing
能源	CO_2 排放	低标准的能源消耗，加上低能耗照明装置的使用。
	围护结构	取得最高得分
	其他	每个后院提供旋转干燥机 提供购买高能效白色家电的信息 外部照明采用荧光灯，使用传感器和定时器进行控制
交通	CO_2 排放	用地 500m 范围内有交通站点
	汽车交通的可选性	提供了一定数量的自行车库
	其他	目前利用了当地的服务设施，当全部建设完成后，将提供更近的中心服务区 没有提供家庭办公的可能性
污染	臭氧损耗	楼板、屋顶、墙以及热水容器的材料均不含有损耗臭氧的物质
	NO_X 排放	采用五级设备的 Vaillant Ecomax 613 锅炉
材料	木材	建造木材：需要政府证明和 PEFC 共 2 份证明 装饰木材：需要政府证明或 PEFC 任 1 份证明
	全寿命周期分析	采用了 A 级材料，例如屋顶、外墙、内墙以及木窗的材料
	其他	提供室内外废物仓库以鼓励家用垃圾的回收利用
水	节约使用	通过低流量洁具（4/2.5）等设备来鼓励平均水消耗降到 42.61m^3/年
土地和生态	生态价值	设计团队提升了用地内的生态特征 1 hm^2 范围内，增加了多于 9 种的自然物种
	土地利用	建筑层数为 2 层
健康舒适	日照	大窗提供了良好的自然采光
	噪声	墙体有良好的隔声性能
	其他	每家都有私人花园

3.5.3　校园案例

牛津大学林内克学院爱伯汉姆楼（Abraham Building，Linacre College，Oxford University，England）❶

牛津大学的林内克学院爱伯汉姆楼建于 1994 年，面积为 986 m^2，每平方米的造价约 777 英镑。新建部分需延续原有建筑群的风格。该建筑可持续发展的设计指标主要包括：建筑生命周期能耗分析；建筑使用及维护能耗；建筑过程能耗；建筑生命周期温室气体排放分析（主要指 CO_2）；建筑生命周期资源利用与保护分析；建筑生命周期经济效益分析。

而且具体采取的设计策略包括三项：减少建筑使用及维护能耗；其中的措施包括减少能源负荷，利用可再生能源，提高能效；减少建筑过程能耗、资源浪费和污染；资源利用与保护，主要体现在水资源的回收与利用与场所生态环境维护上。该建筑获得了 BREEAM 体系评估的优秀等级。

在使用前两年的跟踪研究表明，该建筑与当时规范的普通宿舍相比，"减少 35% 的燃气消耗，减少 25% 的电耗，减少 31% 的二氧化碳排放，减少 36% 的用水，同时也为学生提供了较高的舒适度和健康度"，而且，该建筑的"特别环境设计的造价仅占总额的 3.7%（约 69 000 英镑），并且其成本通过该建筑的节能和节水设计约在六年内偿还"。

3.6　BREEAM 体系的执行与操作

3.6.1　BREEAM 体系的评分

BREEAM 体系自 98 版之后，通过建筑性能核心评估、设计与实施评估、管理和运作过程评估这三个评估进行组合，并引入了权重系统来区分不同环境影响分类的重要性，扩展了系统的功能。

BREEAM 体系的评分根据被评估建筑种类确定需要评估的部分。建筑所处阶段不同，评估内容相应也不同。评估的内容包括：建筑性能、设计建造和运行管理。其中：处于设计阶段、建成阶段和整修建成阶段的建筑，从建筑性能，设计建造两方面评价，计算 BREEAM 体系等级和环境性能指数；属于被使用的现有建筑，或是属于正在被评估的环境管理项目的一部分，从建筑性能、管理和运行两方面评价，计算 BREEAM 体系等级和环境性能指数；属于闲置的现有建筑，或只需对结构和相关服务设施进行检查的建筑，对建筑性能进行评价并计算环境性能指数，无需计算 BREEAM 体系等级。

计算被评估建筑在各条款中的得分，及占此条款总分的百分比；乘以该条款的权重系数，即得到被评估建筑在该条款的最终得分；被评估建筑每项条款得分累加得到总分。

---

❶ http://www.itubeme.com/demonstration/bp-3.htm

每一条目下分若干子条目，各对应不同的得分点，满足要求即可得到相应的分数。最后，合计建筑性能方面的得分点，得出总分，合计设计与建造，管理与运行两大项各自的总分，根据建筑项目用处时间段的不同，计算分数，得出 BREEAM 体系等级的总分。如前所述，建筑的 BREEAM 体系评估结果有四个等级：合格，良好，优良，优异。同时 BRE 规定了每个等级下设计与建造、管理与运行的最低限分值。

3.6.2 BREEAM 体系的执行

BREEAM 体系的认证面向市场，同时为建筑师和开发商提供相关技术咨询。为保证评估的质量，BREEAM 体系从 1998 年开始培训并签发执照给 BREEAM 体系评估人及指定评估机构。这个做法保证了 BREEAM 体系评估的可靠性。

对于设计项目，BREEAM 体系评估一般在详图设计接近尾声时进行。评估人根据设计资料做出最终评估，再由 BRE 给建筑做出定级。如果想获得更好的评分，BRE 建议在项目设计之初，设计人员较早地考虑 BREEAM 体系的评估条款，评估者也可以以某种适当的方式介入、参与设计过程。评估已使用的现有建筑，评估者需根据管理人员提供的资料，做出一份“中期报告”和一份“行动计划大纲”，以提供改进措施和意见，客户可在最终评估报告及评定之前采取改进，以获得更高的评级。BREEAM 体系这种评估程序充分体现了其辅助设计与辅助决策的功能。

BREEAM 体系可以保证建筑项目生命周期各阶段评估的连续性。若一个建筑在设计阶段已进行了评估，那么在以后管理阶段评估时，已评估过的核心部分可不必再重复评估。

3.6.3 BREEAM 体系的操作

评估体系本身并不涉及经济性这个问题。但是对于那些积极申请得到“优秀”项目而言，经济性则是个很难忽视的问题。BRE 对此的建议是：评估应从开始阶段最大限度地介入到设计之中。评估者的建议能够保证简单而经济有效的措施在开始阶段就被采取，从而实现以最小费用达到最高等级的目标。反之，在设计的最后阶段将一个常规住宅转化为优秀生态住宅将会消耗大量的金钱。如果在项目的概念阶段及时正确地引入生态家园评估，费用将大幅度降低，有些项目甚至可能达到不可思议的 70%。具体费用的削减需要综合的手段（表 3-10）。

对于在评估中获取优秀的项目采取的有效方式 **表 3-10**

阶 段	方 式
规划前期概念设计——在设计最早阶段整合生态家园的理念	充分使用建筑用地
	提供私人外部空间
	委托合适的机构进行生态调查并将他们的建议纳入到整体计划中

续表

阶　段	方　式
初期设计阶段，要指定：	减少 HCFC 的排放
	A 级屋顶材料，外部和内部墙体，窗户
	优于建筑规范的隔声性能
后续设计阶段，要指定：	低 NO_X 排放的冷凝锅炉
	节水卫生洁具，例如双冲洁具，水量调节的淋浴设备
	“白色”家电的良好使用
	FSC/PEFC❶鉴定的木材

3.7　BREEAM 体系的市场认可与推广

3.7.1　市场认可度

BREEAM 体系是英国环境政策激励机制下的产品之一。当一味追求利益最大化而把环境成本转嫁给社会时，既可以采取强制性手段要求其偿付这些成本，也可以采用激励机制的方式鼓励对环境的考虑。尽管强制性手段是一种非常成功的控制方法，但它在成本经济、灵活性、环境效应等方面也存在着诸多问题。激励机制对此是很好的补充。BREEAM 体系利用市场，显示了强制性手段所不具备的灵活性和开放性，加之其本身较高的可操作性，已成为可持续发展的一个典范。

英国的 BREEAM 体系已经完成了很多有价值的基础数据采集和分析工作。自 1990 年首次实施以来，BREEAM 体系得到不断的完善和扩展，可操作性大大提高。基本适应了市场化的要求，已对英国的新建办公建筑市场中 25% ~ 30% 的建筑进行了评估，至 2000 年已经评估了超过 500 个建筑项目。BREEAM 体系在英国市场的占有率是世界上其他评估体系难以匹敌的，这既有赖于英国政府在政策、资金上的大力支持，也与 BREEAM 体系与市场及建筑工业的实践紧密配合、保持高度透明的评估等做法不无关系。它成为各国类似研究领域的成果典范，受其影响启发，加拿大和澳大利亚出版了各自的 BREEAM 体系，香港特区政府也颁布了类似的 HK-BEAM 体系。

❶　目前世界上较有影响的森林认证体系主要有四个：森林管理委员会体系（FSC）、森林认证认可计划（PEFC）、可持续林业倡议体系（SFI）和加拿大标准化协会体系（CSA）。FSC 体系是全球性的森林认证体系，得到了购买者集团和全球森林与贸易网络的支持，具有较高的市场认可度。PEFC 由欧洲的私有林主发起，目前在世界上最大的认证林产品市场——欧洲影响较大。

3.7.2 继续推进的相关问题

毋容置疑，BREEAM 体系的出现使得建筑的环境性能有较大的提高。但是 BREEAM 体系是否完全意义上体现了可持续发展的含义呢？目前来说，BREEAM 体系可能还不是完美的，它需要每年进行重新调整。但由于 BREEAM 体系的成功，它的基本形式短期内不会改变。所以如果希望未来的版本更接近真正的可持续发展的目标，则必须对其进行不断的改善。BRE 根据有关建议对评估体系做出调整，许多早期版本的小毛病在当前版本中都已经被清除。此外，相关建筑法规的要求越来越严格，将来 BREEAM 体系可能还会与建筑法规相结合。在现阶段，尽管 BREEAM 体系尚不完美，但是一个不完美的体系全面应用可能会比一个理想主义的体系小范围应用拥有更好的效果。

3.8 对于 BREEAM 体系的几点思考

BREEAM 体系作为绿色建筑的评估工具，无疑是非常成功的。如何学习 BREEAM 体系的优点，帮助我国绿色建筑向前发展，应该说，香港的 HK-BEAM 体系做出了有效的尝试。不过从更大的范围看，BREEAM 体系尚未在我国广大的建筑市场大规模使用（事实上，目前尚没有哪种外国绿色建筑评估体系在我国大规模使用的先例）。因此，这里对于 BREEAM 体系如何与我国国情结合，提出思考和看法：

就英国目前的 BREEAM 体系版本而言，其适用范围十分广泛，包括了如住区、办公楼等在内的多种类型。而对于我国而言，对于相似建筑的类型制定出可供咨询的评估体系还需进行大量深入细致的研究。地产开发中，开发商与使用者的利益不同，不同使用者对于建筑使用的要求也不同（例如不同收入阶层的使用者关心内容也会有很大差异），因此在评估建筑时，使用者采用哪把“尺子”对建筑进行衡量就变得相当困难。应该说，我国的绿色建筑评估的复杂性较之英国更高。此外，我国建筑过程中，使用者往往不参与决策过程，这种脱离现象是非常严重的。这也是评估体系需要考虑的地方。

本章参考文献

[1] www. bre. co. uk.

[2] www. breeam. org.

[3] www. ecohomes. org.

[4] www. zerofactory. com.

[5] 徐子苹，刘少瑜. 英国建筑研究所环境评估法 BREEAM 体系引介 [J]. 武汉：新建筑，2002，(4)：55 ~ 58.

[6] 王静，王凌. 英国生态家园评估体系评介 [J]. 北京：世界建筑，2006，(7)：88 ~ 91.

[7] 吕晨光，周珂. 英国环境保护命令控制与经济激励的综合运用 [J]. 北京：法学杂志，2004，(6)：41 ~ 44.

[8] 秦佑国，林波荣. 中国绿色建筑评估标准研究 [J]. 北京：中国住宅设施，2005，(7)：17 ~ 19.

[9] 张凯等编著. 城市生态住宅区建设研究 [M]. 北京：科学出版社，2004：46 ~ 52.

[10] 夏菁，黄作栋. 英国贝丁顿零能耗发展项目 [J]. 北京：世界建筑. 2004，(8)：76 ~ 79.

4 建筑物综合环境性能评价体系——CASBEE

4.1 产生背景

CASBEE（Comprehensive Assessment System for Building Environmental Efficiency）全称为“建筑物综合环境性能评价体系”，是日本国土交通省支持下，由企业、政府、学术界联合组成的“日本可持续建筑协会”合作研究的成果。

日本是国际“绿色建筑挑战”（Green Building Challenge：GBC）的积极参与者，他们所做的研究工作与财政支持促进了 GBTool 的发展，相应地，GBTool 对日本后来开发本土的评价体系——CASBEE 产生了深刻的影响，但是 CASBEE 在整体结构上有了进一步的发展。

CASBEE 是国际绿色建筑评价体系家族中的后起之秀，2005 年在日本东京举行的世界可持续建筑大会（SB05）上，CASBEE 吸引了与会各国相关领域专家的高度重视并获得了很高评价。CASBEE 在短短几年时间内能够获得长足的发展，与其国内对绿色建筑的高度重视密不可分。建筑行业乃至整个国民经济生活对于可持续发展的关注使得 CASBEE 获得了良好的成长土壤。

4.1.1 日本国内产业背景

20 世纪末，日本在城市社会经济发展方面经历了巨变。从 60 年代末到 80 年代末，希望藉由几次大规模的国土综合开发计划，促进城市结构体系分散化、以大型建设项目拉动地方经济的发展。在这期间，日本经济处于快速增长过程中，兴建了大量的住宅、其他类型建筑以及基础设施。到第三次国土规划时期，由于经济发展超过了增长极限、加上石油危机的影响引发人们对环境问题的重视，日本国内开始对这种大规模的“开发”行为产生质疑。

1998 年内阁会议通过的《21 世纪的国土总体设计》实质上是日本的第五次国土规划，它是在日本经济第二次出现负增长的背景下制定的，其内容表明政府的土地和空间价值概念有了极大改变，国土规划的理念，不仅仅是开发，而是包含利用、保护在内的一种综合取向。

当代日本，开发问题所面临的压力已迅速降低，日本未来人口将急剧减少、人口老龄化趋势日益显著。根据日本建筑师学会的调查，如果能够将现有建筑充分利用，即能满足未来的需要。日本的社会经济发展目标由“经济大国”转向“文化大国”、“生活大国”，建筑行业对这一转变的回应便是对绿色建筑的重视。

2001 年 1 月 6 日，日本国土交通省成立，其主要任务是负责国土综合系统的利用/开发和保护、社会资本的整合调整、地方规划及城市规划的体系化等。“建筑物综合环境性能评价体系”（CASBEE）就是在国土交通省的大力支持下开发的。

上述背景是绿色建筑评价工具在日本产生并受到重视的重要诱因。

另一方面，日本的地产具有和欧美国家以及中国很不一样的特征，这些特征对于建筑环境性能评价机制的建立与推广有直接或者间接的影响。以住宅产业为例，具有两大特征，首先是政府对住宅补贴的“普惠模式”，其次是住宅产业生产的标准化和对质量控制的严格化。

日本不是实行“一般由市场机制解决、政府起引导作用”的模式，而是由中央政府、地方政府与开发商在住宅领域中各负其责、互相补充，这也体现出日本政府在经济生活中的巨大作用。日本中等以上收入家庭住房在市场机制的作用下解决，由民间（私营）的房地产公司按照市场供求的原则，提供住宅。中等偏下以及低收入家庭则由政府提供不同的资助以获得住房。其中，中央政府负责解决中等及偏下收入家庭的住房问题，地方住宅局则负责提供低收入者、单亲家庭及有特殊困难家庭和个人的住房。建房资金大都来源于开发商的投入，同时政府对建造中低收入家庭住房的项目给予财政支持，同时，政府还发放政策性投资贷款。

日本住宅的标准化工作始于 1969 年，日本通产省制定了“推动住宅产业标准化五年计划”并加以认真组织实施。通过对材料、设备、制造、住宅性能、结构安全等各类标准的调查、研究、整合和制定，仅 1977～1985 年间，住宅制品的日本标准就制定了 115 本，还有住宅房间、设备等优先尺寸建议、住宅性能及其评价、性能检测等各种建筑标准 185 本。在高度标准化的前提下，产生了一些集科研、设计、生产为一体的大企业集团，如“大和株式会社”，其在奈良的工场占地面积 18 万 m^2，每月可生产别墅 5 000 幢，机械化程度非常高。同时，日本对住宅采用严格的质量认证制度。他们的做法是：由国家主要部门，一般是建设省指定有公证性和权威性的第三方认证机构，对住宅产业进行质量认证；生产企业要有完善可靠的 ISO 9000 质量保证体系，以保证产品的质量稳定；使认证的产品予以公布，并标以“BL”等字样。同时，对于住宅标准的确定一直贯彻资源充分有效利用的原则，对住宅的生产始终强调经济、实用的原则，如神户市标准的住宅户型为 90 m^2 左右。

从上述特征可以看出，日本政府在地产开发中起到重要作用，同时建筑行业标准化以及认证制度早已有之，并日趋成熟。它们成为绿色建筑评估在日本推广实施的基础，并使这些评价工具带有鲜明的日本特色。

4.1.2 日本国内绿色建筑评估的历史及背景回顾

在日本，建筑业大概要消耗总用能的 26%，CO_2 排放量占总排放量的约 36%，产生的废弃物约占总量的20%，其中建筑运行阶段的能源消耗和 CO_2 排放占了大头。日本建筑师学会的研究小组分析了未来 CO_2 的排放趋势以及建造业对减少 CO_2 排放措施的影响。根据他们的分析，如果不采取有效措施的话，在建筑建造和运行阶段的 CO_2 排放将在2008～2012年增加15%；如果按照日本建筑师学会的 CO_2 减排计划方案从1998年开始实施，则 CO_2 排放到2008～2012年将减少6%，《京都议定书》所制定的目标就能够实现，而且，到2050年，随着日本人口的减少，CO_2 排放量将减少50%。和其他国家一样，日本的建筑行业在实现减质化（dematerialization）的过程中扮演着非常重要的角色（图4-1）。

在日本，对于建筑环境性能的关注可以从学术领域和政府决策领域两条线索来考察。

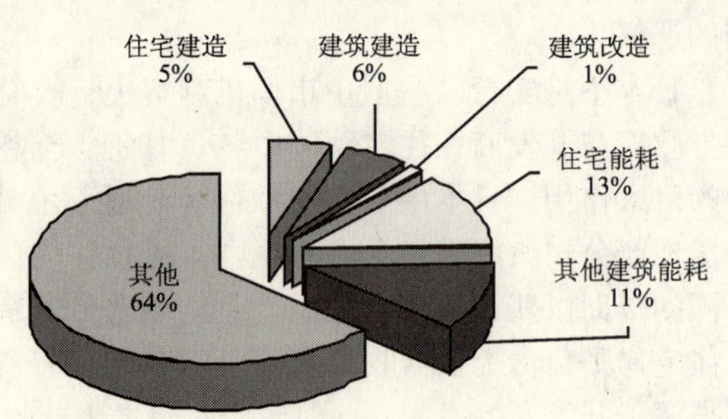

图4-1 1990年日本国内 CO_2 排放分布

在学术领域，日本建筑师学会1997年提出了关于控制全球变暖的提议，主要考察建筑全生命周期的 CO_2 减排；采用对环境友好的建筑材料，减少运行能耗，延长建筑寿命等方面的影响因素。他们对日本国内不同结构类型建筑所占比例、不同结构类型建筑性能与寿命的关系、建筑生命周期不同阶段能源消耗和 CO_2 排放的现状与未来预测、建造业中新建建筑与改造建筑总量的现状与未来预测等问题进行了深入的研究分析。基于这些研究成果，1999年11月，日本建筑师学会出版了对日本建筑生命周期 CO_2 排放进行计算的《建筑物的LCA指针》以及相应软件，可以用于零售店、旅馆、学校和医院等计算 $LCCO_2$ 和 $LCSO_X$、$LCNO_X$、LCE和LCC。2000年，日本建筑师学会发表了《地球环境·建筑宪章》。宣言指出，我们通过物质文明和快速城市化获得了舒适和方便的生活方式，将人类置于自然界核心的地位。其结果是大量严重的全球问题的出现，如全球变暖、生态系统的破坏、自然资源的过度使用、废弃物的大量累积。建筑行业不是独立的，必须置于所处区域以及全球环境的背景中考虑，因此宣言表示，将努力建造具有如下特征的建筑：

（1）建筑将作为寿命跨越几代人的长期社会财产进行规划、设计、建造、运行和维护。（寿命）

（2）建筑应当建立与自然环境和谐、与地球生物多样性共存的社会环境因素。（共生）

（3）建筑应当减少生命周期内的能源消耗、将自然的和未使用的能源资源最大化。（能源保护）

(4) 建筑应当采用环境荷载最小化的可再生和可再循环的资源和材料，将生命周期内的资源消耗最小化。(资源保护与再生)

(5) 建筑应当作为文化的组成部分进行创作，尊重当地历史和身份，与“地方风貌”建立联系，延续成为未来后代的优良孵化器。(继承)

在政府决策领域，日本采取的行动与措施可以分为以下两个方面。首先是各种环境保护法令的制定和颁布。1979 年 6 月颁布的《节能法》在 1999 年 3 月进行了修订；1999 年 4 月，颁布了《与全球变暖相关的基本政策》；2000 年 11 月颁布了《建设再生法》；2002 年 4 月颁布了《CFCs、HCFCs 回收和消除法》。其次是制定了针对公共和私人建筑的一系列绿色设计指南。最早在 1993 年 4 月由建设省住宅署出版了《环境共生住宅》，1998 年 11 月出版《环境共生住宅 A-Z》；1996 年 5 月由教育省出版了《环境配虑型学校》；建设省政府建筑部 1998 年 3 月推出了《新绿色政府建筑》，1999 年 4 月出版了《环境配虑型官厅施设计画指针》，同年 8 月发布配套软件，2000 年 12 月出版了《绿色政府建筑营缮》(Renovated Green Government Bldgs)，又在 2002 年 3 月推出了《政府建筑绿色标签》；国土交通省政府建筑部在 2001 年 3 月出版了《官厅设施的环境配虑诊断・改修计划指针》；东京都政府在 2002 年 6 月发起了“东京都政府绿色建筑活动”。

将学术领域和政府决策领域两条线索结合起来，可以将日本国内建筑环境性能评价发展的过程分为四个阶段：

(1) 日本最初的建筑物环境性能评价，主要是针对建筑物室内环境性能。换言之，其评价基本上是以改善建筑物用户的生活舒适性与方便性为目标的，故可以称之为建筑物环境效率评价的第一阶段。在此阶段，一般将区域环境和地球环境作为开放系统看待，而对建筑物造成的环境负荷则考虑较少。从这个意义上可以清晰看出，该阶段并没有建立起以环境评价为前提的理念。

(2) 20 世纪 60 年代，由于东京等大都市的空气污染和大楼风害等问题引起了一般市民的高度关注，国家对这些问题的解决开始以环境影响评价的形式确定下来，此时在环境性能评价中，开始引入环境负荷的观点，故可以称之为建筑物环境性能评价的第二阶段。该阶段只对大楼风害、日照遮挡等对建筑周边环境造成负面影响的因素（即都市公害）进行环境影响（或环境负荷）评价。换言之，第一阶段的评价对象是私有环境，而第二阶段的评价对象主要是公共环境（或非私有）的环境。

(3) 第三阶段是 20 世纪 90 年代以后，地球环境问题越来越严峻，要求对建筑物环境性能进行评价。在这一时期，出现了诸多基于研究实绩的具体评价方法，如 BREEAM、LEEDTM、GB Tool 等。这些关于建筑物环境性能的评价方法，在以发达国家为中心的区域得到迅速普及，并在世界各国作为指导绿色设计和确定绿色标签（评定等级）的工具得以应用。第三阶段的评价重点是建设行为的负面影响。换句话说，是评价建筑物在使用周期内对环境造成的负荷，即从 LCA（Life Cycle Assessment，全生命周期评价）角度评价建筑环境。值得注意的是，在第三阶段的评价工具中，基本上没有与第一和第二阶段的评价对象相违背的内容。就是说，将概念不同的评价项目并列设置，但并没有明确规定评价对象的范围（边界）。可以看出，第三阶段评价方法与第一阶段和第二阶段相比，扩展了评价对象的范围，但尚未明确形成以环境性能评价为前提的基本框架。

（4）在上述背景下，为了从可持续发展观点改进原有环境性能评价体系，使之更为明快、清晰而开发出 CASBEE。上述第三阶段环境性能评价的开发，是直接针对区域和地球环境容量界限进行的，在建筑物环境效率评价时，必须提出能确定环境容量的封闭系概念。CASBEE 提出了以用地边界和建筑最高点之间的假想封闭空间作为建筑物环境效率评价的封闭体系。以此假想边界为限的空间是业主、规划人员等建筑相关人员可以控制的空间，而边界之外的空间是公共（非私有）空间，几乎不能控制。在此封闭系概念下，“外部环境负荷”可定义为“对假想封闭空间外部公共区域的负面环境影响”，“改善假想封闭空间内部环境的质量和性能”则可定义为“对假想封闭空间内部建筑使用者生活舒适性的改善”。第四阶段的环境效率评价，明确给出这两方面的定义，并分别进行评价，因此，评价理念更为明确，该新思想为 CASBEE 框架的形成奠定了基础。

4.2 形成与发展

如前文所述，CASBEE 虽然诞生于其他一些国际著名的评价体系之后，但是其发展迅速。目前，CASBEE 针对不同建筑类型、建筑生命周期不同阶段而开发的评价工具已经构成一个较为完整的体系，并且处于不断扩充和生长之中。

CASBEE 的创新之处在于根据已有的“生态效率”的概念，提出了建筑环境效率（BEE：Building Environmental Efficiency）的新概念，以此为基础对建筑物环境效率进行评价。CASBEE 第一次明确地将“对假想封闭空间外部公共区域的负面环境影响”和“对假想封闭空间内部建筑使用者生活舒适性的改善”相互剥离开来，分别定义为 L 和 Q，并分别进行评价，其比值“Q/L”即为建筑环境效率，比值越高，环境性能越好。

4.2.1 从生态效率到建筑环境效率

提出“建筑环境效率”的概念是 CASBEE 的一个创新之处。对建筑环境效率在 CASBEE 中的应用进行分析之前，需要先对其“母体”——“环境效率”的概念进行考察。

1990 年代初，德国的 Weizsacker 教授提出了“4 倍因子”（Factor 4）的理论。Weizsaecker 根据计算得出，若能采取技术措施，将现有的资源和能源效率提高四倍，就有可能达到“既保持已有的高质量的生活，又消除贫富之间的差异”的目标。这就是四倍因子理论提出的依据。因此，最初建立的四倍因子理论主要是针对消除社会的贫富悬殊，实现各国间健康、和平发展的一种技术目标。后来，Weizsaecker 进一步将四倍因子理论科学化，1995 年，其专著《四倍因子：半份消耗，倍数产出》出版以后，使该理论有了明确的科学含义。其意义是指在经济活动和生产过程中，通过采取各种技术措施，将能源消耗、资源消耗降低一半，同时将生产效率提高一倍。由此，在同样能源消耗和资源消耗的水平上，得到了四倍的产出。如下面公式所示：

$$R=\frac{P}{I}=\frac{2}{0.5}=4 \tag{4-1}$$

式中 R——资源效率；P——产品产出量；I——原材料、能源投入量。

四倍因子理论的提出，得到了世界上许多政治家、经济学家、社会学家、生态学家、环境科学家以及许多其他学者的赞同。四倍因子理论对有效利用资源、改善生态环境、实现社会和经济的可持续发展具有战略性的意义。

1994 年德国人 Schmidt-Bleek 提出了十倍因子理论（factor 10）。与四倍因子理论类似，十倍因子理论的核心是：必须继续减小全球的材料流量，在一代人之内将资源效率提高十倍，才能使发达国家保持现有的生活质量，逐步缩小国与国之间的贫富差距，且可以让子孙后代能够在这个星球继续生存。他认为，通过采取技术措施，在二三十年内若能将现有的资源和能源效率提高十倍，达到上述目标是有可能的。

十倍因子的概念与环境保护是直接相关的。Schmidt-Bleek 教授用一个方程式将环境影响、人口和一个国家的国内生产总值关联起来，见下式。他推测，到 2050 年地球上的人口将在现在的基数上增加 1 倍，即 P 等于 2；同时，世界各国的国内生产总值（GDP）届时将增长 3 ~6 倍，取平均值为 5，则二者之积为 10。由此，对环境的影响将增加 10 倍。为了保持现有的生态环境水平，必须通过提高资源效率来平衡和补偿对环境的破坏。因此，我们必须将资源效率和能源效率提高 10 倍，才有可能真正实现社会、经济的可持续发展。

$$I=P\times\frac{\mathrm{GDP}}{P}\times\frac{I}{\mathrm{GDP}} \tag{4-2}$$

式中 I——环境影响；P——人口；GDP——国内生产总值。

Schmidt-Bleek 于 1994 年出版了《人类需要多大的世界》一书。在这本书中，他提出了一个 MIPS（Materials Input Per Service）的概念，即单位服务的材料消耗。对材料流理论，提出了一个具体的评价指标，由此来定量计算资源效率。自 MIPS 概念提出以来，联合国环境发展委员会、欧共体组织、美国、德国、日本等发达国家每年投入巨资开展材料流理论研究。通过提高资源效率，减少污染物排放量，许多国家已要求对所有工业过程都应进行材料流分析，进一步控制环境污染。其中，包括对二氧化碳排放引起的全球温室效应问题。针对生态环境日益恶化、资源短缺对全球经济的影响等一系列问题，10

倍因子理论指出了资源效率对经济增长和保护环境的关键作用以及提高资源效率的政策、组织管理和技术措施等。与此相应，欧洲许多城市竞先开展有关节约能源、减少资源消耗的生态农业、生态工业产品研究，在推行资源效率方面进行了有益的尝试。

“4 倍因子”和“10 倍因子”等概念的提出都是为了加速发达国家资源生产模式的改革。将这些理论概括化，可以将资源效率的法则通过以下公式表达：

资源效率 = 可用品与服务产出/资源输入

在此基础上，世界可持续发展商业委员会（WBCSD）和经济协作与开发组织（OECD）提出了一个类似资源效率的指数，这一指数基于生态效率的方法。其定义为：

生态效率 = 生命质量/对环境的影响

从“4 倍因子”到“生态效率”，这些方法尝试将环境影响评价中涉及“质量”与“负荷”两个看似矛盾的方面协调统一起来，将他们用“效率”的方式表达，这对于规则的清晰和简化是非常好的方法。

CASBEE 基于与这些概念相一致的法则之上，提出将建筑领域矛盾的两个方面“质量”与“负荷”统一起来、提倡减质化的概念——“建筑环境效率”（图 4-2）。

1. 生态效率 = 生命质量 / 对环境的影响

⇩

2. 延伸后的定义 = 收益输出 / 输入＋非收益输出

= ⇩

3. BEE = 建筑环境质量和性能 / 建筑环境荷载

图 4-2　从生态效率到建筑环境效率

为了建构这一新的概念，需要将原有的环境效率的概念进行扩展。首先是对评价的主体进行定义，CASBEE 的“建筑环境效率”的评价效率实际上是建筑用地范围内的事物，还特别人为地限定了一个“以用地边界和建筑最高点之间的假想封闭空间”。作为分子的“质量”被拓展为假想封闭空间内建筑与环境为使用者提供的“收益输出”，如室外绿化、交通组织等，作为分母的环境“荷载”被拓展为：为提供“收益输出”而消耗的“输入”（如建筑材料等）以及附带的“非收益输出”（如二氧化碳排放等）。换成更浅显易懂的说法便是：“建筑环境效率”是“建筑物环境质量与性能”与“建筑物的外部环境负荷”之间的比值。

这里需要注意的一点是，CASBEE 中的“荷载——L”被其相反的值“建筑物环境负荷的降低——LR”，以利于采用和 Q 一样的评分表达方式，易于理解，但另一方面，作者认为更重要的是，通过这种概念的转化，那些由假想封闭空间内建筑与环境为用地范围外的非使用者提供的“收益输出”也被放在 LR 中进行评价，典型的如“控制光污染”、“防止噪声、振动和恶臭的产生”以及“风害和日照”等。

4.2.2 CASBEE 系列工具（表 4-1）

CASBEE 家族 **表 4-1**

基本评价工具		扩展评价工具	
CASBEE-PD	新建建筑规划与方案设计	CASBEE-TC	临时建筑
CASBEE-NC	新建建筑设计阶段	CASBEE xxx	地方版本
CASBEE-EB	现有建筑	CASBEE-HI	热岛效应
CASBEE-RN	改造和运行	CASBEE-DR	地区/区域
		CASBEE-DH	独立住宅
		简化评估版本	

为了能够针对不同建筑类型和建筑生命周期不同阶段的特征进行准确的评价，CASBEE 评价体系由一系列的评价工具所构成。其中，最核心的是与设计流程（前期设计阶段、设计阶段、后期设计阶段）紧密联系的四个基本评价工具，它们是：规划与方案设计工具、绿色设计（DfE）工具、绿色标签工具与绿色运营与改造设计工具，分别应用于设计流程的各个阶段，同时每个阶段的评价工具都能够适用于若干种用途的建筑（如办公建筑、学校、公寓式住宅等）。对几种分别简要介绍如下：

（1）工具 0：用于新建建筑规划与方案设计阶段（CASBEE for Pre-design 即 CASBEE-PD）的规划与方案设计工具。以为客户/执行方、规划设计人员提供支持为目的，用于建筑物进入具体设计之前，主要对场地选址、地质诊断以及项目对环境的基本影响等进行评价的工具。

（2）工具 1：用于新建建筑设计阶段（CASBEE for Construction 即 CASBEE-NC）的绿色设计（DfE）工具。从基本设计到技术设计阶段，为提高被评建筑物的 BEE 指标（建筑环境效率），供建筑设计师和工程师提供一种比较简练的自评工具。它是根据设计说明和对未来性能的预测进行评估的（为便于建筑行政管理，也开发了简易评价表）。当由专业的独立第三方进行评估时，也可以作为认证（标签）工具。重建（Remodeling and replacement construction）依照新建建筑评价。有效期为三年。三年之后要再次评估，需要按照 CASBEE-EB 进行。

（3）工具 2：用于现有建筑（CASBEE for Existing Building 即 CASBEE-EB）的绿色标签工具。在建筑物建成后，利用 BEE 指标评定建筑物绿色等级的评价工具，其结果也有利于市场对建筑物进行资产评估。需在建成 1 年之后才能评价。

（4）工具 3：用于改造和运行（CASBEE for Renovation 即 CASBEE-RN）的绿色运营与改造设计工具。在日本市场，地产的改造更新需求增长迅速。着眼于日趋重要的能源服务公司业务开展（ESCO：Energy Service Company）和建筑更新改造活动，本工具可为建筑物运行监控（Monitoring）、试运行（Commissioning）和改进设计提供咨询。此工具能够评价相对于改造前改善的程度（即增加的 BEE）。独立第三方可以进行认证。

除了上述核心评价工具：CASBEE-PD、CASBEE-NC、CASBEE-EB 和 CASBEE-RN，还有用于特定用途的评价工具：

（1）CASBEE-TC：用于临时建筑的 CASBEE for Temporary Construction（exhibition facilities）。该工具在爱知县世博会得到了应用。目前版本针对寿命在 5 年以内的项目进行评价。与 CASBEE-NC 不同的方面有：对室内环境背景噪声的要求降低；取消了对建筑耐久性、可适应性等内容的评价；在材料与资料部分，“建筑材料的再利用、减量和再生（3R 即 reuse、reduction、recycling）”以及“减少废弃物”作为附加条目进行评价；权重进行了调整，以反映此类型建筑材料再利用和废弃物减量的重要性，因此，LR-2 的权重增加，而 LR-2 和 Q-2 的权重减小。这些调整都是由此类型建筑的特点所决定的。

（2）简化评估版本：利用 CASBEE-NC 进行评估需要耗时 3 ~7 d。因此开发出简化版本，以服务于以下目的：

a）建筑环境效率水平简化设定的需求（作为在建筑所有者、设计者和建造者之间建立共识的工具）。

b）设立环境设计目标和评价达到的需求（作为建议的管理工具等，在 ISO 14001 之下）。

c）准备向政府机构提交文件的需求。

（3）根据地方情况进行改写，例如“CASBEE 名古屋（CASBEE Nagoya）”。CASBEE Nagoya 有其自己的打分纲要，以根据当地特定情况设立相应评分项，如来自当地产业的建筑材料，以及删减掉初始版本中的一些条目。CASBEE Nagoya 发布于 2004 年 4 月 1 日。另一个例子是“CASBEE 大阪（CASBEE Osaka）”，此版本修改了权重，以反映他们给予热岛相关政策的高度关注。CASBEE Osaka 发布于 2004 年 10 月 1 日，将室内环境的权重从 0.4 修订为 0.3，而场地室外环境的权重从 0.3 修订为 0.4。

（4）CASBEE-HI：针对热岛效应的具体评价工具。它的功能是在基本工具对于热岛评价条目的基础上进行更为深入和定量化的评价。

（5）CASBEE-DR：对于区域尺度的延伸评价工具。CASBEE 目前主要针对单体的建筑，但是群体建筑有一些独特的问题需要考虑，例如，场地内的公共空间，怎样更好地进行城市更新等，CASBEE 在不久的将来将制定相应的评价工具。

（6）CASBEE-DH：对独立式住宅的评价工具。和其他一些发达国家一样，独立住宅由于其特殊性，在建筑环境性能评价中处于较为次要的地位。CASBEE 针对独立住宅的评价版本预计在 2006 年完成。

表 4-2 给出了 CASBEE 如何由基本工具进行扩展的一个示例。

CASBEE 扩展方式示例 **表 4-2**

基本工具	运　用	名　称	概　要
CASBEE-NC	临时建筑	CASBEE-TC	目前被修编用于展览建筑
	设计人员自评	CASBEE-NC 简化版	CASBEE-NC 的简化版本
	为单独的地区	CASBEE xxx	CASBEE-NC（简化版）为不同地区量身定做

目前，CASBEE 评价认证由 IBEC 进行，IBEC 还提供 CASBEE 评估师认证及相关培训系统（注：IBEC：建筑环境与节能研究所 Institute for Built Environment & Energy Conservation）。

4.2.3 典型评价工具深入分析

在 CASBEE 的系列工具中，我们选择最具代表性的 CASBEE-NC（即绿色设计工具 DfE）进行深入介绍。

1）工具的用途和目的

在建筑的生命周期中，环境性能综合评价的潜在需求者是多种多样的，一个理想的评价体系能够在统一的框架下满足不同用户对评价的不同需求。我们可以将建筑生命周期中环境性能评价的潜在需求者分为决策方、投资方、设计方和使用方几类。其中，在项目初期，包括招投标、概念设计、方案设计，需要对多个方案进行比选，或者决定项目大的走向，此时，由设计方提供各种构想，由政府主管部门人员或者开发商、业主等需要作为决策方对各个方案进行取舍。此时进行评价，提供的评价结果能够帮助决策方从环境性能的角度进行考察，弥补以往单纯依靠外形或者功能进行取舍的不足。

在方案确定之后，就进入深化设计阶段，在这一阶段，设计方的建筑师可以借助评价工具对设计进行不断优化调整，还可以利用评价结果与作为投资方的开发商或者业主进行沟通交流。在一些国家，设计全部完成时正式的评价结果可以作为主管部门对项目进行环境性能审核的依据，代替规范条文的审核；在另一些国家和地区，此时的评价结果可以作为地产销售的一种策略，向潜在购买者说明该项目的环境性能。

建成后的建筑所评价的是建筑实际的环境绩效，此时的性能标签是业主或者潜在购买者判断建筑环境性能最为可靠的依据。现有建筑也可以采用同样的评价工具对实际绩效进行评价，从而帮助业主了解项目实际的环境性能，或者作为项目改造的依据。

绿色设计（DfE）工具，是设计人员（建筑师、建筑设备师等）在初步设计、施工设计以及竣工各阶段，对建筑物环境质量与性能、降低环境负荷方面进行自评，并将评价结果用建筑物环境效率（BEE：Building Environmental Efficiency）加以指标化表示的评价工具。其目的是通过一种简明、综合的方式向建筑业主、行政主管人员和市民等展示在建筑设计与施工阶段可采取哪些提高建筑物综合环境效率的方法与措施，从而全面提高建筑的环境效率。在图 4-3 中，CASBEE 应当属于特征标签工具和设计辅助工具。

为能获得广泛应用，DfE 工具的开发遵循了以下原则：

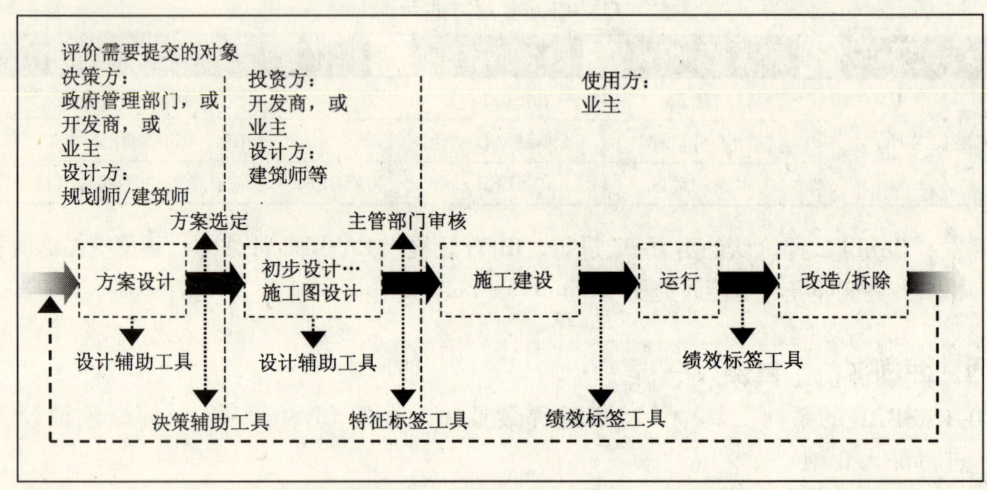

图 4-3 建筑生命周期对环境性能评价具有需求的人群与评价工具分类

(1) DfE 工具不仅仅是对建筑设计进行检查，而是通过对建筑环境效率的综合评价激发设计人员和建筑业主等对此类问题的关注。

(2) DfE 工具可被广泛应用于评价各种类型和规模的建筑物，同时评价体系尽可能简单、清晰。

(3) 为确保其通用性，DfE 工具的结构体系应极富弹性，以反映不同使用者基于各自应用领域的创新要求。

(4) DfE 工具的评分标准应最大限度地吸收诸如节能标准和住宅性能表示制度等既有评价方法，并进行整合，以简化评价工作，缩短工作时间。

(5) DfE 工具可依照设计、施工阶段（初步设计时→技术设计时→竣工时）获取的环境效率信息进行简易评价。此外，还可为各阶段进行绿色设计提供具体的参考信息。

2）工具的结构搭建

如前文所述，(图 4-4) CASBEE 体系构建的前提是建立了一个以用地边界和建筑最高点之间的假想封闭空间作为建筑物环境效率评价的封闭体系：在此假想封闭空间内是业主、规划人员等建筑相关人员可以控制的空间，将对此假想封闭空间内部建筑使用者生活舒适性的改善定义为“改善假想封闭空间内部的质量和性能”即 Quality——Q；而在此封闭空间外是公共（非私有空间），建筑相关人员几乎不能控制，将对此假想封闭空间外部公共区域的负面环境影响定义为“外部环境负荷”即 Load——L。根据这一原则，CASBEE 工具评价的环境性能影响类别（包括能量消耗、资源再利用、当地环境、室内环境）首先被分为 Q 和 L 两类。在 Q 和 L 两个大类之下，各自展开成四个层级的子项，最底层为具体的评价指标。结构见图 4-5 所示。

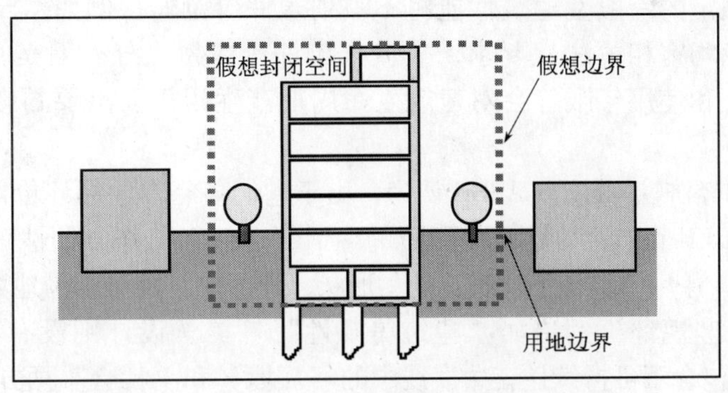

图 4-4 CASBEE 的假想封闭空间

在图 4-5 所示的各个评价子项都设置了相应的权重。Q 类评价项目从最底层的评价指标开始，评价分数乘以其权重得到该指标得分，所有同类指标得分求和即得到对应的上一级的评价分数，此分数再乘以其对应权重，依此类推，得到 Q 类评价项目的总分 SQ。L 类评价项目评价时，首先用 LR（Load Reduction：建筑物环境负荷的降低）代替 L 进行评价（这是因为，当采用“提高质量和性能（Q）得高分”作为评分标准时，采用“建筑物环境负荷的降低（LR）增大得高分”比采用“建筑物的环境负荷（L）降低得高分”更加直观，这与常人思维一致，容易理解）。用与 Q 相同的方法，得到 L 类总分 SLR。Q 和 L 相比就得到建筑环境效率值 BEE。

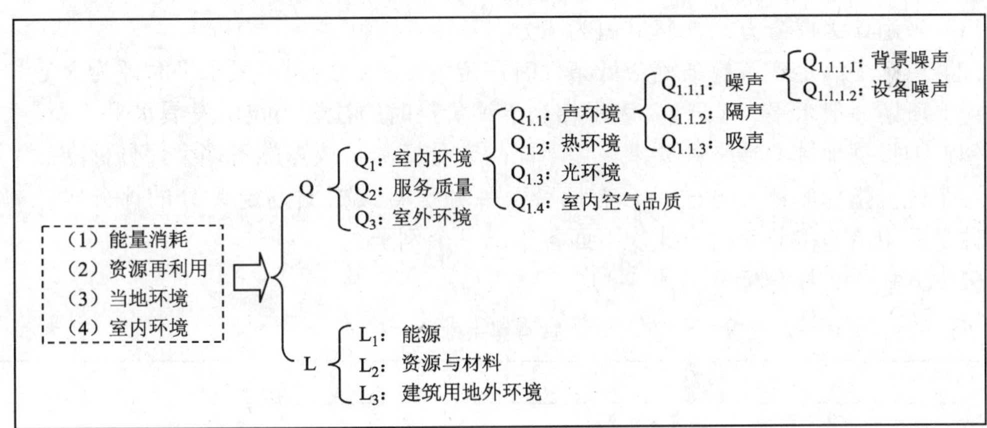

图 4-5 CASBEE 评价工具结构示意

3）DfE 工具的评价指标

每个绿色建筑评价体系在建构时都会制定评价指标选取的原则。对 CASBEE 而言，它以提升建筑物的环境效率为目的，因此需从环境效率方面确定、提炼出评价内容。因此，日本法规所限定的一般性建筑性能将不被列入评价范畴。例如，与火灾相关的安全性等基本环境效率均有相关法规要求，故被排出评价体系之外。但是，CASBEE 认为建筑抗震性、可靠性和使用年限等会对建筑生命周期产生积极而重要的影响，因此纳入评价范畴。

关于审美性和经济性问题，CASBE 认为，由于它们各有专业的评价体系，故不将其作为评价对象。CASBEE 重点评价建筑使用者的生活舒适性和工作方便性等“建筑物环境质量与性能”。因此，评价中包含了建筑选址、形状、外部材料及与周围地域的协调性等景观设计因素，但难以客观评价的诸如“建筑美观性”等美学设计则没有考虑。综上所述，CASBEE 评价视域包含了可持续性三边底线中的“环境”和“社会”两方面的内容。

DfE 工具的被评对象按功能可分为“非住宅类建筑”和“住宅类建筑”两大类。其中，将“住宅类”建筑细分为医院、旅馆、公寓式住宅三类，它们是包含有供用户使用的居住空间（以下简称“居住与住宿部分”）的建筑物。对住宅类建筑物的评价，需要对“居住与住宿部分”以及“居住与住宿部分”之外的共同使用部分（以下简称“建筑整体与公共部分”）分别进行评价。在开发 2004 版时，CASBEE 的研发人员进行了一个范围广泛的调查问卷调研，调研对象包括设计师、建筑所有者和运行商、相关政府工作人员以及其他实际使用评估系统的人（共收到 110 份有效问卷）。采用了成对对比的判断方式，从而利用层次分析法进行结果的分析（AHP）。在调研的基础上，评价对象增加了工厂类建筑。

各评价指标的评分标准，按以下想法确定：

（1）采用 5 级评分方式，基准值为 3 分。

（2）原则上满足建筑标准等最低条件时评定为 1 分，达到一般水平时评为 3 分。

（3）所谓一般水平（3 分），表示相当于评价当时的社会与技术发展水平。

（4）需根据地域的特殊性差别采用不同的评分标准，故需准备多个评分标准。

各个评价指标的评分方式一般有两种，一种是直接根据划定 5 分的评分等级打分，另一种是采用措施得分率的方式。下面各给出一个例子：

（1）方式一，评分标准（表 4-3）：

评分表示例 表 4-3

用途	会
评分 1	40 < 背景噪声
评分 2	37 < 背景噪声 ≤30
评分 3	33 < 背景噪声 ≤37
评分 4	30 < 背景噪声 ≤33
评分 5	背景噪声 ≤30

注：会的符号表示此类建筑在这一评价指标中参评。商的符号表示，此类建筑在该评价指标中不参评。

(2) 方式二，措施得分率。

评分标准（表4-4）：

评分表示例 表4-4

用　途	办 学 商 餐 会 医 宾 住
评分1	表4-5 中③的得分率：0≤得分率<0.2
评分2	表4-5 中③的得分率：0.2≤得分率<0.4
评分3	表4-5 中③的得分率：0.4≤得分率<0.6
评分4	表4-5 中③的得分率：0.6≤得分率<0.8
评分5	表4-5 中③的得分率：0.8≤得分率

措施评价表（表4-5）：

评分表示例 表4-5

办 学 商 餐 会　评价内容	性能优劣程度		
	大	小	无
I. 考虑原有地貌的保持与当地文化的继承			
1）建筑规划设计与运行管理计划是否反映当地文脉，如气候、历史、文化等	2	1	0
2）充分发挥当地产业、人才与技能的优势（当地工业和材料的应用、当地传统技能的运用）	2	1	0
3）其他（　　　　　　）	2	1	0
……	2	1	0
12）提高外部设施的舒适性（营造宽大空间等）	2	1	0
13）其他（　　　　　　）	2	1	0
②最高点数　　点　　①总点数	点		
③得分率（①÷②）			

(3) 对于具有两种以上功能的综合功能建筑物的评价，先按功能划分为多个被评对象所包含的建筑功能区，然后按图4-6所示，将各功能区的评价结果按建筑面积比进行加权平均，以获得整个建筑物的评价结果。

表4-6中，对于CASBEE不同评价指标适用的建筑类型、指标本身所属评价视域以及各自的权重进行了总结。从表中我们可以看出，大多数评价指标都能够同时适用于多种建筑类型，环境类的评价指标数量远远大于社会类。

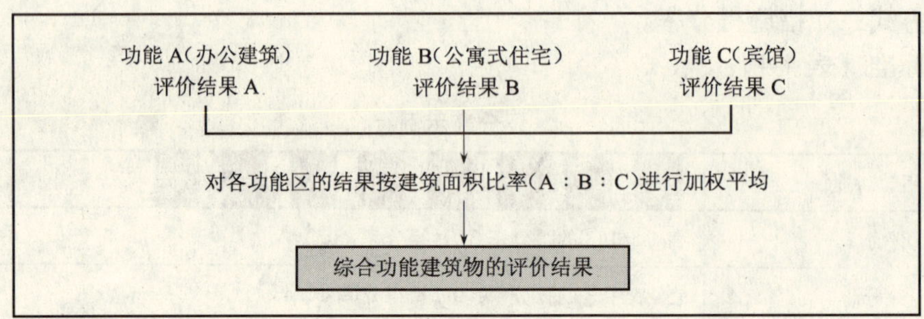

图4-6 综合功能建筑物的评价方法（三种功能的场合）

评价指标概览 **表4-6**

评价项目			参评建筑类型								指标类型		权重
			办	学	商	餐	会	医	宾	住	环境	社会	子项
Q 建筑物环境质量与性能													
Q-1 室内环境													0.50
1	声环境												0.15
	1.1	噪声					√				√		—
	1.2	隔声	√	√		√		√	√	√	√		0.70
	1.3	吸声	√	√	√	√		√	√	√	√		0.30
2	热环境												0.35
	2.1	室温控制	√	√	√	√	√	√	√	√	√		0.50
	2.2	湿度控制	√	√	√	√	√	√	√	√	√		0.20
	2.3	空调方式	√	√	√	√	√	√	√	√	√		0.30
3	光环境												0.25
	3.1	自然光利用	√	√				√	√	√	√		0.30
	3.2	眩光控制	√	√				√	√	√	√		0.30
	3.3	照度	√	√				√	√	√	√		0.15
	3.4	照明控制	√	√	√			√	√	√	√		0.15
4	室内空气品质												0.25
	4.1	污染源控制	√	√	√	√	√	√	√	√	√		0.50
	4.2	新风	√	√	√	√	√	√	√	√	√		0.30
	4.3	运行管理	√	√	√	√	√	√	√		√		0.20

续表

评价项目			参评建筑类型								指标类型		权重
			办	学	商	餐	会	医	宾	住	环境	社会	子项
Q 建筑物环境质量与性能													
Q-2 服务质量													0.35
1	功能性												0.40
	1.1	功能性与易操作性	√	√	√	√	√	√	√	√		√	0.60
	1.2	心理与心情	√	√	√	√	√	√	√	√		√	0.40
2	耐用性与可靠性												0.31
	2.1	抗震与减震	√	√	√	√	√	√	√	√	√		0.48
	2.2	维护更新的必要时间间隔	√	√	√	√	√	√	√	√	√		0.33
	2.3	可靠性	√	√	√	√	√	√	√	√		√	0.19
3	适应性与可更新性												0.29
	3.1	空间裕度	√	√	√	√	√				√		0.31
	3.2	载荷裕度	√	√	√	√	√				√		0.31
	3.3	设备的可更新性	√	√	√	√	√	√	√	√	√		0.38
Q-3 室外环境（建筑用地内）													0.15
1	确保与营造生物环境		√	√	√	√	√	√	√	√	√		0.30
2	考虑街道排列与景观造型		√	√	√	√	√	√	√	√		√	0.40
3	考虑地域性与舒适性		√	√	√	√	√	√	√	√		√	0.30
LR 建筑物环境负荷的降低													
LR-1 能源													0.50
1	降低建筑冷热负荷		√	√	√	√	√	√	√	√	√		0.30
2	可再生能源的有效利用												0.20
	2.1	可再生能源的直接利用	√	√	√	√	√	√	√	√	√		0.50
	2.2	可再生能源的转换利用	√	√	√	√	√	√	√	√	√		0.50
3	设备系统的高效化												0.30
	3.1	空调设备	√	√	√	√	√	√	√	√	√		0.49
	3.2	通风设备	√	√	√	√	√	√	√	√	√		0.15
	3.3	照明设备	√	√	√	√	√	√	√	√	√		0.29
	3.4	热水供应设备	√	√	√	√	√	√	√	√	√		0.03
	3.5	电梯设备	√	√	√	√	√	√	√	√	√		0.05
	3.6	高效能源利用设备	√	√	√	√	√	√	√	√	√		—
LR-2 资源与材料													0.30
1	水资源保护												0.15
	1.1	节水	√	√	√	√	√	√	√	√	√		0.40

续表

评价项目			参评建筑类型								指标类型		权重
			办	学	商	餐	会	医	宾	住	环境	社会	子项
LR 建筑物环境负荷的降低													
LR 资源与材料													
1	水资源保护												
	1.2	雨水利用、污水再利用	√	√	√	√	√	√	√	√	√		0.60
2	使用低环境负荷材料												0.85
	2.1	资源的再利用率	√	√	√	√	√	√	√	√	√		0.35
	2.2	使用从可持续森林采伐的木材	√	√	√	√	√	√	√	√	√		0.04
	2.3	使用对健康无害的材料	√	√	√	√	√	√	√	√	√		0.08
	2.4	对既有建筑主体的再利用	√	√	√	√	√	√	√	√	√		0.18
	2.5	旧材料再利用预测量	√	√	√	√	√	√	√	√	√		0.18
	2.6	避免使用氟利昂与哈龙	√	√	√	√	√	√	√	√	√		0.18
LR-3 建筑用地外环境													0.20
1	大气污染		√	√	√	√	√	√	√	√	√		0.15
2	噪声、振动、恶臭												0.15
	2.1	噪声与振动	√	√	√	√	√	√	√	√	√		0.50
	2.2	恶臭	√	√	√	√	√	√	√	√	√		0.50
3	风害		√	√	√	√	√	√	√	√	√		0.15
4	光污染		√	√	√	√	√	√	√	√	√		0.10
5	热岛效应		√	√	√	√	√	√	√	√	√		0.30
6	区域基础设施负荷		√	√	√	√	√	√	√	√	√		0.15

4）DfE 工具的权重设置

CASBEE 评价工具的数学模型采用了加乘混合的方式，即：需要利用根据各评价类别之间的相对重要程度确立的权重系数对各部分的评价分值进行加权处理，线性求和之后再在 Q 和 L 之间作乘法（比值）处理。目前，CASBEE 的评价工具一般具有四级权重。

CASBEE 的权重系数是由产（企业）、官（政府）、学（学术团体）组成各专业委员会通过对提高建筑物环境质量与性能、降低外部环境负荷的重要性的反复比较，并经案例试评后确认、决定的。换句话说，CASBEE 和 LEED、BREEAM 等评价体系一样，主要通过专家调查法获得权重。

表 4-7 列出了 DfE 工具从 2003 年版到 2004 年版的权重变化，以及 2004 版新增加的

工厂类建筑的权重与其他类型建筑的差别。从表中我们可以看出，从2003版到2004版，在Q中，室内环境与服务质量的权重都有所下降，室外环境的权重显著上升；LR的权重变化不是特别显著，建筑用地外环境的权重提高到与材料资源同样重要的位置。从工厂类建筑的权重设置中我们看到，工厂建筑的LR各影响类别的权重分布与其他类型建筑一样，但在Q中，室外环境质量的重要性被提到了最高。

不同版本权重差别示意 表4-7

评价内容	2003年版权重	2004年版权重	工厂类建筑权重
Q1 室内环境	0.50	0.40	0.30
Q2 服务质量	0.35	0.30	0.30
Q3 室外环境	0.15	0.30	0.40
LR1 能源	0.50	0.40	0.40
LR2 资源与材料	0.30	0.30	0.30
LR3 建筑用地外环境	0.20	0.30	0.30

4.3 执行与操作

这里以DfE工具为例，介绍CASBEE的评价过程。DfE工具有配套的计算软件，其结构如图所示，主要由供输入用的“主界面”、“评分表”以及供输出用的“评价表”和“评价结果显示表”构成（图4-7）。

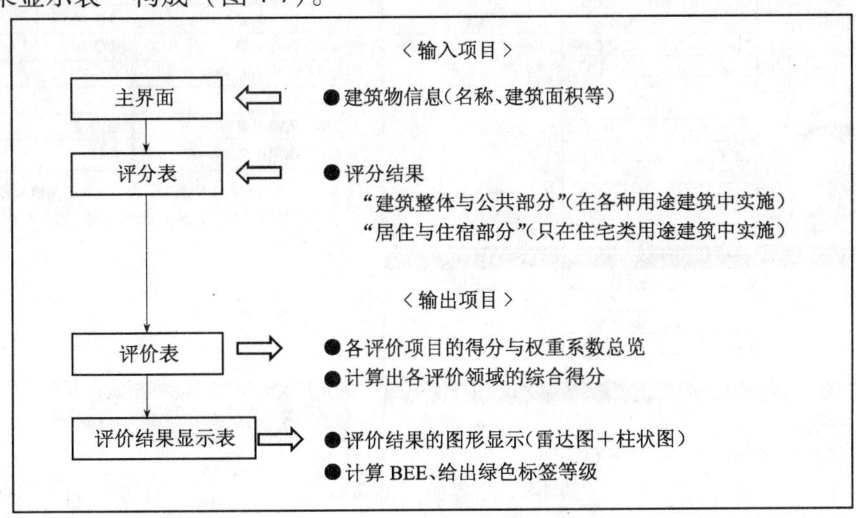

图4-7 评分软件的整体结构

评价过程简要介绍如下：

（1）建筑概要输入

首先，需要在软件的“主界面”上，输入用于评价的必要的建筑物基本信息（建筑物功能和建筑面积等）。根据这些基本信息，程序会根据不同功能选用不同的评分标准，生成相应的权重系数，并显示在各评价表中。对于公寓式住宅、旅馆、医院等住宅类功能建筑，由于需要对“居住与住宿部分”及其他部分（“建筑整体与公共部分”）分别进行评价，故特意设计了另一种能输入“居住与住宿部分”评分结果的评分表。在这种情况下，需根据建筑不同功能区的面积进行加权平均，求取建筑整体的综合评价结果，因此，在基本信息中，还要输入住宅与住宿部分的比率。

其中：在建筑基本信息栏中，需要输入建筑物名称、功能、规模等基本信息。这些信息将转记在评价结果显示表中。可以根据建筑所处地理位置，选择对应的气候分区。此外，还需输入设计预测的平均居住人数、使用年限。

在评价实施阶段一栏中，输入评价实施日期和评价阶段（从初步设计阶段、施工设计阶段、竣工阶段中选择其一）。作为管理工具使用时，还需输入评价人、审定日、审定人等相关信息（图4-8）。

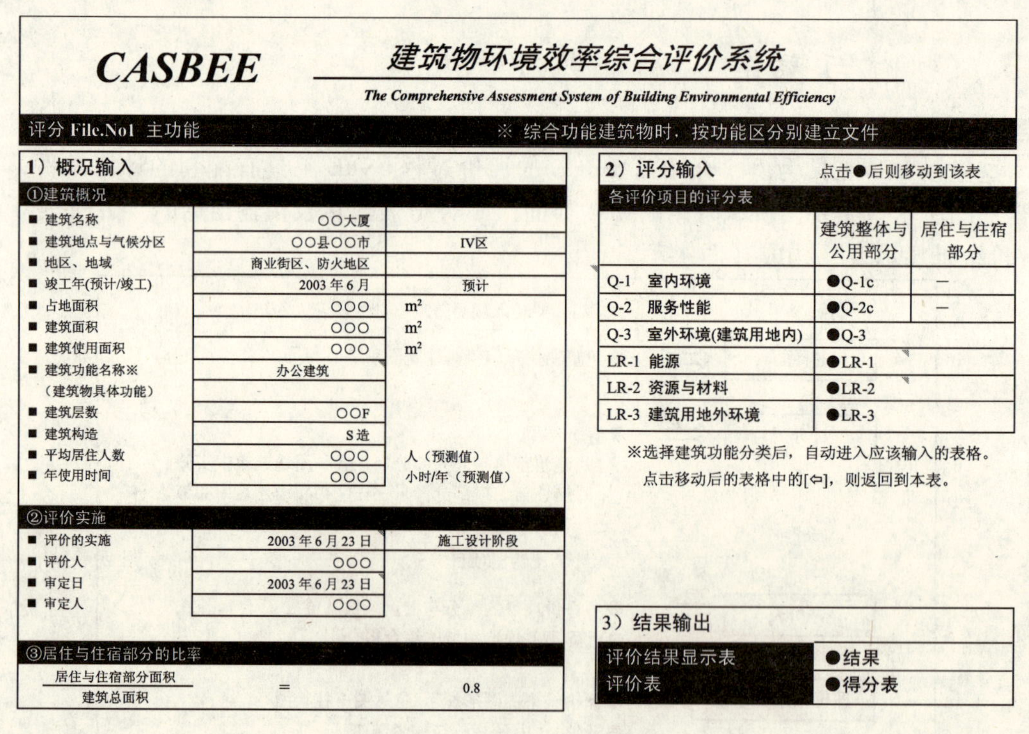

CASBEE 建筑物环境效率综合评价系统

The Comprehensive Assessment System of Building Environmental Efficiency

评分 File.No1 主功能　※ 综合功能建筑物时，按功能区分别建立文件

1）概况输入

①建筑概况

项目	输入	备注
■ 建筑名称	○○大厦	
■ 建筑地点与气候分区	○○县○○市	IV区
■ 地区、地域	商业街区、防火地区	
■ 竣工年(预计/竣工)	2003年6月	预计
■ 占地面积	○○○	m²
■ 建筑面积	○○○	m²
■ 建筑使用面积	○○○	m²
■ 建筑功能名称※（建筑物具体功能）	办公建筑	
■ 建筑层数	○○F	
■ 建筑构造	S造	
■ 平均居住人数	○○○	人（预测值）
■ 年使用时间	○○○	小时/年（预测值）

②评价实施

项目	输入	备注
■ 评价的实施	2003年6月23日	施工设计阶段
■ 评价人	○○○	
■ 审定日	2003年6月23日	
■ 审定人	○○○	

③居住与住宿部分的比率

居住与住宿部分面积 / 建筑总面积 = 0.8

2）评分输入　点击●后则移动到该表

各评价项目的评分表

	建筑整体与公用部分	居住与住宿部分
Q-1 室内环境	●Q-1c	—
Q-2 服务性能	●Q-2c	—
Q-3 室外环境(建筑用地内)	●Q-3	
LR-1 能源	●LR-1	
LR-2 资源与材料	●LR-2	
LR-3 建筑用地外环境	●LR-3	

※选择建筑功能分类后，自动进入应该输入的表格。点击移动后的表格中的[⇦]，则返回到本表。

3）结果输出

评价结果显示表	●结果
评价表	●得分表

图4-8 主界面（输入范例）

(2) 进行评价

填写完基本信息之后，就进入评分表的界面。

评分表是评价人员输入实际评分的界面，合理引用与主界面上输入或选择的各评价条件相对应的评分标准，参照评分标准，评价人员对所有参评指标逐一进行5分制的打分（图4-9）。

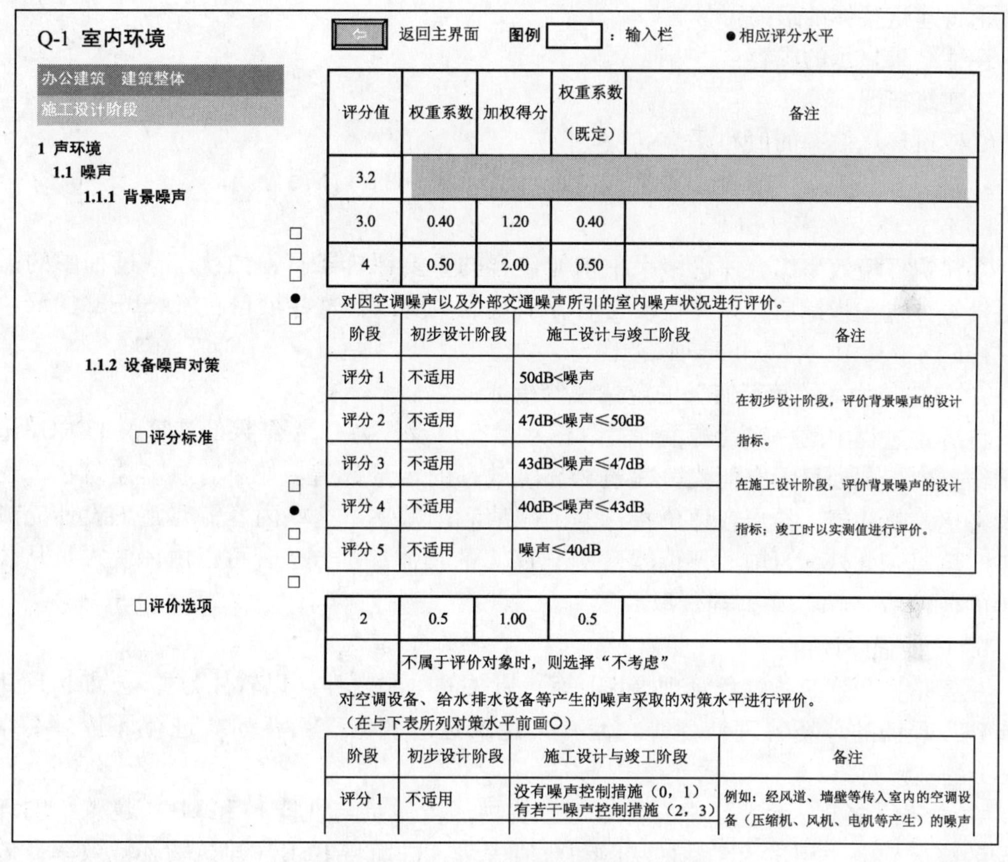

Q-1 室内环境

返回主界面　图例　：输入栏　●相应评分水平

办公建筑　建筑整体

施工设计阶段

1 声环境

1.1 噪声

1.1.1 背景噪声

评分值	权重系数	加权得分	权重系数（既定）	备注
3.2				
3.0	0.40	1.20	0.40	
4	0.50	2.00	0.50	

对因空调噪声以及外部交通噪声所引的室内噪声状况进行评价。

□评分标准

阶段	初步设计阶段	施工设计与竣工阶段	备注
评分1	不适用	50dB<噪声	在初步设计阶段，评价背景噪声的设计指标。 在施工设计阶段，评价背景噪声的设计指标；竣工时以实测值进行评价。
评分2	不适用	47dB<噪声≤50dB	
评分3	不适用	43dB<噪声≤47dB	
评分4	不适用	40dB<噪声≤43dB	
评分5	不适用	噪声≤40dB	

1.1.2 设备噪声对策

□评价选项

2	0.5	1.00	0.5	
	不属于评价对象时，则选择“不考虑”			

对空调设备、给水排水设备等产生的噪声采取的对策水平进行评价。

（在与下表所列对策水平前面○）

阶段	初步设计阶段	施工设计与竣工阶段	备注
评分1	不适用	没有噪声控制措施（0，1） 有若干噪声控制措施（2，3）	例如：经风道、墙壁等传入室内的空调设备（压缩机、风机、电机等产生）的噪声

图4-9　评分表界面

对于同一评价指标，如果初步设计阶段、技术设计与竣工阶段具有不同评分标准时，二者并列显示给出。所以，即使是对初步设计阶段，也能参考技术设计与竣工阶段的评分标准进行评价，有利于增进绿色设计意识。

评分时，在评分栏的下拉菜单中选择与评分标准相符的水平值（水平1~5）。但是，如果实际建筑的个别条件与评分标准不相吻合时，可以不将这部分内容作为被评对象（不考虑），此时，在没有特别要求的条件下，将这部分内容（不考虑）的权重系数作为“0”处理，而其他评分项目的权重系数则需重新调整。

（3）评价结果输出

各评价项目的分值乘以权重系数后，得到 Q-1 ~ Q-3、LR-1 ~ LR-3 各评价项目的综合得分 S_{Q1} ~ S_{Q3}、S_{LR1} ~ S_{LR3}，进而计算出 Q 和 LR 的得分 S_Q 和 S_{LR}。当被评对象建筑物为医院、旅馆和公寓式住宅（住宅类功能建筑）时，“评价表”中并列显示出“建筑整体与公共部分”和“居住与住宿部分”的评分结果，并根据两部分建筑面积比进行加权平均，求得建筑整体的最终得分。

评估结果显示的内容：

①建筑概况。

②建筑环境效率的值和评价：

a. 建筑环境品质与性能以及荷载减量（各个类别的具体得分）；

b. 建筑环境效率（BEE）。

③建筑环境效率综合评价结果中未能包含的重要评价条目，如：运营过程中的能源消耗量等，这些指标信息只有在竣工后方能获取。所以，这些项目在 CASBEE 的绿色设计（DfE）工具中，仅以可选项给出：

a. 与建筑物环境负荷有关的定量评价指标：

将运营过程中的一次能源消耗量、用水量，以及作为 LCA 结果的计算值 $LCCO_2$ 记入评价结果中。此处显示有能代表建筑物环境效率的定量数值。如果有参考建筑物，还可与参考建筑物比较，给出各评价指标的削减值和削减率。这些内容需在施工设计完成和竣工时填写。此外，目前此评价体系关于 LCA 的具体评价方法，可以由评价人员从公开发表的各种 LCA 方法中适当选取。

b. 设计程序评价：

主要是指与建筑物绿色管理（CM 等）有关的重要内容（以软件为主）。如：确认是否有建设现场的环境管理计划等。但有关建筑选址的内容由 Tool-0 进行评价，不作为 Tool-1 的被评对象。

在“评价结果显示表”中，将 Q（建筑物环境质量与性能）和 LR（建筑物的环境负荷的降低）分类用雷达图、柱状图和数值表示，进而将 BEE（建筑物环境效率）的结果用二元坐标图和数值表示，从而可以综合地、多角度地描绘被评对象建筑物的可持续特征。建筑物环境效率 BEE 由 Q 和 LR 的得分 S_Q、S_{LR} 按下式计算求出：

$$BEE = \frac{Q:\text{建筑物环境质量与性能}}{L:\text{建筑物的环境负荷}} = \frac{25 \times (S_Q - 1)}{25 \times (5 - S_{LR})} \tag{4-3}$$

根据 BEE 在纵轴为 Q 值、横轴为 L 值的二元坐标系中的位置，确定建筑物的绿色标签等级（从 S 到 C，共分为 5 个等级），参见图 4-10。

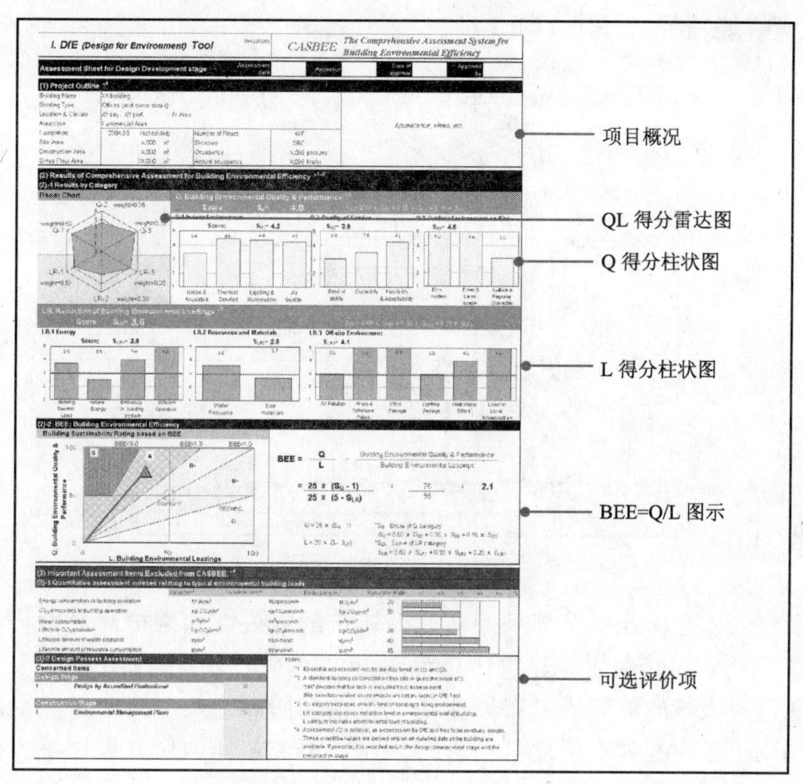

图 4-10 评价结果显示界面示意

4.4 评估案例

4.4.1 建筑概况（图 4-11）

图 4-11 东京某建筑

建筑功能：办公室

所在地点：东京都千代田区

占地面积：1 955 m^2

建筑面积：9 135 m^2

层　　数：地下 1 层、地上 10 层

竣　　工：2002 年 7 月

4.4.2 环境性能特征（图 4-12）

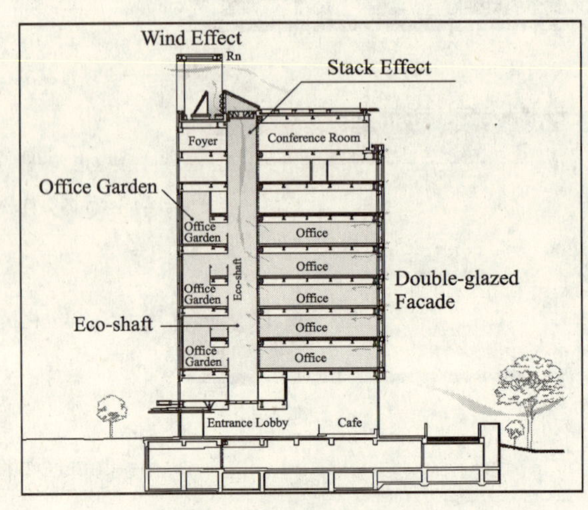

图 4-12 功能分布

①资源消耗：外立面几乎全部采用玻璃，建筑的耐久性和维护简易性得以提高。此外，采用 CFT 结构和抗震装置，建筑物具有高韧性和高抗震性，使用寿命延长。

②环境负荷：大量的节能措施得以应用，包括采用高绝热、高密封性能的 Low-E 双层皮幕墙，利用生态中庭和双层皮幕墙进行风压通风和热压通风，采用了大面积窗户进行自然采光（图 4-13、图 4-14）。

③室内环境：在交通紧张的道路两旁配置核心公共空间，有遮挡噪声和夕阳设施，在景观良好的东面配置有大窗。

④其他：采用蓄冰空调系统/分散型二次泵、由 BEMS 进行最优控制和节能管理。

图 4-13 建筑室内

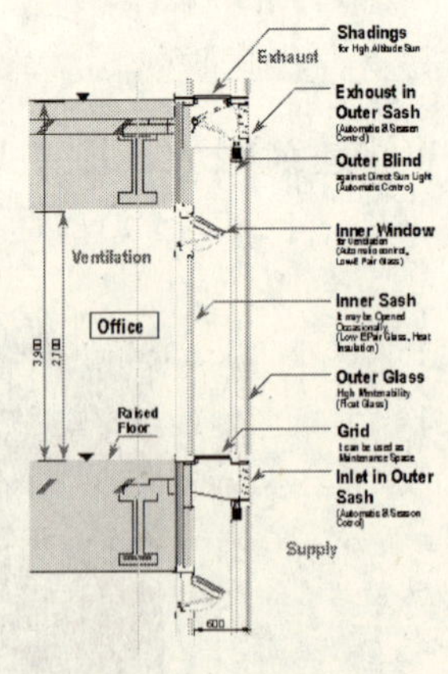

图 4-14 幕墙构造

4.4.3 评价结果（图 4-15、图 4-16）

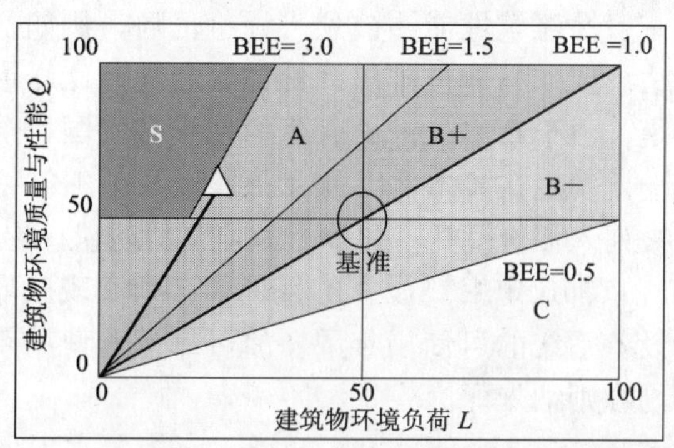

图 4-15 根据 BEE（BEE=2.8）确定的绿色标签等级

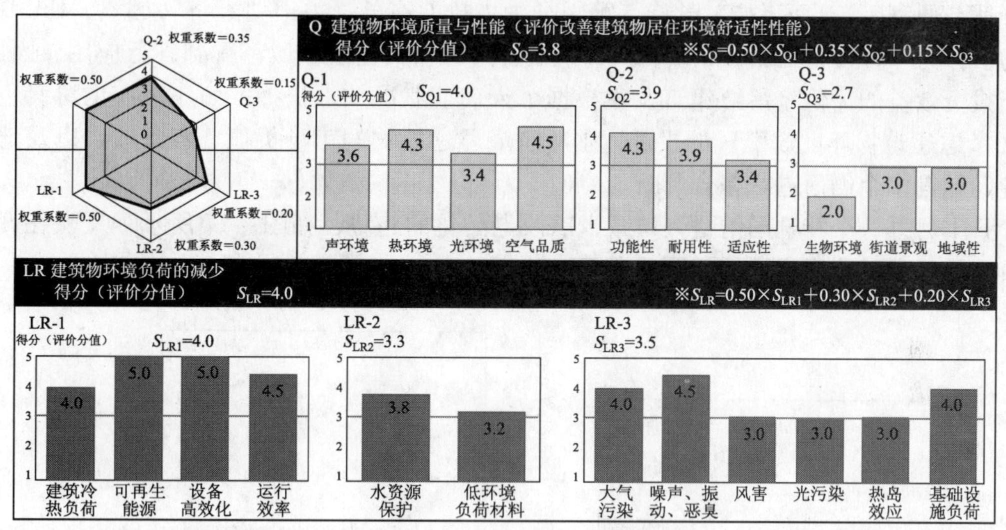

图 4-16 得分雷达图与分项得分清单

4.5 市场应用情况

4.5.1 CASBEE 的日本特色

一种绿色建筑评估体系要想在国内取得成功推广，必须符合本国实际，我们从 CASBEE 中可以发现很多基于日本国情的考虑，这应该是它能够在日本得到广泛认可的重要原因之一。

CASBEE 明确表示，评价视阈的确定与评价指标的选择，是从环境效率出发的。因此，日本法规所限定的一般性建筑性能不被列入评价范畴，例如与火灾相关的安全性等基本环境效率均有相关法规要求，故被排出评价体系之外，这样可以确保体系的概念清晰性与结构紧凑性。但是，由于日本是世界著名的地震多发国，全世界震级在里氏 6 级以上的地震中，20% 以上就发生在日本，因此在抗震以及地震等特殊情况下设备系统以及整个建筑的应急机能被列入评价范畴。此外，如前文所述，日本作为资源稀缺型国家，为了节约资源同时达到《京都议定书》设立的目标，必须实现减质化，因此 CASBEE 很重视延长建筑以及配套设备系统的可使用年限，故可靠性和使用年限等对建筑生命周期产生积极而重要影响的内容则纳入评价范畴。

在组成环境性能的“环境”、“社会” 和 “经济” 三个要素中，“环境” 当然是 CASBEE 关注的重点，“社会”因素中，有一些因子被列入了评价范畴（如地域性、使用者的舒适与便利等），而诸如美学特点等因子则被排除在外。关于“经济”因素，CASBEE 认为：作为一种评价工具，CASBEE 期望在公共和私人建筑领域都得到广泛应用，因此，关于投资效益的评价将留给建筑业主根据个人商业状况加以抉择；而建筑业主对绿色建筑（考虑建筑物环境效率）的投资，须从建成后建筑物的市场价值、经营效益以及地球环境问题等多个侧面进行综合判断。

日本另外一个特殊国情是人口减少以及老龄化的趋势，如图 4-17 所示。反映在评价工具中就是对无障碍设计等问题的考虑。

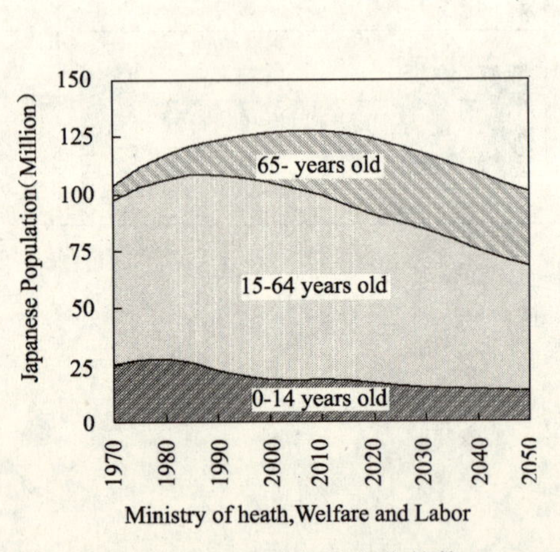

图 4-17 日本的人口变化趋势

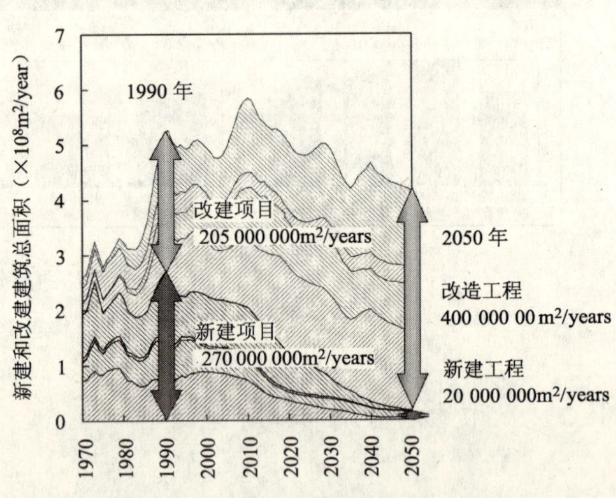

图 4-18 日本新建、改建建筑变化趋势

另一方面，根据日本建筑师学会研究小组对于日本新建建筑和改造建筑面积变化的预测，新建建筑的面积将在未来发生戏剧化的减少（图 4-18）。在 2050 年其值将接近于 0。因此，建造业将在不久的将来明显地被迫改变自我，以面对这种新建量急剧减少的现

实。我们可以看到，在 CASBEE 中，对既有建筑的改造利用进行了非常详尽深入的评价，从而倡导通过加强对既有建筑的利用，达到减少建筑材料和能源消耗的目的。

4.5.2 国内推广情况

比起欧美，在日本，国家对于建筑产业的影响和控制更为明显，这也表现在其对 CASBEE 的推广促进方面。

日本政府对 CASBEE 的政策驱动体现在以下一些事件中：

（1）环境行动计划（Environmental Action Plan），2004 年 6 月由国土交通省推行，宣传 CASBEE 新建和现有建筑评价版本、建立 CASBEE 认证程序、通过将 CASBEE 介绍给地方政府对 CASBEE 进行推广。

（2）政府建筑绿色计划（Green Program of Government Building），2004 年 7 月将 CASBEE 作为政府建筑绿色设计纲要。

（3）城市总部复兴决策（Decisions of Urban Renainssance Headquarters），由内阁秘书处在 2004 年 11 月推行，其中要求在两年之内开发 CASBEE 地区/区域版，在 5 年内开发对城市更新项目的生态认证。

基于环境保护法令（Environmental Protection Ordinance，肇始于 2000 年 12 月），东京都厅（Metropolitan Tokyo）责成所有建筑所有者在开发面积超过 10 000 m^2 的新建筑或者改建旧建筑时，提交一个评价建筑环境效率的计划文件（但不是采用 CASBEE），至少提前于建筑正式批准 30d，并且在建设完成后 15 d 之内提交一个完成告示。其中的内容在网络上予以公示。该系统于 2002 年开始运作。而名古屋也基于环境保护法案（Environmental Conservation Ordinance）开始其建筑环境考察系统。需要符合法案的域值也缩小到 2 000 m^2 以上的建筑，而 CASBEE Nagoya 被选作评价工具。大阪在 2004 年 5 月根据大纲制定了建筑环境效率大阪市政综合评价系统〔Osaka Municipal Comprehensive Assessment System for Building Environmental Efficiency（CASBEE Osaka）〕，并且这一系统在 2004 年 10 月开始实施。减少或者增加了建筑面积比率、进行建筑综合环境性能评价的建筑获得通过的方法之一就是获得 CASBEE 的 B + 或以上的认证。其他地方也在考虑采用 CASBEE。

主要地方政府开始采用 CASBEE 时间为：

（1）名古屋：2004 年 4 月

（2）大阪：2004 年 10 月

（3）横滨：2005 年 7 月

在这些地方，申请许可证的建筑必须提交 CASBEE 的评估数据，这些数据结果的部分将在当地政府的网站上予以公布。很多其他主要地方政府也正准备引入 CASBEE。

本章参考文献

[1] 日本可持续建筑协会著．石文星译．建筑物综合环境性能评价体系——绿色设计工具．北京：中国建筑工业出版社，2005.

[2] 张松．21 世纪日本国土规划的动向及启示．城市规划．2002，(12).

[3] MURAKAMI et. al. Comprehensive assessment system for building environmental efficiency (CASBEE). Proceeding of the fifth international conference on eco-balance. Tsukuba, Japan: 2002.

[4] TOSHIHARU IKAGA. New trends of sustainable design guidelines and sustainable buildings in Japan. Proceeding of 2001 International Symposium on Sustainable Building and Environment. Taipei: 2001.

[5] 刘美霞．美日住房政策模式比较及对我国的启示．中国房地产．2002，(7).

[6] 徐红．日本住宅产业发展给我们的启示．2002，(6).

[7] KAZUO IWAMURA. The Movement towards Sustainable Buildings in Japan. PPT of 2005 WGBC Congress. San Francisco: 2005.

[8] MURAKAMI et. al. Promotion of Sustainable Building based on the Concept of Eco-Efficiency. 中国区可持续发展大会（2004）会议论文集．上海：2004.

5 荷兰绿色建筑的发展过程

当梦想变成现实 As dreams come true

The former inspector of the Dutch Government Buildings Agency had a dream. In his dream he was able to assess the sustainability of all the governmental building projects with one number. One number that would include all the different topics: materials, energy, water, mobility, lifetime and even the intensity with which the building is used He talked about his dream with several people, but everybody said that his idea was impossible to realise. When he told me about his dream I said: 'They are right. What you want is impossible. But it is hardly needed. So let's try!'

前荷兰国家公共建筑管理局专员曾有个梦想。在他的梦想里，能有一个指标可以评估所有公共建筑的可持续性。这个指标包括许多方面，如建筑的耗材、耗能、用水、可移动性、生命周期，甚至建筑的使用频度。他和许多人谈论过此事，但每一个人都说这是不可能的。当他告诉我这个梦想时，我说："别人说的是对的，你所希望的的确不可能，但现实确又迫切的需要这一指标，不如我们试一试。"

With the development of the Dutch assessment tool GreenCalc the inspector's dream came true. In 1997 the Dutch Government Buildings Agency has got the environmental index. The sustainability of buildings can now be expressed in one number. Thus the environmental index is a kind of Stock-Exchange for sustainable building.

随着荷兰建筑评估工具 GreenCalc 的出现，那个专员的梦想实现了。1997 年，荷兰国家公共建筑管理局有了"环境指数"这个指标，它可以表征建筑的可持续发展性。所以，"环境指数"就如同股票价格指数清晰代表股市价值一样，一目了然地表征建筑的可持续性。

GreenCalc is based on the idea that every impact on sustainability can be translated into money, the so-called hidden environmental costs. The hidden environmental costs are the extra costs per m2 for the total lifecycle of the building (construction, exploitation and demolition) we have to incur (over and above the environmental costs we have already incurred) if we want to produce a 'really sustainable' building. These costs are not currently incurred because otherwise the buildings would become too expensive. Usually the issue is not even raised. Hence the name 'hidden environmental costs'. They reveal how great the distance is between current practice and sustainability. The hidden environmental costs are calculated for the building materials, the energy and water consumption, and the mobility. But GreenCalc goes beyond evaluating these topics. Practical experience has shown that the environmental gains form technical measures, such as using environmentally friendly materials and renewable energy, are limited. The scope of the exercise has to be extended from the design phase, where the technical measures come into play, to the initiative phase of a project, and in particular to the concept that underlies the design. The intensity with which the building is used, for example hot desking and/or multi-functional spaces, also counts. A higher intensity may mean that the floor area per user is smaller, which of course reduces the environmental impact. Giving existing buildings new uses-which demands considerable creativity-is also a step in this direction.

建筑评估工具 GreenCalc 是基于所有建筑的持续性耗费都可以折合成金钱的原理，就是我们所说的“隐性环境成本”原理。如果我们建设一个真正意义上的可持续性建筑物，那么它的“隐性环境成本”就是该建筑物每平方米全生命周期内（建筑物的建造、使用以及拆除）所需的费用，包括对环境影响所引起的费用。考虑到建筑的不断涨价，所以这些费用不应当仅仅是按当前的费用标准。通常像这些问题是不被提及的，所以，我们称之为“隐性环境成本”。这一指标可以体现出当前的一些工程和可持续性建筑工程的成本差距是有多么的大。隐性环境成本计算了建筑的耗材、能耗、用水以及建筑的可移动性。GreenCalc 正是按这些指标计算的。工程经验告诉我们，仅仅采用环境友好型材料、可再生能源等一些新技术到项目实施阶段，对环境的改善是有限的。新方法的运用领域应当扩展到设计阶段，项目的立项阶段，尤其是设计理念上。提高建筑物的使用频度，比如采用公用办公桌办公、设立多功能空间等，也是可取的方法。高的建筑使用频度就意味着人均面积的减小，从而减小对环境的影响。另外，对现有建筑的改造利用也同样是一个趋向，当然，这需要相当的创造性思维。

When all hidden environmental costs of the building are calculated the environmental index is obtained by comparing the hidden environmental costs of the project with the hidden environmental costs of a reference building. For the Dutch situation the reference is usual building practice of the year 1990, the year in which sustainable building started to get attention in the Netherlands.

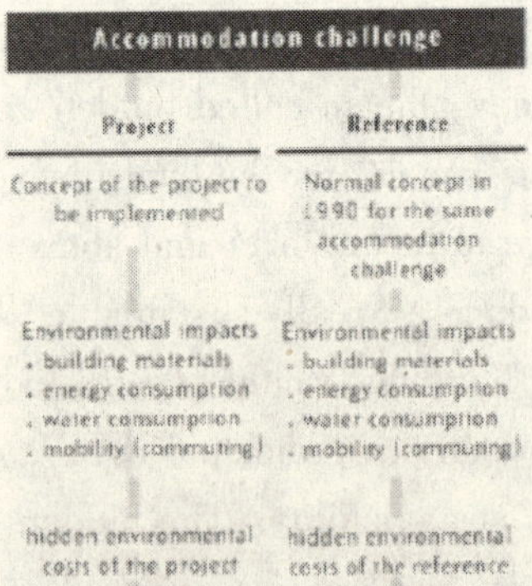

当所有隐性环境成本被计入时，通过比较当前建筑工程与参照建筑工程的隐性环境成本的差距，我们可以获得上面提及的“环境指数”。对于荷兰，所谓的参照建筑工程就是 1990 年建造的那些普通建筑项目，因为 1990 年正是可持续性建筑刚刚被人们重视的时候。

During the passed 10 years many buildings in the Netherlands have been assessed using GreenCalc. Since September 2005 a completely renewed version of GreenCalc is available. Due to the addition of the wizard, the programme runs faster and the output changes too. The environmental index now consists of a building index (the building's potential) and a user index (the way the user operates the building). This version even offers the possibility for assessments on district level.

在过去的十年里，荷兰的许多建筑都经过了 GreenCalc 的评估。自从 2005 年 9 月带有帮助向导的全新版本的 GreenCalc 诞生，这套软件运行速度更快，输出结果也有所改善。现在的“环境指数”是由“建筑指数”（建筑的可持续性潜质）和“用户指数”（用户使用建筑的方式）两部分所组成。新版本的软件甚至可以提供整个小区规划层面的评估。

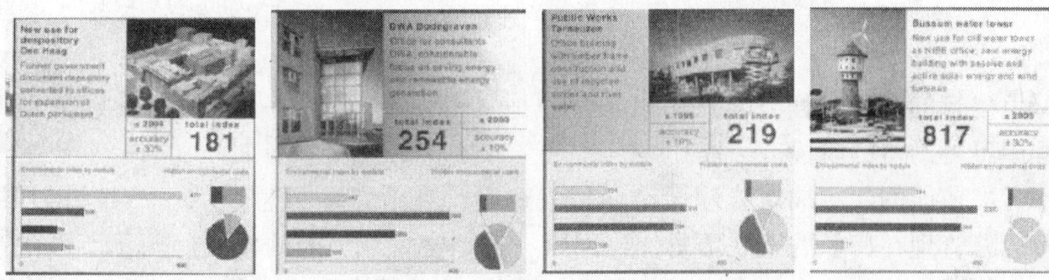

With the growing experience in the Netherlands a new dream was born: GreenCalc and the environmental index should be used internationally. Participating countries could use the index as a national benchmark, like the different national Stock-Exchanges. In addition we even can develop an international benchmarking. It is fantastic that in China so much attention is paid to building rating systems. The available tools offer the possibility to choose for the most effective concepts. What a chance regarding the unexampled amount of building projects that are expected to be developed during the following years! A chance for China to show the world what this country is able to realise, also concerning the environment. But also a chance for other countries to learn from the experiences. I am curious which scores are reached by modern Chinese building projects in comparison to older projects. I am also curious which measures and concepts will be developed to improve the score for the future. What will be the most effective measures and concepts for the Chinese situation? And what can we learn from the experiences? We hope to hear soon about an unexampled high environmental index, reached by Chinese building project! So I wish the reader's of this book and the future user's of the different tools many inspirations.

随着我们在荷兰不断积累的经验，新的梦想产生了：GreenCalc 系统和“环境指数”应该走向世界。接受它的国家可运用它作为国家的评估基准，正如不同国家的股票市场指数一样。如果可能，我们甚至可以将其发展成国际化的评估基准。令人高兴的是建筑评估体系在中国也得到如此的重视。这些已有的成果为我们选择最有效的理念提供了可能。在未来的日子里，改善无数建筑项目的机会在等着我们！这是一个中国向世界展示其实现现代化的机会，也是一个中国向世界展示其热衷环保的机会，更是世界各国向中国学习的机会。我非常关心中国当前建筑项目与过去建筑项目的改善状况，也很关心哪种技术和理念将会被运用到未来的建筑项目上。在中国的国情下，最有效的技术和理念是什么呢？我希望尽快听到来自中国、被中国建筑项目所达到了的、前所未有的、理想的“环境指数”的消息！我期待这本书的读者和其他建筑评估工具用户得到更多地启迪。

Michiel Haas 博士

CEO of the Dutch Institute for BuildingBiology and Ecology

荷兰建筑生物与生态研究院院长

绿色建筑的发展过程与能源的战略管理是紧密相连的，它是一个能源战略管理的发展过程中不可回避的阶段。

不考虑节能的能源战略管理无论在过去还是现在都是不可思议的。不过，如果我们对能源战略管理在荷兰的发展历史作一回顾，还是会发现节能的发展经历了不同的过程，这段经历与节能的价值观和方式紧密相连。通常（但不是总是）能源的战略管理要求减少对不同能源的需求，特别是对外国能源的依赖度，因而能源的战略管理侧重于能源供给的安全性上。节能战略也受到了“少消耗则少污染”的强烈影响，节能也因此侧重于化石能源：亦即石油和天然气，也因而反映在电能上。更进一步，节能战略的发展也有着经济上的原因，当能源价格上升时，这也就回馈到经济的利益上。

节能可以有直接概念上的能源节省，也可以采用更加高效的能源利用率，亦即更加的合理化。后一个的意思简单来说就是使每一个欧元的 GDP 增长消耗尽可能少的能源。能源利用效率也随着持续增长的能源需求而提高。节能的战略思想因此发展到了相对概念上的能源节省，而这个思想与直接概念的节能相比更要求新的方法和新的手段。

在过去数十年中，不同侧重的思想在节能战略中都扮演过重要角色，而这也导致荷兰由于目标和手段的不同做出不同的选择。但是无论如何，人们关注的总是节能与经济增长之间的关系。基于这个原因，在 20 世纪 70 年代初，人们开始改变传统的想法。“罗马俱乐部”（Club of Rome）提供的研究报告的核心内容指出，随着经济的增长，导致原材料和能源供给的快速消耗，从而引起能耗增长到一个环境无法承受的地步。该报告在荷兰引起了极大的震动。1973 年的石油危机也向人们昭示了这个问题的现实性并促进了国际社会在节约能源方面的共识。

1974 年当时的荷兰经济部部长（其后三任荷兰首相）吕贝斯就指出，能源战略自身开始显现对节约的重视。在他当年的经济部工作报告中，就提出了联合抵制石油的想法：

“能源战略的核心受到了挑战，我们必须思考如何减缓能源的需求以及如何满足未来对能源的需求，核算生产、运输和消费过程中对环境的污染和破坏。”

经历了石油危机之后，能源价格在过去的一段时间实际上大幅度的回落了，危机时的高油价促使了供给的扩大。能源战略中对节能的紧迫感自那时起又降低了。但是，随着交通、运输、电力、家用消费等领域在化石能源上的大量消耗，又将节能问题提到了议事日程上。特别是自2005年以来新一轮的能源紧张局势，石油价格在一年多的时间里增长了三倍有余，使得能源战略中的节能问题日益迫切起来。各种能源高效利用的技术也得到了长足的发展，比如家用的高效燃气热水器具的效率已得到大幅度的提高，电力生产通过采用热电联产技术大幅度提高了能源的利用效率等。

政府职能部门在这一发展过程中承担了重要的角色，既有直接的也有间接的。能源战略在政府能源备忘录、节约备忘录以及环境政策规划中得到了阐述，节能在这些政策白皮书中都是核心的内容。节能也在科研领域得到极大的关注，新技术的研发和推广与能源价格的政策制定紧密关联。大多数的内阁政府采用了“大棒加胡萝卜”政策：胡萝卜作为诱饵，而大棒则等在门后。不过对于政策而言，很多时候也很难分清哪是胡萝卜哪是大棒。政府补助以及与企业界的多年协议作为推动节能的胡萝卜，许可证制度和能耗税则是那根大棒。一套完整的文件制定在吕贝斯1973年的讲话之后开始实施。这些文件构成了其后数十年荷兰的能源战略成功实施的基础。

通过分析荷兰政府1974年以来的能源战略的发展过程，可以了解有哪些成功之处，哪些政策并未达到令人满意的效果，这将对中国的能源战略制定有着一定的参考作用。

5.1 起　　源

荷兰的绿色建筑起源于20世纪70年代。受到由Donella H. Meadows等为“罗马俱乐部”（Club of Rome）于1972年撰写的《成长的界限（Limits to Growth）》的报告以及当时其他的一些有关环境资源的出版物的影响，在荷兰由一批环境理想主义者成立的一个当时称为“环保意识的建筑”的小组，当时关注的主要是民用住宅。对于这些先锋人士而言，房屋不仅仅是居住的地方，而且也体现着意识形态和生活方式，需要在人与自然之间实现完美与和谐。例如在一个比较小的圈子里，流行过茅草屋顶和能搜集肥料的厕所等。

5.2 荷兰的可持续建筑

在20世纪70年代中，有关节约能源的议题得到大范围的关注。这个议题就不仅仅是生态的问题，也是经济的问题：1973～1974年间的石油危机使西方国家清晰地感受到其经济对石油生产国的强烈依赖性。人们开始意识到石油和天然气将会消耗殆尽，我们使用它们时必须考虑其经济性。1974年荷兰经济部长吕贝斯的能源备忘录中首次提到将节约能源作为政府的一个重要发展目标。当时的重点放在了汽车能源（汽油和柴油）和家用能源的节约上，主要通过媒体宣传及出版物来实现。为此，荷兰还专门成立了荷兰节能宣传协会（SVEN）。当时一个很著名的宣传形象是一个地球仿佛一个燃烧着的蜡烛。这个形象获得了多个奖项并制作成了真正的产品。

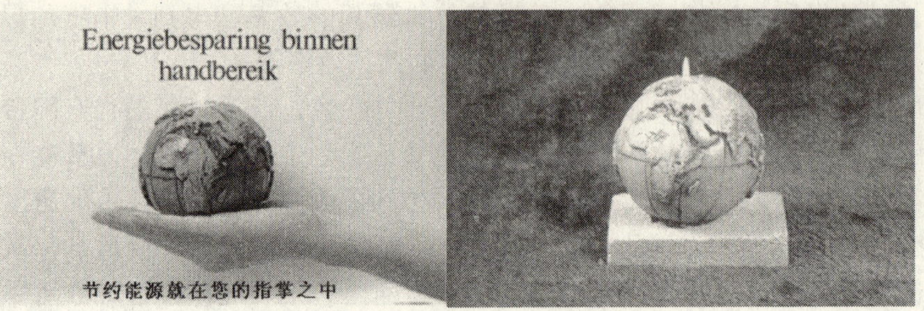

工业领域的节能首先通过政府津贴补助的形式对示范项目进行推动。同时成立了荷兰能源发展协会（NEOM），该协会参与了许多的节能计划。同时，该协会在推动电站余热的城市供暖利用上进行了大力的推广。当时的经济部的预算中，有数百万欧元提供给各城市发展部门用于进一步的节能管理。从这时起，当时的公共住宅与空间规划部（VRO，也就是现在的住房、空间发展与环境规划部 VROM）在所谓的工作金方案的帮助下启动了房屋保温的推广活动，其后该活动发展为全国性的住宅保温计划（NIP）。在整个 70 年代，持续性地提供了政府基金，大约是每年 1 亿欧元左右。

70 年代末，荷兰的能源供给还是处于很大的风险状态，当年的伊朗危机导致石油价格飞涨，吕贝斯的继任者，范阿登，颁布了新的能源备忘录。在备忘录的第一部分，首次详细地阐述了能源消耗的发展趋势以及不同产业节能的可能性。经济性作为能源战略的评估标准。在备忘录中也提出了节能的目标，通过有利的技术手段实现平均效果提升 25% ~30%。

有关的文件和预算得到大幅的扩充。国家预算翻了一倍不止达到了每年 3 亿欧元的水平。大部分的预算用在了全国住宅保温计划（NIP），这部分主要来自经济部的财政补助。荷兰能源发展协会（NEOM）进一步将节能计划推广到了工业界，并从各个领域将节能的概念推广。该协会还参与了新建筑小区的城市供暖工程，并取代了经济部对示范工程进行监督管理。

荷兰在企业单位实施了投资法中的能源消费税从而从法规角度保障了节能项目的推广。对于事业单位，则采取补贴方式，推动诸如高效锅炉等产品的应用，最终颁布了节能法案，对节能开始了强制性的要求。制定和颁布实施了新建筑保温系统的国家标准，同时该内容也列入到采暖法案的讨论内容，不过最终没有通过议会的表决。

在范阿登部长执政期间，对热电联产技术节能的潜力有过深入地讨论，当时讨论的背景是荷兰政府思考是否需要建设新的火力发电站或者核电站。根据荷兰能源研究中心的研究报告，热电联产无法提供 2 500 mW 以上的电力而且对许多大而好的企业而言，热电联产也是一个未知的技术。不过，对于很多电力企业，在这段时间开始与经济部合作在 Sexbierum 地区示范风能发电。另一方面，1975～1985 年的十年间，发电效率也正如预计的以每年 2% 的速度提升，一个重要因素也是当时的能源价格的飞升。

对于已有建筑，荷兰政府从 1978 年起开始实施全国隔热保温计划，目标是通过政府补贴的方式到 1990 年时将全国的 250 万户住宅加强建筑的隔热保温。

1980 年，荷兰政府开始实施 PREGO（proefprojecten rationeel energiegebruik in de gebouwde omgeving，建筑环境的能源合理利用示范）项目，该项目对住宅和公共建筑的节能通过示范项目进行了推动。建筑节能在此后的数年中成为可持续建筑中的一个重要关注的方面。在 PREGO 项目的支持下，一些节能示范项目如在 Raalte 市的水务局大楼（Kristinsson 建筑师事务所设计，1980）和在 Katwijk a/d Rijn 市的公共图书馆（Guus Westgeest 建筑师事务所设计，1981）等得以实施。但是，从环境负荷的整体角度来考虑可持续建筑的思路在当时还没有出现。

1985 年起，国际能源价格大幅下跌，而且政府削减财政支出的意图也日益明显，因而节能在此时的经济部的优先地位下降，预算缩减，投资法中的能源消费税也被砍掉了。能源管理也开始松动，荷兰节能宣传协会（SVEN）、荷兰能源发展协会（NEOM）以及荷兰能源研究管理办（PEO）三大机构合并成立了荷兰能源与环境组织（NOVEM）。由于经费的缩减，NOVEM 逐渐变成一个工业与学术研究界关于工业节能的中介和纽带机构。其后，该组织在新的建筑节能技术和家用电器节能方面投入了大量的精力。

用于替代能源消费税政策，荷兰政府在企业界开展了对小型热电联产技术以及其他一些节能技术的补贴政策。1986 年前苏联的切尔诺贝利核电站的泄漏事故使得建立新的核电站的计划搁置了，热电联产在能源发展战略中再次得到关注。1989 年热电联产技术列入到新的电力法案中。法案将电力生产和输送分开成立不同的公司并将电力生产统一管理。其后也正如预期的一样，发现统一管理电力生产极富竞争力，并且小型的热电联产技术也证实了其可行性。同时，从节能战略的角度也使该技术的发展得到充分的赏识。在新颁布的法律中，热电联产在电网回购的问题上获得了优先权并且享有固定的返还补偿金，这个补偿金的额度是基于中央电力生产企业的费用参考获得的。这个补偿金制度，再加上投资津贴和确保回购的政策，使得热电联产技术得到空前的成功并且也激励了荷兰政府在此后若干年不断地对该项补助金追加预算。热电联产应用的繁荣对整个荷兰电力服务的结构产生了巨大的影响。

在那段时间里，热电联产和风能的基础研究获得了很大的关注和经费的支持。不过由于经济方面的原因，对节能的紧迫性降低，而对环境问题则加以更大的关注，尤其是酸雨治理方面。这也直接导致了节能管理方面的停滞不前，1985～1990 年间，平均的能源效率改善仅有每年 0.5%～1%，当然这也很大程度上有当时极低的能源价格的因素在起作用。这个超出人们预期的能源价格走势对城市集中供热系统的收益性产生了很大的影响，也使得财政预算在该领域削减了 5 000 万欧元。其后，由于大量计划用于燃煤技术研究的预算没有使用，从而也划拨到了热电联产等技术领域，使得该研究的预算还是保持每年数百万欧元。

1987 年由时任联合国世界环境发展委员会主席的挪威总理布伦特朗（Brundtland）夫人发布的报告“我们共同的未来”中重点强调了可持续发展的问题。在该报告中，可持续发展意味着“满足当今人类需求的同时并不危及子孙后代发展的需求”。对于建筑而言这意味着：

①材料最大程度的循环利用；

②能源高效利用；

③提升品质。

可持续建筑业从此不仅仅是节能建筑，这一新视角在 20 世纪 80 年代后期通过政府的推广得到广泛的认知。在 1990 年的能源战略白皮书中增加了“可持续建筑报告”的章节内容。随着可持续建筑项目的不断实施，人们从关注节能逐步扩展到其他的环境因素，例如材料利用，水资源利用和室内环境。

1989 年建筑环境参议机构成立。该机构起着沟通政府与建筑行业，建立结构化的建筑行业环境发展战略的作用。一个著名的例子就是推动在建筑中再利用拆除的建筑废弃物并计划将其利用比例从 1990 年的 60% 的建筑项目提高到 2000 年的 90%，这个目标最终也的确得以实现了。另一个也非常著名的项目例子是 1986 年政府采取的针对油漆涂料生产企业的“碳氢化合物 2000”计划，该计划要求到 2000 年将挥发性物质的排量减少到 1980 年的 50% 的水平。1995 年在荷兰开始提出第一个建筑全生命周期分析，实施在建筑行业提高 20% 的木材使用率，建筑中采用节水器具等各种绿色建筑的新概念。

中央政府推动的同时，荷兰地方和民间的绿色建筑理念也在发展。在 20 世纪 90 年代初，许多不同的人士与部门也都参与到了可持续建筑的挑战与尝试。最早一批的实践者是地方政府如鹿特丹、阿姆斯特丹、代尔夫特和斯黑丹（后来许多的地方政府也紧随其后），这些地方政府要求新建建筑必须满足一个绿色建筑条款的要求。“不使用热带阔叶林木，不使用 PVC 塑料”往往在城市地方法规中看到。荷兰公共住宅创新试验管理委员会（SEV）1993 年出版了可持续住宅手册并列举一些厂商被列入“废除”清单的产品。其结果就是引导了大批的生产厂商对环保和材料再回收利用的关注，并使得产品对环境的影响降至最小。一个很好的例子就是目前采用的 PVC 塑窗可以再循环利用 7～10 次。

这也同时是民间和其他机构参与实施绿色建筑项目的阶段。第一批绿色住宅小区完工，例如在 Drachten 市的 Morrapark 小区和 Delft 市的 Ecodus 小区。荷兰能源与环境组织（NOVEM）在中央政府的委托下，模仿这两个小区项目，在 1988 年启动了一个环境友好和节能的住宅示范项目。该示范项目最终导致在 Alphen a/d Rijn 市一个 101 户的绿色示范住宅小区：Ecolonia，并于 1992 年完工。整个小区的规划由比利时设计师 Lucien Kroll 完成。九家不同的建筑师事务所参与了建筑设计，通过不同的住宅类型显示了绿色建筑的不同主体在实际项目中都能得以体现。每种类型的住宅在满足绿色建筑在能源、材料、水、环境与设备等方面的基本设计要求的基础上，都还专门有一个主题，如健康、额外的节能要求、隔声降噪或者最小化维护费用等。

1993 年 Amersfoort 市政府开始开发新区 Nieuwland，地方政府决心不仅将该校区新建建筑建成绿色建筑，同时还改造原地块已有建筑也满足绿色建筑的要求。Duijvestein 教授被任命为技术总监建筑该项目的实施。在 Ecolonia 和 Nieuwland 项目中都采用了所谓的 DCBA 法来分析和论证绿色建筑的实施程度。D 代表不采取任何关注环境的措施；C 代表一定程度的关注环境；B 代表采取措施限制对环境的破坏；A 代表最大程度的可持续目标。在 Nieuwland 项目中一个重点是太阳能的利用，这一项目给予人们留下了深刻印象并在随后的更大的项目中成为一个惯例性的技术方案，例如后来的大型新住宅区项目乌特勒支市的莱茵河新区，海牙市的 Ypenburg 区和阿姆斯特丹的 IJburg 区等一系列大型建筑区。

1992 年起颁布了新的住宅法案，其中要求各地方政府不再拥有提出超出国家建筑规范以外的要求的权利，也因此地方政府不能将绿色建筑作为地方法规来强制要求。这样，基于自愿的协商，在 90 年代出台了很多跨地方政府或者省级的绿色建筑导则。

1995 年末住房、空间发展与环境部副部长 Tommel 提出了第一个可持续建筑的发展计划。该计划对绿色建筑提出了一个所谓的“分级跨越”：将绿色建筑从作为一个先锋概念变成为建筑项目中的一个必须流程。该计划的备忘录指出其目标就是将绿色建筑作为标准在建筑规划、设计、建造和管理的各个步骤中都必须实现。这个跨越发展的计划荷兰政府希望通过四个跨越战略来实现：

①协调一致；

②具体实现；

③巩固提高；

④准备。

该计划的背景是针对前面所述的大型住宅区项目，与此发展计划相关的第三版能源法案要求荷兰的能源消耗必须显著的降低，建筑节能将在其中作出大比例的贡献，比如建筑规范中的逐步加强建筑能耗性能指标的要求。

1996 年荷兰成立了国家可持续建筑中心，该中心是为了解答市场对获取该领域的技术知识的困难投诉以及对有些模棱两可的技术进行分析归纳。该中心迅速成长为荷兰建筑领域绿色建筑的知识中心和问题解答库。成立了服务中心（infodesk@ dubo-centrum. nl），每年四期发布可持续建筑时事通讯并组织一年一届的“荷兰可持续建筑日”。自然该中心还通过互联网免费提供实时信息。通过上述媒介和方式，国家可持续建筑中心为政府及公共建筑、城市规划以及基础设施建筑等领域提供可持续发展的专业性服务。

荷兰国家可持续建筑中心对可持续建筑做出的定义为："该建筑充分满足目前的需求并且不会对子孙后代的发展造成约束。环境与健康的因素在建筑环境设计的各个阶段以及建造和使用的各环节（包括将来的拆除）都必须充分论证，确保自然环境保持不变甚至改善。"

考虑到建筑环境对人类社会的重要影响，可持续建筑也通常这样描述：

建筑的生命周期中（设计—建造—管理—翻新）建筑环境为实现可持续的社会发展做出贡献；不仅在单体建筑层面，也在城市规划层面和社区层面。这包含小区、建筑和基础设施各方面保障社会和经济的均衡发展，提供一个健康的室内外人居环境。同时还考虑建筑本身和使用该建筑从长远角度对自然环境负荷的和谐与均衡。

在议会的要求下，从1996年起荷兰启动了可持续和节能建筑的示范项目计划。各方可自由提交示范项目的建议书。示范项目必须展示当时可行的技术方案并且能够几年内在更大规模的项目中可以明显地得以实施。荷兰公共住宅创新试验管理委员会（SEV）和荷兰能源与环境组织（NOVEM）负责管理该计划。从200余项项目申请书中最终确定了50个示范项目，其中17个项目为公共建筑。1999年下半年对这些项目进行了评估并出版了经验总结报告。

Tommel副部长1995年开始的第一个可持续建筑的发展计划是针对民用住宅而制定的。对中央政府而言，还需要进一步对公共建筑推进可持续建筑的概念。作为荷兰最大的公共建筑的开发商和管理者，政府要求荷兰国家公共建设局（Rijksgebouwendienst，RGD）开展公共建筑领域的可持续示范项目。各项工作紧接着展开，例如颁布了"公共建筑与环境：可持续发展的决策"；开发绿色建筑评估软件GreenCalc，对绿色建筑的环境指标进行定量的可持续度评测；"20倍因子"的思考等。由此，中央政府一方面让政府的公共建筑成为示范，另一方面也借此推动其他开发商在项目的决策初期就将可持续发展的概念通盘考虑。荷兰国家公共建设局随后开展了一系列的公共建筑的可持续示范项目，既有新建筑也有改建建筑：

①恩斯赫德市（Enschede）税务局节能大楼，1996年；

②哈莱姆市（Haarlem）中心一座动态布局大楼，1997年，示范了一个节约空间的办公楼概念；

③Tiel市广东酒楼改建项目，1998年；

④海牙大型政府改建和新建项目，1995~2000年；

⑤Terneuzen市交通水运管理局大楼，2000年，示范了最小化的环境负荷设计等。

为了使自己不仅仅作为开发商进行可持续建筑的实践，国家公共建设局还成立了可持续公共建筑注册处以跟踪颁布该领域的新项目。

为了使可持续建筑成为规范而不仅仅是一个特例，必须将纸面上的一般设计条件进一步转化为具体的建筑导则。这一步骤的工作对建筑开发建设的各个成员而言，特别重要的一点就是要有实用的、清晰的措施来保障已认可的导则能够实现并对环境形成可以证实的正面作用。

这样，荷兰国家可持续建筑规范也就应运而生了。1996 年首先是住宅新建筑的规范，1997 年提出了住宅建筑管理的规范，1998 年制定了公共建筑的规范，1999 年制定了可持续城市规划的规范以及基础设施可持续建设规范。

一个要素就是规范所引起的费用。一方面某些强制性规范要求并不会造成额外的费用增加，另一方面某些规范并不是使用所有的情况或者必然导致费用的增加。

住房、空间发展与环境部（VROM）为全国可持续住宅建设规范提出了所谓的 Tommel 提案，该提案提出每户可持续住宅将增加投资额按当时折算为 2 000 荷兰盾，但很快就发现每户的投资增加额远高于此，该提案也失去其意义。

1997 年实施的第二个可持续建筑的发展计划在第一个发展计划的基础上进一步深化，并且要在市场化合作上加大力度。在住宅和公共建筑的基础上，这一计划也涵盖已有建筑的管理以及城市规划和基础设施部分的可持续建设内容。

在 2000 ~2004 年的四年规划中，荷兰政府宣布可持续建筑从 2004 年起将进入自身发展的时期，可持续建筑的要求将必须在建筑领域实施。为了实现这一目标，政府对知识转化、市政规划、消费者宣传和能源利用等方面加大了力度。

从荷兰可持续建筑的发展历史中，可以看到主题广度的不断扩充。在国家环境发展战略规划附加版（NMP-plus）中，关于可持续建筑的主题尚只有能源、水、室内环境、材料和废弃物五个方面，而到今天，除了上述五个主题之外，新的主题还包括了人居环境、机动性设计、安全和自然与景观。

同时，历史也显示了深度方面的扩展。在可持续建筑的初期发展阶段，主要关注的是选用什么样的材料和怎样节能。日益严格要求的 EPC（能源效率指数）指标正反映了这一点。后来，人们开始进一步关注建筑的室内外环境，考虑建筑外环境与装饰，也使得可持续建筑的概念发展到了可持续的城市规划上。

可持续建筑的理念中另一个重要的因素是时效。老建筑、部分建筑以及建筑材料的再利用日益成为热点。城市规划与改造中的既有建筑的再利用是一个重点关注的方面。“公共建筑与环境：可持续发展的决策”的报告中指出，不仅仅那些能够改善环境的创新技术是必须的，而且人们也需要转变观念，思考公司或机构的工作流程和组织形式与建筑可持续的关联。这使得人们从长远发展的角度考虑建筑的多功能性，同一建筑在不同的时期可以发挥不同的作用来实现可持续性。

对可持续建筑的密切关注使得 1990 ~2000 年间大量有关的基础研究和试验工作。“百花齐放”就是当时情景的真实写照。不过，持续地保持如此大范围深入地研究还是有难度的，尤其是当经济大环境走下坡路的期间就更困难。目前主要是将已经积累的经验在实际项目中实现并结合到中央政府和地方政府的法规建设中。

在 2000 ~2004 年的四年规划中，宣布在计划执行的半程时将进行全国性的评估工作。2002 年 4 月的“可持续建筑管理通告”中，建筑的环境与健康方面从三方面的主题开展了调查：能源、材料和健康。其后，管理通告中呼吁关注两个影响建筑环境的质量保障的因素：用户（消费者，建筑的使用者）的定位以及在恰当的地区实施可持续建筑（因地制宜的发展思路）。这个观点使得可持续建筑首要关注能源、材料和健康的内容，这些来自于市场经济中消费者和建筑用户的要求，并影响着已有的和新的社区的规划。

近年来，对于可持续发展的关注更多地侧重在了节能和二氧化碳减排上：能耗性能咨询服务的出现使得私人房屋的业主以及企业可以对其住宅或物业进行专业性的节能评估，并依此申请政府节能专项补贴，不过从 2004 年 1 月起，由于荷兰政府为减少财政预算，将专项补贴停止了。

在 2002 ~ 2003 年间，也出现了一些过去的建筑法规中的提案并没有充分的实施。电磁辐射性能标准，水资源利用标准，建筑材料相关的环境指标并没有得以执行。1998 年建筑规范中提出的所谓的“第五支柱”—— 环境，也并没有充分体现。

荷兰绿色建筑的未来是什么呢？关注的重点还是在于居住的质量，生活和健康。对于绿色建筑而言，3P 分析法是最常用的：一个集成人类、环境和经济/财富的分析方法（综合考虑“人/People、地球/Planet、利益与繁荣/Profit&prosperity”）。节能的观念已经深入人心，能够提供的可再生能源也因为建筑能耗指标的日益降低而逐步能满足需求。90% 的建筑拆除的废弃物得以再利用，垃圾分类处理已经得以良好的执行。

未来人们也继续寻求保障可持续建筑的质量的各种方式方法，最好是经济型的。此外，依然需要重点关注环境和经济。城市改建同时也在进行：大幅度地提升现有社区的价值，并进行合理的规划方案。从大量的完成项目中可以看出，今后人们更加关注建筑的社会与人文价值，改造的前提是要保障区域的社会结构的连贯性。经济型不仅仅体现在财务的结果上，同时还包括财富与繁荣，而这点也正是社会价值的体现。

在今后的地区改造的过程中，也给予人们一个思考未来的机会并在既有建筑改造和新建筑开发中不断引入可持续的要求。综合考虑能源的利用效率、采用可再生能源（减排二氧化碳）以及全生命周期稳定的建筑，将建筑进行灵活性的设计使得建筑能够满足住户需求的变化。工业化可灵活拆除的建筑形式 —— 大量的预制建筑部件的采用，使得建筑过程更快，并能保证建筑的质量和建筑工人更好的工作环境，新建的建筑由于设计初始就考虑了灵活性和拆除的问题，使得建筑为未来的变化做好了准备。

绿色建筑既要考虑眼前利益又要考虑将来，这是一门综合性的艺术，需要有利于社会长期的发展但也要兼顾短期用户的利益。这样的发展使得建筑不仅要考虑可持续性，而且还考虑轻松、享受、健康等因素。这些因素都归纳到了建筑环境的“品质”上：我们所有人——包括我们的孩子以及地球上的人类，都受益的“品质”。

5.3 荷兰绿色建筑评价体系的建立与发展

荷兰的绿色建筑评价是在可持续建筑的发展过程中逐步建立起来的。从前面的发展历史中可以看到，早期的时候，仅有很少一些具有理想主义的建筑师，在他们的设计中开始思考和体现环境友好的概念。这类型的尝试与实践往往是基于建筑师本人的经验积累，并对照评估清单（checklists）或者“推荐技术列表”来设计，该评估清单给出环境友好的建筑设计的一些经验性总结，帮助建筑师设计。一个例子就是由咨询公司 BOOM 推出的 DBCA 评估方法，还有就是由 SEV 组织推荐的一个可持续建筑设计参考清单。20 世纪 90 年代，不同的咨询公司、地方政府、开发商以及设计师都纷纷提出自己的绿色建筑评估清单，造成了困惑。因此，荷兰中央政府发起设计一个通用的评估方法，以适用于全国的情况。这就是荷兰国家可持续建筑规范，规范中给出了评分的标准。

在推出了许多的主观性的评估清单后，定量化的环境指标度量也就日益得到重视。1990 年 Schayk 等人提出“环境评估测量方法”，该方法提出了一个计算建筑材料对环境的负荷的公式。不过由于该计算方法太过复杂并且不完善，自从推出后就没有进一步的发展。

在 Carola van den Broek（1989）的研究基础上，20 世纪 90 年代开始荷兰的学者们开始研究建筑材料对环境的影响，最终出版了“建筑材料环境影响的指示性清单”（Indicative List Environmental Effects of Building Materials）（Jong，1991）。为了量化评估指标，环境标准与加权系数联系在一起。建筑环境咨询公司 NIBE 采用了 Jong 的研究成果并开发一个考虑八项环境指标的评分系统。加权系数用于将环境因素转化为分数。在 1992 ~ 1995 年间，“建筑材料的环境分类”（*Environmental Classification Building Materials*）在建筑工程中开始采用。

对建筑材料的环境影响的定量分析实际上是建筑行业一个新的理念，过去很多的关注都放在了建筑节能方面。在 1992 年的荷兰建筑规范中对建筑维护结构材料的热阻提出了指标要求，不过，这一点受到了很多人的批评，因为建筑的能耗并不是仅仅取决于热阻，而是与许多复杂的参数相关联。这也使得在荷兰进一步的推出了建筑能耗性能指标 EPC，该指标针对不同类型的建筑，综合考虑最终的能耗性能。其后，在荷兰又进一步推出了建筑用水性能指标 WPN 和建筑材料环境影响数据 MMG 以及一直还在研究的建筑辐射性能指标 SPN。

1992 年 CML 研究中心发表了一个研究环境影响的标准化方法：全生命周期分析（Life Cycle Analysis，LCA）。该方法后来被国际标准化机构（ISO）所采纳，成为了环境评估、计算工具的国际通用基准。

在采用全生命周期分析方法的深入研究之后，出版了为制造业参考的环境数据报告，“环境相关的产品信息”（*Environment-Relevant Product Information*，*MRPI*）（Schuurmans &

Meijer，2000）。

从初始到结束，建筑相关材料的全生命周期经历了以下的阶段（图 5-1）：

勘探—发掘—运送至工厂—制成（半）成品—运送至建筑现场—建筑现场建造—运行与维护—改造与改建（与下一个资源流关联）—拆除—垃圾阶段：填埋；焚化；再生或者直接再利用。

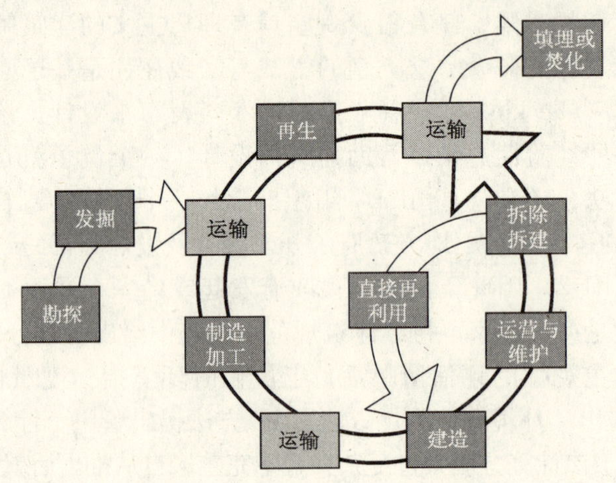

图 5-1　建筑材料与产品的生产周期、生命周期示意图

荷兰的绿色建筑评价软件 GreenCalc 就是基于全生命周期分析而开发的，环境的影响因素起了重要的作用。

建筑对环境的影响可大致的由图 5-2 示意：

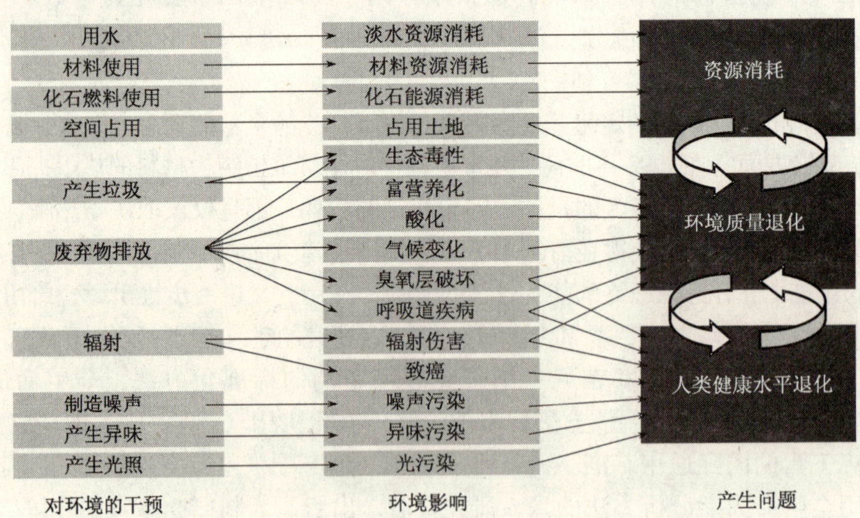

图 5-2　建筑对环境的干预、影响以及可能产生的问题

5.3.1 荷兰绿色建筑评估模型与工具

荷兰绿色建筑评估工具与模型可以大致分为以下类型：

①决策树模型；

②纯全生命周期分析工具；

③设计分析工具。

1）决策树模型

决策树模型是将静态的设计清单与要求详细输入数据的计算工具沟通的工具。该模型将绿色建筑设计清单中的各种手段方法与计算工具关联并得出相应的性能分数，形成综合的规划评估。决策树模型不对环境负荷做精确计算，但给出一个大致的性能指标。基本上，该模型可适用于规划与建筑设计阶段，一旦对建筑环境的要求大致确定，决策树模型就可以用作沟通和论证的工具。在荷兰，这样的例子有《可持续建筑定制》，《城市建筑设计指南》，《集成化 DCBA 设计清单》(见图 5-3 示例）等。类似的其他国家的模型如英国的 BREEAM 和美国的 LEED。

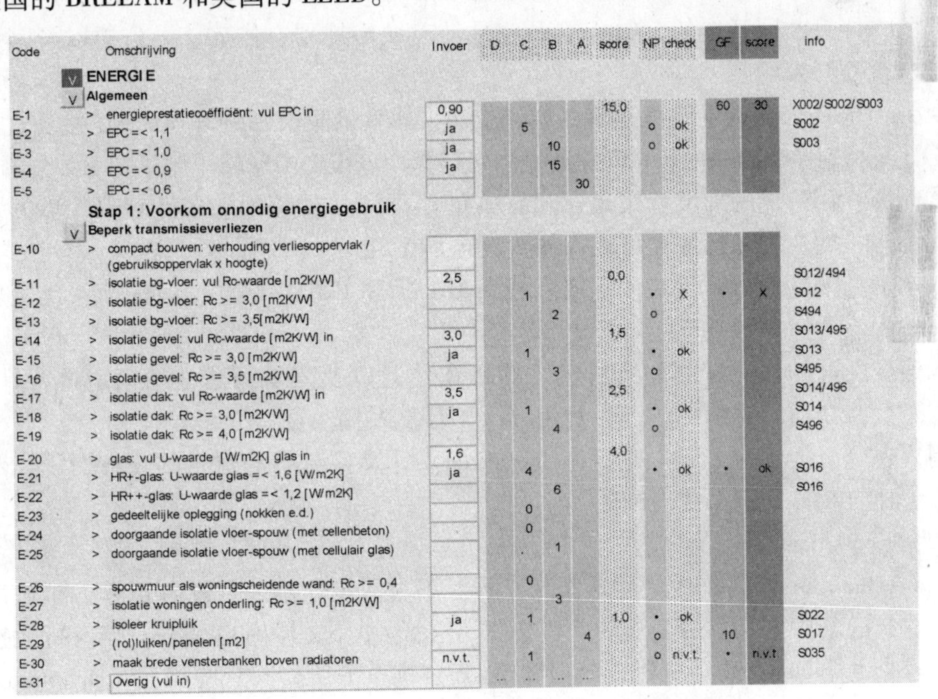

Code	Omschrijving	Invoer	D	C	B	A	score	NP	check	GF	score	info
	ENERGIE											
	Algemeen											
E-1	> energieprestatiecoëfficiënt: vul EPC in	0,90					15,0			60	30	X002/S002/S003
E-2	> EPC =< 1,1	ja		5				o	ok			S002
E-3	> EPC =< 1,0	ja			10			o	ok			S003
E-4	> EPC =< 0,9	ja			15							
E-5	> EPC =< 0,6					30						
	Stap 1: Voorkom onnodig energiegebruik											
	Beperk transmissieverliezen											
E-10	> compact bouwen: verhouding verliesoppervlak / (gebruiksoppervlak x hoogte)											
E-11	> isolatie bg-vloer: vul Rc-waarde [m2K/W]	2,5					0,0					S012/494
E-12	> isolatie bg-vloer: Rc >= 3,0 [m2K/W]			1				•	X	•	X	S012
E-13	> isolatie bg-vloer: Rc >= 3,5[m2K/W]				2			o				S494
E-14	> isolatie gevel: vul Rc-waarde [m2K/W] in	3,0					1,5					S013/495
E-15	> isolatie gevel: Rc >= 3,0 [m2K/W]	ja		1				•	ok			S013
E-16	> isolatie gevel: Rc >= 3,5 [m2K/W]				3			o				S495
E-17	> isolatie dak: vul Rc-waarde [m2K/W] in	3,5					2,5					S014/496
E-18	> isolatie dak: Rc >= 3,0 [m2K/W]	ja		1				•	ok			S014
E-19	> isolatie dak: Rc >= 4,0 [m2K/W]				4			o				S496
E-20	> glas: vul U-waarde [W/m2K] glas in	1,6					4,0					
E-21	> HR+-glas: U-waarde glas =< 1,6 [W/m2K]	ja		4				•	ok	•	ok	S016
E-22	> HR++-glas: U-waarde glas =< 1,2 [W/m2K]				6							S016
E-23	> gedeeltelijke oplegging (nokken e.d.)			0								
E-24	> doorgaande isolatie vloer-spouw (met cellenbeton)			0								
E-25	> doorgaande isolatie vloer-spouw (met cellulair glas)			.	1							
E-26	> spouwmuur als woningscheidende wand: Rc >= 0,4			0								
E-27	> isolatie woningen onderling: Rc >= 1,0 [m2K/W]				3							
E-28	> isoleer kruipluik	ja		1			1,0	•	ok			S022
E-29	> (rol)luiken/panelen [m2]					4		o		10		S017
E-30	> maak brede vensterbanken boven radiatoren	n.v.t.		1				o	n.v.t.	•	n.v.t	S035
E-31	> Overig (vul in)		...	...	...	...						

图 5-3 集成化 DCBA 设计清单（荷兰语）的截图

2）纯全生命周期分析工具

所谓纯全生命周期分析工具是指那些能进行独立的全生命周期评估的用户所使用的工具。因此，需要预先比较准确了解资源和产品、加工和运输等过程，荷兰的这类工具例子有：SimaPro 和 IDEMAT。

3）支持设计的工具

目前最具深度的分析工具是支持建筑或规划设计阶段的工具，大多数这类工具是基于标准的全生命周期分析方法。不过一般来说，最终的性能评分需采用另外的评估模型来计算。许多不同的这类工具，已经开发出来同时还在不断的完善以支持可持续建筑的不断发展。

在荷兰，目前比较著名的有三个工具：

①由荷兰皇家技术研究院（TNO）2001 年起开发的 Ecoscan；

②由 W/E 可持续建筑咨询事务所开发的 Eco-Quantum；

③由数家公司合作开发的 GreenCalc +。

下面分别介绍几个工具软件。

（1）GreenCalc +

GreenCalc + 是由荷兰可持续发展基金会（SUREAC）协同 DGMR 工程咨询公司、荷兰建筑生态材料研究所（NIBE）并在电力公司（NUON）和住房部（VROM）国家公共建设局的支持下共同开发的。GreenCalc + 是针对城市规划、住宅、办公楼以及其他类型的公共建筑而开发的。

GreenCalc + 分别定量计算建筑材料、能源、水和通勤交通的环境费用。其中，

①建筑材料是通过 TWIN2002 评估模型来计算，该模型中忽略了健康影响部分的估算。

②能源利用造成的环境费用是通过正式的能源评估规范标准来计算，计算的结果直接换算为当量的立方米燃气消耗或者多少度电能消耗。

③水资源消耗的计算是基于咨询公司 opMAAT 和 BOOM 联合编写的荷兰建筑用水规范而实现的。

④通勤交通的环境因素是根据建筑的所在位置以及其易到达性的模型进行计算的。汽车或者公共交通所需消耗的燃料费用计入了环境费用中。

用户也可以指定一个参考建筑，GreenCalc + 计算需分析的建筑的环境因子，然后给出与参考建筑相比的进步或者缺陷。

（2）Eco-Quantum

Eco－Quantum 是为了住宅建筑而开发的。不过，该软件的开发者正致力于可用于分析办公建筑的新版本。在两个非政府机构 NGO 的激励下，同时也是在对建筑行业持续的咨询要求推动下，IVAM 环境研究公司和 W/E 咨询事务所共同开发了 Eco-Quantum。

Eco-Quantum 能够对单体建筑进行完整的全生命周期分析计算。该软件计算所采用或者规划采用的材料的环境影响，生成一个环境的影响分布图。该软件包含了一个范围广泛并且分级的材料数据库以及各种材料的环境影响数据。

对于建筑能耗，该软件根据荷兰建筑能耗规范所计算出的能耗指标换算出环境的影响。水资源的消耗可以通过选用的卫生洁具来估算。通过选项方式的加权计算，总体的

环境影响可以最终转换为一个分数值。除了选项方式的加权部分之外，Eco-Quantum 其他部分的计算严格采用标准的全生命周期分析方法。

5.4 GreenCalc + 详细介绍

正如前面章节中简单介绍的，GreenCalc + 是由荷兰可持续发展基金会（SUREAC）协同另外四家荷兰公司一起在荷兰住房、空间发展与环境部的支持下开发的绿色建筑评价标准软件。GreenCalc + 的主流版本是 1.21 版，2006 年 6 月刚刚推出了最新的 2. 0 版本。不过，这里介绍的主要以 1.21 版本为基础。

5.4.1 GreenCalc + 可以做什么

GreenCalc + 是一个用于绿色建筑的环境负荷评价的软件包，它既可用于分析单体建筑，也可用在整个小区的分析。使用 GreenCalc + 可以：

①对单体建筑进行绿色建筑评估；

②不同建筑进行对比；

③对小区进行绿色建筑评估；

④不同的小区规划对比分析；

⑤建筑部分或者某些产品的环境负荷比较；

⑥评估开发商的绿色建筑的预期指标等。

5.4.2 GreenCalc + 开发背景与模块

GreenCalc + 的开发需求来自于市场，并在荷兰住房、空间发展与环境部公共建筑管理局于 1997 年的推动下得以启动的。同时，这个也正好符合荷兰电力公司（NUON）希望开发一个能用于评估建筑小区层面的环境负荷的工具的战略思路，通过这样的工具，电力公司可以定量化地评估电力供应商在环境方面造成的影响。GreenCalc + 的软件开发使得能对建筑、小区以及建筑部件等迅速提供一个简单但却是准确的环境消耗信息。通过一个友好的用户界面，就可以得到建筑建造和使用的环境负荷。作为 GreenCalc + 的基础，全生命周期分析的研究成果为软件提供了基本数据。GreenCalc + 主要用在公共建筑和住宅建筑的项目评估上。还可以进一步对小区的基础设施（如道路等）和小区的设备（如污水处理、变电站、煤气管道等）同时进行环境负荷的评估。

GreenCalc + 包括四个模块：材料、能源、水和通勤交通。以下对每一个模块做一个简单的介绍并同时说明不同模块的绿色建筑评估可适用于什么层面和场合。采用 Green-

Calc + 既可以对建筑层面也可以对整个小区进行评估。通勤交通对于住宅项目仅在小区的场合适用，不过对于公共建筑而言，其周边的通勤交通状况也参与了评估。老版本中交通部分的环境消耗没有加入到评估的内容中。

5.4.3 绿色建筑发展目标

为了获得所设计的建筑的绿色程度及其环境友好度，GreenCalc + 引入了一个环境指数。这个指数的计算过程将在下文中介绍。环境指数给出了所研究的建筑与参考建筑（该参考建筑的环境指数为100）相比多大程度的绿色度改善或者退步。就好像证券指数一样，如果状况改善了，指数——这里当然是指环境方面，就上升了。采用这个环境指数就可以将绿色建筑的发展目标定量的制定，也就是相对于所参考的 1990 年的建筑方式和建筑材料可以有多大的环境友好度的改善。

采用指数有若干的优点：

①设计方法上的改进可以非常直观、定量的给出并且可以直接用于决策；

②环境消耗可以在不同的主题上相互补偿。由于材料、能源、水和通勤交通方面的环境消耗都是采用同样的全生命周期分析方法折算为环境费用，不同方面之间具有可比性。如果某个建筑在某个方面得分很差，就可以考虑通过其他方面得到补偿。例如，建筑中采用了很厚的隔热材料，需要消耗很多的材料。这样，材料方面的得分就会降低，但这个分数会从能源方面得到更高的分数从而使整体的评估指数提高。

③GreenCalc + 可以使得过去困难的绿色建筑目标问题变得容易设定。在设计任务书（Term of Reference）中可以明确地提出绿色建筑环境指数的要求。采用了环境指数为评估指标后，就不需要对采用的技术方案进行详细的规定，而可以采取更加创意性的方法来实现同样的绿色建筑的目标。

④采用指数可以使得不同的建筑进行对比，无论其规模的大小，都可以给出明确的绿色建筑的程度。

5.4.4 从环境影响到隐藏的环境费用

建筑的建造会给环境带来负面的效果，这包括排放、损耗、土地占用以及土地破坏等。不过，大多数的环境破坏很难轻易做出比较，比如说，哪一个对环境的影响更坏呢？是 1kg 的二氧化碳，1kg 的硫化物或者是 1kg 的建筑固体废弃物？采用隐藏环境费用的计算可以使各种环境影响都遵循同样的规则。隐藏的环境费用是我们为了确保建筑真正成为绿色建筑所必需的费用。

从国际上发表的文献与数据中可以寻找到有关建筑材料、能源、水和通勤交通等对环境造成的负面效果。在荷兰，最初的降低环境负荷的尝试大都是简单和便宜的手段。不过，需要进一步降低环境费用时，所增加的投资也大幅度增加。因此通过简单的手段无法作出全局的判断，只能综合考虑所有的环境因素来评估绿色建筑。

GreenCalc + 对材料、能源、水和交通方面的环境因素从建筑的完整生命周期来评估，从原材料到变成垃圾的各个阶段的环境效果都加以全生命周期的分析。各种环境破坏因素（如排放、损耗等）都完全换算到了隐藏的环境费用上，全部隐藏的环境费用接着换算为一个总的数值，这个总的环境费用将作为建筑在整个生命周期中的“负债”。GreenCalc + 假定了技术上的生命周期（住宅和学校为 75 年，办公楼为 35 年）而不是经济上或者功能上的使用周期（就如房产开发计算的方式），这种假定的背景是从绿色建筑可持续的角度出发，希望建筑本身尽可能长时间的使用，既有建筑的长时间使用意味着对新建筑较少的需求。当一个建筑被拆除时，如果技术的角度还可以使用，那么意味着环境资产的完全损失。这个损失可以通过 GreenCalc + 明确的计算出来。

5.4.5 环境指数与其他指数

为了获得所开发建筑或小区的绿色程度，需要定义环境指数，以及延伸出来的自定义指数和小区指数。这个指数给出与一个参考建筑相比（该建筑的指数为 100），所设计开发的建筑有多大程度的改善（或者退步）。当然可以制定不同形式的指数，不过，唯一的全国范围统一采用的指数就是环境指数（Environment Index）。

指数是通过将需要评估的建筑的环境费用与参考建筑的相对比。环境指数中采用的是统一的参考建筑；自定义指数中采用的是自定义的参考建筑。目前为止，在荷兰，对商店和医疗建筑尚未有统一的标准参考建筑，因此该类型的建筑只能采用自定义指数。

环境指数，这是一个大家能够统一比较的指数。

$$环境指数=\frac{统一采用的标准参考建筑（1990）的环境作用}{新设计或分析的建筑的环境费用}\times 100\%$$

自定义指数，这是一个与已知的项目进行对比的指数。

$$自定义指数=\frac{作为参考的已知项目的环境费用}{新设计或分析的建筑的环境费用}\times 100\%$$

建筑指数：对于办公楼和学校建筑，在与参考建筑对比评估时，还计算了建筑指数以及用户模式。对这类建筑的评估还需要对用户输入的使用模式也进行分析，如建筑的运行开放时间，使用频率等。不同的使用模式直接影响环境指数。GreenCalc + 的评估结果明确地指出环境指数的哪些部分是与建筑本身有关，哪些部分与用户的使用模式有关。建筑指数给出的是所设计或分析的建筑（采用标准的用户类型）与一个缺省设置的参考建筑对比的结果：

$$建筑指数=\frac{缺省设置的标准参考建筑的环境费用}{采用标准用户使用模式下的所设计或分析的建筑的环境费用}\times 100\%$$

所谓“标准用户使用模式”包括以下的属性：

（1）总体：没有采用绿色能源。

人数：办公楼建筑，人均占用28.8 m^2 建筑面积；

学校建筑，人均占用4.5 m^2 建筑面积。

能源：

建筑使用时段：上午8时至下午6时，每周5 d；

人员密度：办公楼，人均大于12 m^2，小于30 m^2 使用面积；学校，人均大于2 m^2，小于5 m^2 使用面积；商店，人均大于12 m^2，小于30 m^2 使用面积；医疗建筑，人均大于5 m^2，小于12 m^2 使用面积；

年均白天照明时间：办公楼2 200 h；学校1 600 h；商店2 700 h；医疗建筑2 200 h；

年均夜间照明时间：办公楼300 h；学校300 h；商店200 h；医疗建筑300 h；

内热源负荷：办公楼20 W/m^2；学校5 W/m^2；商店2 W/m^2；医疗建筑20 W/m^2；

（2）用户的使用模式：这部分的影响是通过对比环境指数与建筑指数，获得不同用户使用模式的影响结果。

$$\text{用户的影响度} = \text{环境指数} - \text{建筑指数}$$

（3）小区层面的评估：为了获得所设计的建筑或小区的绿色程度，还可以定义小区指数。目前为止，尚未有一个标准的参考小区，这意味着小区指数还不能用为评估基准。为了能够对各种小区的概念设计进行对比，在荷兰，基于1990年的建造和基础建筑技术水平，定义了一个虚拟参考小区。

$$\text{小区指数} = \frac{\text{虚拟参考小区的环境费用}}{\text{新设计或分析的小区环境费用}} \times 100\%$$

5.4.6 什么是参考建筑

在GreenCalc+中需要评估的建筑是和一个参考建筑进行对比的。通过比较两者隐藏的环境费用，可以获得一个指数。为了获得一个具有公信力的指数，就需要有一个明确的参考建筑，这适用于前述的环境指数。为了环境指数有一个共同的基准，也就需要大家采用同一个参考建筑。因此，SUREAC基金会制定了1990年参考建筑。之所以选择1990年的建筑水平为参考，是因为当年发布的第二个国家环境发展规划中明确提出了可持续建筑的要求。1990年型参考建筑是指在1990年荷兰占主流的建筑的建造水平。这个参考建筑是与输入建筑同类型的建筑，但采用的是1990年的建筑材料，建造形式和设备水平。这个参考建筑师GreenCalc+自动生成，以便所有的评估结果都是采用同样的参考水准。

参考建筑的类型：

对于住宅建筑和公共建筑有着不同的自动生成的参考建筑。

对于住宅的标准参考建筑所选取的是NOVEM（荷兰能源与环境组织）参考型住宅。对该参考建筑的详细描述可以在GreenCalc+的帮助文档中找到。

对于住宅而言，又分为四种类型：

①联排别墅参考建筑；

②两联体别墅参考建筑；

③独栋别墅参考建筑；

④公寓楼参考建筑。

对于公共建筑而言，包括：

a. 办公楼参考建筑；

b. 学校参考建筑。

将来还需要不断地充实更多类型。

5.4.7 什么是参考小区

目前尚未有一个类似与参考建筑那样公认标准的参考小区。这意味着小区指数不能用来作为一个比较的基准。比如说，一个在埃茵霍温市的建筑小区的小区指数为140，而另一个在阿姆斯特丹市的建筑小区的小区指数为130，我们无法做出结论说埃茵霍温的那个小区就更加绿色一些。这个问题也是因为在 GreenCalc + 中建筑容积率没有考虑在内。

为了对不同的小区概念设计进行量化对比，依据 1990 年的条件，特定义了一个虚拟参考小区，这个虚拟参考小区是完全采用 1990 年的建造方式、能源效率和基建结构等定义。这意味着一个小区的环境指数如果是 100 的话，那么其建筑的绿色水准相当于 1990 年的同样容积率的建筑小区的水平。

5.4.8 20 倍因子改善

1987 年的联合国环境发展委员会发布的“我们共同的未来”的报告将可持续发展定义为人类的重要议题。1990 年 Ehrlich & Ehrlich 以及 Speth 的文章中再次介绍了一个计算公式，这个公式体现了环境与社会发展目标之间的联系：

$$EP = P \times W \times E \tag{5-1}$$

式中 EP——环境负荷，这个环境负荷被认为过高，我们需要用50 年的时间将这个值降低到 1990 年的 50% 的水平；

P——全球人口，这个数据预测将在 50 年里增加一倍；

W——全球居民的平均财富，这个数据预测在 50 年中增加 5 倍。

因此，人均环境因子 E 相当于：

$$E = EP / (P \cdot W) = ½ / (2 \times 5) = 1/20 \tag{5-2}$$

该公式表明人均的对环境的负荷因子需要在 1990 年的基础上用 50 年（到 2040 年）的时间降低到 95% 的水平，这是一个 20 倍的因子。该 20 倍因子的改善可以用作为可持续发展的目标或者导则来提升绿色建筑的环境性能。

采用 GreenCalc + 的评价方式，可以非常直观地了解到目前的建筑的绿色程度以及距离我们的 20 倍因子的目标——2040 年环境指数达到 2000，还有多少距离。

5.4.9 GreenCalc + 软件结构简介

GreenCalc + 软件界面包含 3 个选项：设计（Ontwerp），参考建筑（Referentie）和结果（Resultaat），每个部分都有进一步的菜单树，见图 5-4 所示。这个菜单树采用的是梯级结构，从小区的层面一步步具体到单体建筑的层面。无论是小区还是建筑，参数输入和结果部分都分为四个模块：材料（materiaal），能源（energie），水（water）和通勤交通（mobiliteit）。

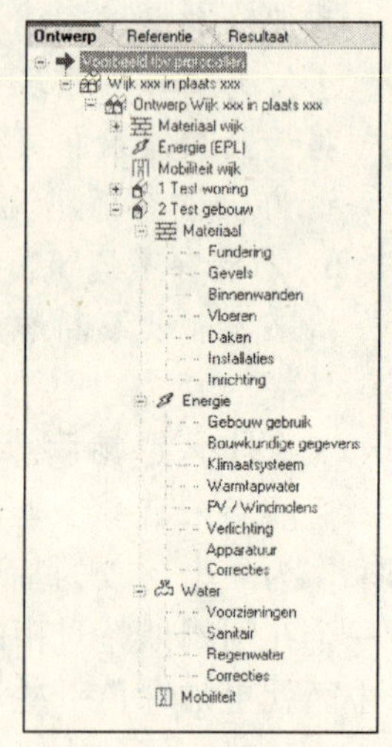

图 5-4 菜单

对于“设计”选项，用户可以一项项地将有关评估的建筑信息输入。在“参考建筑”选项中，相应的参考建筑将自动生成（注：仅仅适用能够有自动参考建筑的类型）。“参考建筑”选项中具有和“设计”选项一样的菜单树，这些菜单树中的参数可以修改，不过，经过用户修改后的参考建筑成为了自定义的类型，获得的结果不再是环境指数而是自定义指数。

在“结果”选项中，列出了评估的结果。“结果”部分也采用了同样的菜单树结构。在 GreenCalc + 的评估计算中，某个小区可以有多个单体建筑，也可以在一个项目中有多个小区（图 5-5）。

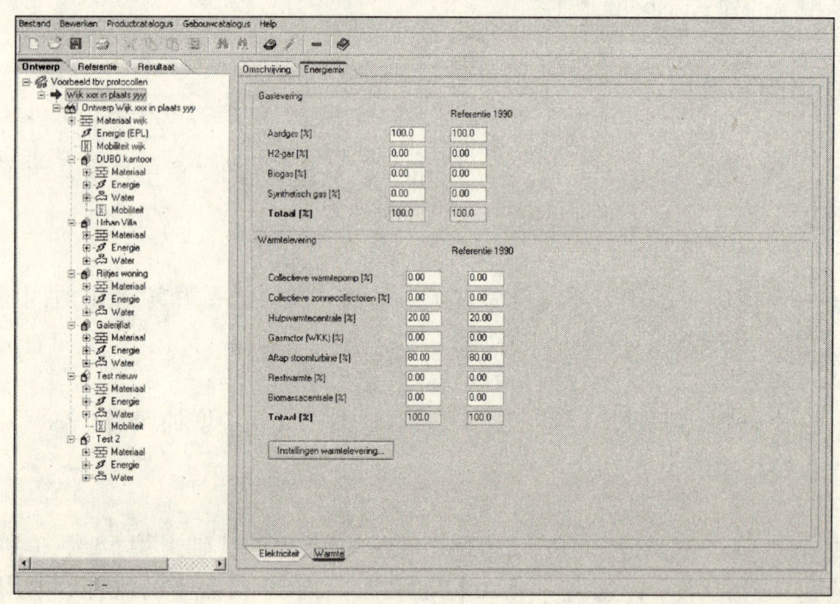

图 5-5 一个项目的示例：包括一个小区和 6 个建筑

下面对 GreenCalc + 的各输入模块做一个简单的介绍。

（1）材料模块

这个模块将用于评估建筑材料在建造、维护和拆除的全过程中的环境消耗。这个评估是基于材料在建筑的整个寿命来分析。为了实现这一目标，GreenCalc + 采用了由荷兰材料研究所 NIBE 开发的 TWIN 模型来获取材料与产品的环境数据信息（dr. ir. E. M. Haas，1997）。除了定量的全生命周期分析研究的数据之外，在这个模型中还集成了非定量的数据以便于对建筑产品、建筑部件和建筑整体进行完整的评估分析。因此，模型中不仅有可度量的如颗粒物排放等数据，也有如健康、妨害和破坏度等定型的因素。因此，该模型是目前对建筑产品环境消耗（绿色程度）进行客观评估的最完整的工具。

材料模块在菜单树中可区分为以下的几大类：

①基础部分；

②维护结构；

③内墙；

④地板；

⑤屋顶；

⑥建筑设备；

⑦装饰。

建筑的每个部分可以输入不同的建筑产品，每个产品有若干性能指标在菜单树中列出。输入的产品在后面的计算中还可以修改或者删除。产品目录分为产品分组大类和产品分组子类。菜单树中不同的选项给出了相应的缺省产品分组大类的类型。每个大类后面也给出了相应的建筑材料的 CI/sfB 国际代码。然后，相应的分组子类的选项也列于所选大类之后。

对于建筑设备的材料模块分析，GreenCalc + 在数据库中集成了大多数类型的选项，用户不需要对某个设备所用材料加以细化，而仅需要选择类型即可，评估软件将根据同类型产品的平均材料消耗，加上该设备所覆盖的建筑面积的信息，就可以估算出设备材料的环境费用。对于住宅建筑设备而言，包括：

①室内排污设备；

②电路系统；

③通风系统；

④采暖和饮用水系统；

⑤水管系统；

⑥燃气管道系统；

对公共建筑设备而言，包括：

①室内排污设备；

②电路系统；

③通风系统；

④采暖和饮用水系统；

⑤水管系统；

⑥冷却装置；

⑦供冷系统；

⑧燃气管道系统。

（2）能源模块

通过该模块，在小区范围里可以分析评估能源供应的参数影响。在某些特殊应用场合，例如讨论在社区中使用氢加气站（用于新型环保燃料电池汽车）或者集中的热泵系统供暖，就会影响到最终的尾气或废气排放的结果。

单体建筑层面的能源模块式用于评估既有建筑和新建建筑的能耗指标及相应的环境消耗，既有每年的分析也有整个建筑生命周期的结果。本模块是由 DGMR 公司在荷兰国标 NEN 2916—2001 和 NEN 5128—2001 的基础上开发。一些与用户相关的参数，如建筑使用的时间段，人员停留的时间，照明工作的时间，通风与制冷系统工作的时间等，是作为输入参数。其他一些标准参数则参考国家标准作为缺省值集成于软件中了。软件还可以进行不同单位的能源消耗预测，如电力消耗每年多少度［kWh/年］，标准天然气消耗每年多少立方米［m^3/年］，热量消耗每年多少吉焦［GJ/年］等。能耗是按照建筑一年的消耗来评估。评估大多数依据设计参数来进行。电能、燃气和热量的消耗通过全生命周期分析理论换算为环境的消耗。在小区范围的评估中，能源消耗的评估还考虑了排污系统和照明系统。

能源模块分为以下几个大类：

①建筑的使用模式（仅对公共建筑）；

②建筑设计相关数据；

③空调系统；

④生活热水系统；

⑤光电/风电系统；

⑥采光（仅对公共建筑）；

⑦内部设备；

⑧修正项；

每一个大类可以通过下拉菜单选择子类。

办公建筑的电力消耗设备是 GreenCalc + 中一个非常详细的部分。作为参考，这里详细列出了有关的参数值。GreenCalc + 中有四类输入选择：

①低程度的办公自动化（5 W/m^2）；

②一般程度的办公自动化（20 W/m^2）；

③高程度的办公自动化（35 W/m^2）；

④自定义数值（W/m^2）。

其中，所谓的低程度、一般程度和高程度取决于以下条件。表 5-1 中给出了各种设备通常的能耗，安装的能耗是指该设备最大的功耗。

安装能耗 **表 5-1**

设备类型	安装能耗（W）
Laptop	35
PC 配 15″CRT	140
PC 配 15″LCD	115
激光打印机	500
多功能复印机	600
彩色激光打印机	560
扫描仪	80
传真机	35
饮水机	500
网络设备	270
电话与网络	5

对于不同的选项（低程度、一般程度和高程度）系统缺省估算了人均设备数和人均建筑面积。以下给出了每个设备每平方米使用面积的平均数值。

人均单位面积设备值与设备耗电量 **表 5-2**

办公自动化程度 人均使用面积	低程度 25		一般程度 22		高程度 15	
	人均设备数	设备用电（W/m²）	人均设备数	设备用电（W/m²）	人均设备数	设备用电（W/m²）
Laptop	1	1.40	0	0	0	0
PC 配 15″ CRT	0	0	0	0	1	9.33
PC 配 15″ LCD	0	0	1	5.23	0.5	3.83
激光打印机	0.05	1.00	0.25	5.68	0.25	8.33
多功能复印机	0.05	1.20	0.15	4.09	0.15	6.00
彩色激光打印机	0.05	1.12	0.1	2.55	0.1	3.73
扫描仪	0	0	0.1	0.36	0.1	0.53
传真机	0.05	0.07	0.15	0.24	0.15	0.35
饮水机	0	0	0.05	1.14	0.05	1.67
网络设备	0	0	0.05	0.61	0.05	0.90
电话与网络	1	0.20	1	0.23	1	0.33
总计	5.0		20.1		35.0	

根据表5-2给出的设备耗电量，结合自己的实际使用量，也可以定义出自己相应的耗电程度用于能源评估。

对每一个设备其电能消耗可以通过以下计算：

$$电能消耗=\frac{安装能耗\times 人均使用的设备数}{人均使用面积}\ (\mathrm{W/m^2})$$

总计电能消耗为所有设备电能消耗的总和。

能源评估中设备的电力消耗同时考虑了设备的每年多少小时的运行率。在GreenCalc+中，缺省设置这个值为0.3。这意味着30%（对于全年8 760 h而言）的时间设备是100%运行的；这也可以是指60%的时间里设备是处于一半功耗的运行状态。不过，如果到了设计后期，设备的运行率已知的话，就可以将已知的数值带入评估计算中。不过就需要与30%的缺省值进行换算。

$$电能消耗=\frac{安装能耗\times 人均使用的设备数}{人均使用面积}\cdot\frac{已知运行率}{0.3}\ (\mathrm{W/m^2})$$

（3）水资源模块

GreenCalc+的水资源模块对建筑中的水资源使用的评估是基于荷兰国标NEN6922，该标准规范了节水的要求，对今后的建筑用水提出了定量的要求以实现节水的目标。一个与规范标准对应的百分比可以通过本模块计算获得。在荷兰国标NEN6922中没有区分饮用水和其他类型的水，但在本模块的评估分析中考虑了雨水搜集和生态厕所的使用。

GreenCalc+对公共建筑中水资源利用的评估是根据绿色建筑节水规范来计算，该规范是由Opmaat en Boom公司应乌特勒支市政府的提议而开发。饮用水的节省可以通过采用节水型抽水马桶，节水龙头和节水淋浴设备等来实现，同时将过去使用饮用水冲厕和浇花改为雨水。采用全生命周期分析理论，饮用水的消耗可以换算为环境的消耗。

水模块分为以下几个大类：

①供水系统；

②卫浴系统；

③雨水系统；

④其他因素；

（4）通勤交通模块

通勤交通模块在GreenCalc+中主要是针对大规模的小区，按照规划设计以及小区的居民状况来进行评估。对办公楼建筑而言，评估的方式有所不同，业主和用户还可以施加有关通勤交通的额外影响，例如停车位的数量，机关关于通勤的补贴等政策。

通勤交通模块的计算内核是基于现有的软件VPL-KISS。VPL代表“地区交通状况”，由荷兰能源与环境组织（NOVEM）和荷兰经济部共同开发。由于VPL-KISS仅仅是针对住宅建筑而开发，由DGMR公司进一步研发了适用于公共建筑的模块。该模块基于MuConsult和DHV公司的研究成果，将通勤交通对公共建筑的影响也能完美的集成到了整个评估体系当中。

5.5　GreenCalc + 案例

5.5.1　Roermond 市税务局

1992 年 Roermond 市税务局的新办公楼建成（图 5-6）。该项目中采用厚重的建筑材料，建筑设计中采用了大厅堂结构，有很好的保温效果。与 1990 年的建筑水平相比，改善的程度不是很大。

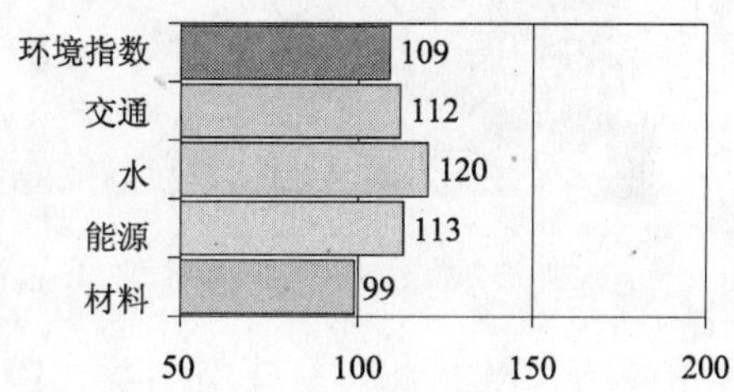

图 5-6　Roermond 市税务局的新办公楼（1990）

5.5.2　Bemmel 市住宅小区

2001 年开发的该住宅小区项目中采用了一些绿色建筑的方案。建筑材料符合荷兰可持续建筑材料国家规范并有所改进。保温材料的热阻为 4 $m^2 \cdot K/W$，窗玻璃的 U 值为 1.2 $W/(m^2 \cdot K)$。太阳能燃气混合型热水器提供生活热水，平衡通风带热回收系统，南面落地窗等。

新开发的住宅建筑中，对于节水部分可以采取比 1990 年有较大程度改善的方案，材料和能源部分也有相当的改进，使得最终的结果比起 1990 年的参考建筑改善了 40%。（图 5-7）

5.5.3　既有建筑改造：水塔改造为住宅和办公楼

2004 年，作为一个尽可能的绿色建筑尝试，NIBE 实施了一个既有建筑的改造项目，将一个水塔改造成住宅和 NIBE 的办公楼（图 5-8）。该项目中，尝试了独立的风力和太阳能电池板发电以满足建筑本身的需要，同时尽可能利用废弃物制成的建筑材料，新建筑中采用了铝合金材料和绿色木材。

维护结构的热阻分别为：塔身 1.4 $W/(m^2 \cdot K)$，塔顶 2.9 $W/(m^2 \cdot K)$，扩展部分 3.5 $W/(m^2 \cdot K)$，玻璃 U 值为 0.4 $W/(m^2 \cdot K)$。太阳能采暖及热泵供热并采用低温采暖，带热回收系统和自然通风系统。雨水冲厕系统，自带污水处理系统。建筑距离火车站和公交站点仅 100 m。

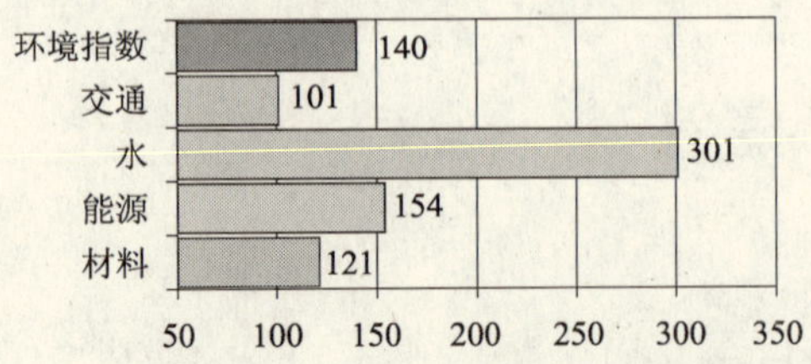

图 5-7 Bemmel 市住宅小区

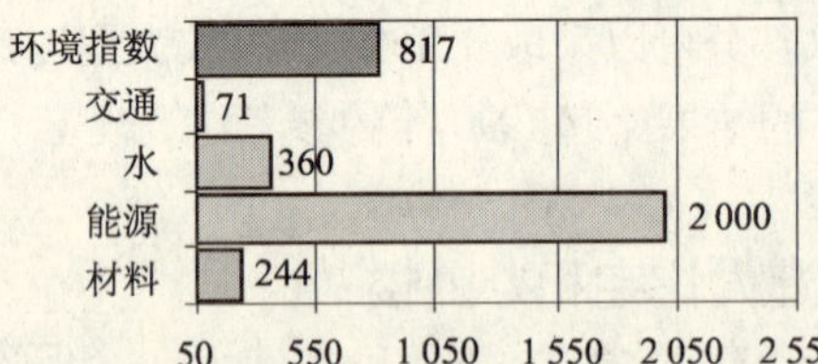

图 5-8 水塔改造的住宅和 NIBE 办公楼

5.5.4 2040 年：如何达到目标

为了预估 2040 年是否以及如何能达到环境指数 2 000 的目标，荷兰四家具有绿色建筑开发和设计经验的公司为荷兰住房、空间规划和环境部公共建筑管理局进行了新的办公大楼的概念设计，然后对其进行了绿色建筑的 GreenCalc + 评估。

这四个概念设计基本上都遵循了以下的原则：

精确和有目的地采用可持续性材料，建筑和公共交通完全采用可持续能源，能源指数超过 2 000，水资源的消耗控制在不超过 2.5 L/(人 · d)，公共交通极其便利并且建筑得到充分的利用。

方案 1：DTO Mecanno（图 5-9）

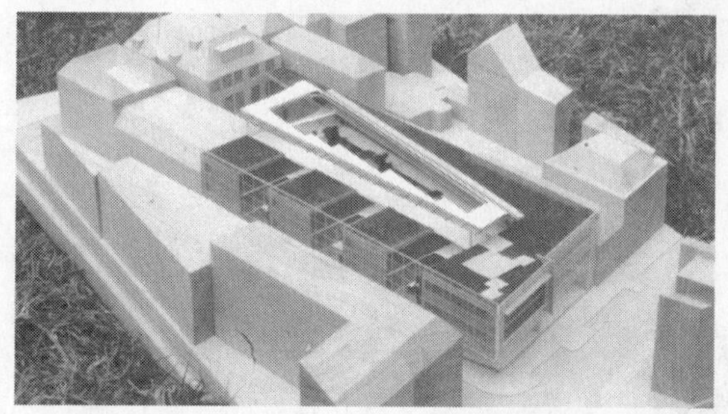

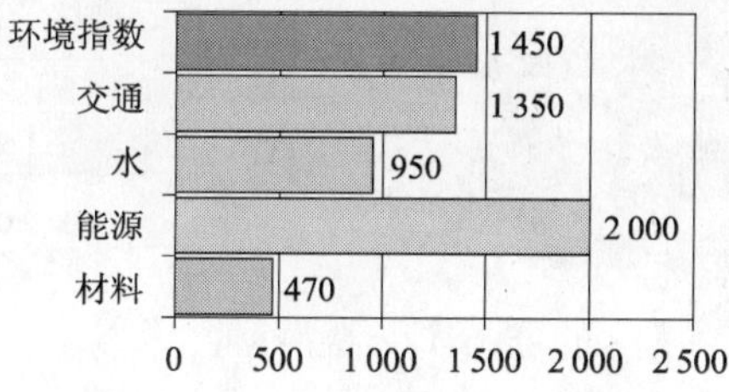

图 5-9　DTO Mecanno

此方案的环境指数为 1 450。

方案 2：DTO Pijnenborgh（图 5-10）

此方案的环境指数为 1 950。

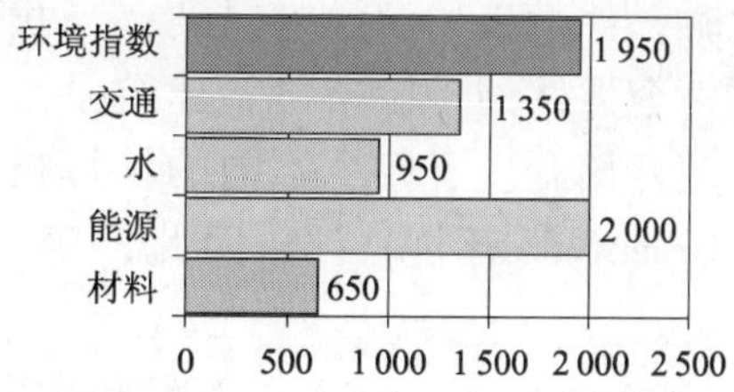

图 5-10　DTO Pijnenborgh

方案 3：DTO Kristinsson（图 5-11）

此方案的环境指数为 2 400。

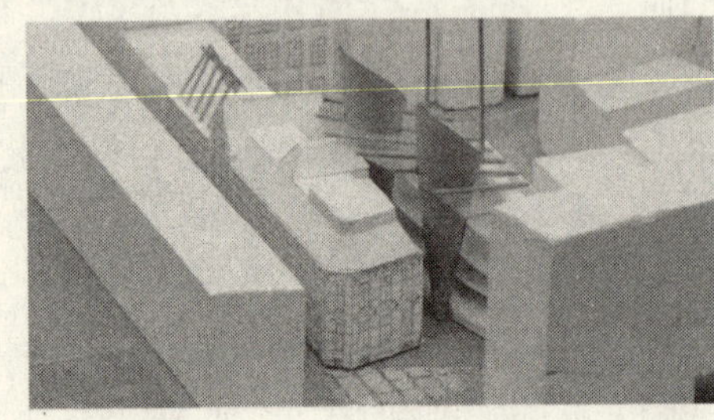

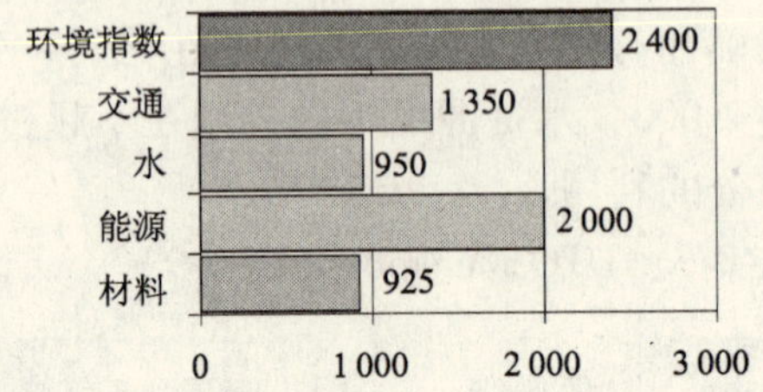

图 5-11 DTO Kristinsson

方案 4：DTO Lucien Kroll（图 5-12）
此方案的环境指数为 3 400。

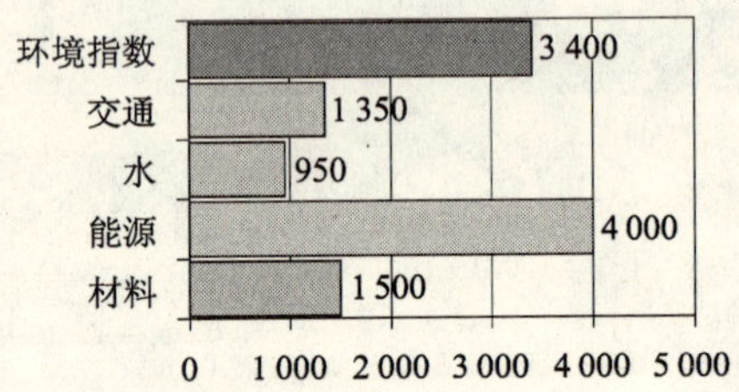

图 5-12 DTO Lucien Kroll

5.6 GreenCalc + 市场策略

GreenCalc 的开发来自于荷兰政府公共建筑管理局前总监事长的想法。当他接任该职务之时，他发表的演说中提到：当我对政府部门所建造的建筑需要执行监造时，我很需要一个评估的手段来检验建筑是否按照人们所承诺的性能来实施建筑的建造。因而在荷兰开始开发了四个不同的计算机软件工具并随后将它们合并，最终成为如今所说的：GreenCalc 评估软件。因此，荷兰的 GreenCalc 系统本身就是应市场的要求而产生的。

通过 20 世纪 90 年代初的开发和试用，1997 年在荷兰市场上正式推出了 GreenCalc 的第一版本。最初，仅有荷兰政府公共建筑管理局采用了该评估软件，很快，一些银行业主提出要求希望应用该软件来评估他们所拥有的建筑对环境友好的程度。这时，GreenCalc 被当作一个评测的基准工具。

GreenCalc 最初是一个评估的工具软件，不过很快其后续版本就将其功能拓展到了建筑设计的概念阶段，这是因为早期的使用有助于预测所设计的建筑是否采用了正确的环境选项。同时，GreenCalc 也被应用于建筑设计与建造的各个阶段，甚至用于建筑的使用过程中，因为 GreenCalc 也可以给出一个关于建筑的年度的环境分析报告。

如今，在 2006 年年底，GreenCalc 已被荷兰政府公共建筑管理局作为行政法规要求所有该局管理的新建筑都必须采用该软件进行评估。其他的市场领域包括银行业、共同基金、建筑师和建造商等，也应用该软件在建筑设计与建造的各个阶段以监控是否符合计划要求，并在建造完成后，作为一个基准考核是否满足设计的环境因子的要求。

GreenCalc 在荷兰已进入较为广泛的应用阶段，在比利时也已经有若干项目采用该评估软件，目前德国政府也在商讨应用 GreenCalc 于公共建筑的可能性。

5.7　荷兰绿色建筑评价体系与历史发展借鉴

荷兰可持续发展的过程以及绿色建筑评价体系形成与发展的过程对于中国目前的和谐发展道路有着良好的借鉴作用。

绿色建筑的发展与全球可持续发展的浪潮密切相关，与全球化的节约能源的需求也密切相关。发展绿色建筑离不开国家能源战略的制定，否则必然是镜花水月。荷兰的能源战略三十多年的发展历史表明，能源战略的制定是一个需要具有远大眼光的决策，既要看到目前全球的能源短缺对经济造成的影响，也要看到能源价格的增长，必然催生新的能源模式和能源技术，因此，绿色建筑的发展不能仅仅关注节约能源，还需要综合考虑环境的总体影响。

荷兰的绿色建筑评价体系经历了定性评估到定量评估的过程，而且关注的目光更大范围地放在了对自然环境的影响与破坏上。GreenCalc + 就是在这个大趋势下开发出来的绿色建筑的评价方式，并通过全生命周期分析手段，以环境费用的方式来定量地给出绿色建筑的发展目标。这一点，值得中国的绿色建筑评价体系在建立过程中借鉴。

节能建筑 →可持续建筑→绿色建筑，其过程的目标日趋清晰：我们需要一个拥有使人类能够共同可持续生活的自然环境的星球。保护环境，是开发绿色建筑的本质。

本章参考文献

[1] Dobbelsteen, A. van den, Apples, pears & bananas-The gentle art of ecological comparison in the built environment, 2006.

[2] Dutch Sustainable Building Center, http://www.dubo-centrum.nl.

[3] Ehrlich, P. & Ehrlich A., *The Population Explosion*, Hutchinson: London, UK, 1990.

[4] Haas, M., GreenCalc + Protocollen, NIBE Consulting BV, 2005.

[5] Jong, J. J. de, Dertig Jaar Energiebeleid, Clingendael International Energy Programme, 2005.

[6] Meadows, D. H., Meadows, D. L., Randers, J. and Behrens, W. W., The Limits to Growth, A Report to The Club of Rome, 1972.

[7] Speth, J. G., Can the world be saved? *Ecological economics*, vol. 1, 289 – 302., 1990

[8] Bleuzé et al. 1995. Water Prestatie Norming (Water Presentation Norm), Publisher: op MAAT.

6 澳大利亚绿色建筑评估体系 NABERS

6.1 澳大利亚国家绿色建筑评估体系 NABERS (National Australian Building Environmental Rating System) 介绍 (introduction)

The building industry in China is growing rapidly. Developers in many of China's cities are constructing residential and commercial developments on a much larger scale than many of the construction projects seen in the western world. As a result of this building boom, combined with the associated growth in infrastructure, China has become, for example, the world's largest user of cement.

中国的建筑业正在飞速发展，在中国的许多城市，建筑开发商们正在开发的住宅和商业建筑的规模远大于西方国家。建筑产业繁荣的背后，常常伴随着基础设施的迅猛发展，例如当今的中国，已经成为世界上最大的水泥消耗国。

At the same time there is, in China as elsewhere, an increasing awareness of the negative impact that buildings, in their construction and their operation, can have on the environment in terms of their demands for finite resources; for example, it is often stated that buildings consume half of the world's total demand for energy. In addition, the construction and operation of buildings often contributes to global environmental problems such as climate change, which is affected by carbon dioxide emissions that result from the energy used to make building materials and from the energy used to heat, light and air condition buildings, and to operate the equipment that they contain. The construction and operation of buildings also make considerable demands on increasingly scarce water resources, leading to possible water shortages.

同时，中国和其他国家一样，也已经意识到建筑产业带来的负面影响：在建筑的建造和使用过程中，因为消耗有限的资源而给环境带来的负面影响。例如：人们所熟知的，建筑消耗了世界上一半的能源。另外，建筑的建造和使用常常还会导致一些全球性的环境问题，如全球气候转暖，造成这一现象的祸首是 CO_2，大量的 CO_2 在生产建筑材料、建筑供暖、建筑照明、建筑空调使用、建筑内各种设备维持运转时因耗能而排放出来。因为建筑的建造和使用大量用水造成水资源的匮乏，甚至会导致水资源的严重短缺。

It is possible to make buildings that have reduced environmental impacts. For example, there are residential developments that use no non-renewable energy for their operation, and commercial buildings that obtain their water supply from rainwater collected off the roof. In China there are numerous examples of such greener developments at many scales, including the ambitious project to build a sustainable city at Dongtan. However, it is often hard to know in an objective manner whether a building is really making a difference in terms of its impact on the environment. This is where green building assessment is needed.

其实，减少建筑对环境的不利影响是可行的。例如：在一些住宅项目中，运营过程中主动地不使用非再生能源；商业建筑中，使用屋面收集的雨水。在中国，有许多各种规模可持续发展建筑的案例，其中还包括将在东坛建造一个可持续发展城市的雄伟计划。然而，很难客观地去评价一个建筑对环境的不同影响，这就需要借助于专业的绿色建筑评估体系。

Green building assessment has two components. The first is the ability to assess a design for a new building before it is constructed, so as to be able to show by how much the environmental impact of the proposed building will be reduced compared to the impact that would have been caused by a conventional building. The second component is the need to assess the impact of existing buildings; without this component the assessment process will be able to deal with only a small part of the total building stock, even in a country that is developing as rapidly as China. This means that green building assessment requires "design" tools and "operational" tools. The design tools provide a means for the design team to focus on ways to reduce the impact of the building, then the operational tools ensure that the performance of the building in use is what the designers intended it to be. At the same time the operational tools also allow the whole range of existing buildings to be assessed, which can encourage their upgrading to reduce their environmental impact. This can be a far more sustainable approach than demolition and rebuilding.

绿色建筑评估体系有两个部分。首先，它可以在一个新建筑开工前对其设计进行评价，以显示新设计的建筑和传统使用的建筑相比，在对环境的不利影响方面能改善多少。其次，是绿色建筑评估体系评定已建成建筑对环境影响的那部分内容。如果没有第二部分，绿色建筑评估体系将只能对很少一部分建筑进行评估（因其不能对已经建成的那部分建筑做评估），甚至对于新建筑迅猛发展的中国也是这样的。这意味着完整的绿色建筑评估体系需要“设计阶段”的评估工具和“运营阶段”的评估工具两部分。前者为设计者提供一种方法，从而通过设计来减少建筑对环境的负面影响；而通过后者确保建筑在使用中的表现能否达到设计者的目的。同时，“运营阶段”的评估工具也可以对所有已投入使用的建筑进行评估，通过该评估，可知对参评建筑如何进行改良，以便减少其对环境的影响，相对于把建筑全盘拆除和重建，这是一个更加可持续发展的更好方法。

At a time of such enormous growth in building activity in China it is very encouraging to see the appearance of this new book on Green Building Assessment. Gradually developers are beginning to see the commercial as well as the environmental advantages of promoting green buildings in both the residential and commercial fields. However there is a great need for effective assessment of the performance of these new green buildings. This will allow the market to make informed judgements based on the environmental performance of buildings, and to make comparisons between different buildings. It is no longer enough for an architect or a developer to state that a building is "green", what is needed is a way to demonstrate what has been achieved in an individual building, and to allow a comparison to be made across a range of green buildings that may be using different techniques to achieve their desired aims. Green building assessment helps architects, designers and clients to focus on the issues necessary to achieve improved environmental performance in buildings. We hope that this book will help to encourage the growth of successful techniques for green building assessment both in China and throughout the world.

现在，中国正经历一个建筑产业飞速发展的关键时期，这本新书《绿色建筑评估体系》的问世是非常及时的，是鼓舞人心的。建筑开发者们会逐渐意识到建设绿色住宅和绿色商业建筑不仅对人类环境有益，对其商业利益也是有好处的。然而，怎样为其带来商业利益的驱动呢？这就需要有行之有效的评估体系来对这些新开发绿色建筑的表现作出判断。基于这些建筑的建筑环境表现，市场将会对其优劣进行判断和作出选择，不同建筑之间，优劣对比也更加明显。通过绿色建筑体系的评估，一个建筑是否“绿色”并非是由哪个建筑师或开发商说了算的，而是看这个单体建筑是否达到了某些具体指标要求，通过体系的评估，在一系列建筑中，为实现其绿色目标所采用的不同技术手段也可以作出比较。绿色建筑评估体系将帮助建筑师、设计师和使用客户更加关注于提高建筑的环境表现。我们希望该书能够促进绿色建筑评估体系的成长，不仅对中国，而且对于全世界。

Robert Vale
罗伯特·威尔
Brenda Vale
布兰达·威尔

20 世纪 70 年代，因为世界化石能源的不断枯竭和环境条件的不断衰退，人类开始真正关注这两大危机的起因，也第一次将建筑活动和能源消耗与环境恶化的关系放到了前所未有的重视地位。

随之而来的是许多国家对绿色建筑理论和实践的研究与尝试，到了 20 世纪 80 年代末，一些在绿色建筑实践取得一定成果的国家进一步制定了适合本国家本地区对绿色建筑设计与运营成果进行评价的评估体系，它既包括一些综合性的绿色建筑全面评估体系，如英国的绿色建筑评估体系 BREEAM，也包括一些仅对建筑行为的某个方面进行评估的评价体系，如美国的 BEES，它主要针对建筑材料的环境性能和经济性能进行评价，澳大利亚国家建筑环境评估体系 NABERS 属于前者。

图 6-1 为 NABERS 目前使用的 LOGO，右下角的正方体代表建筑，波浪形的三色带自上而下分别暗示水、能源和土地，左边的五颗星代表了 NABERS 的五分评估法。

图 6-1 NABERS 的 LOGO

6.1.1 澳大利亚绿色建筑理论及实践的发展历程

作为一个英联邦国家，澳大利亚早期的绿色建筑理论及实践无疑来自于英国。

19 世纪 70 年代初期，英国剑桥大学的亚历山大·派克（Alexander Pike）教授开始了对“自维持住宅”理论的研究与实践，几年后，派克教授的团队取得了一定的成果。不久，这些成绩开始影响到澳大利亚绿色建筑的探索者。当时，在澳大利亚的绿色建筑指导手册（名为“澳大利亚太阳能建筑手册”）中，作者帕尼尔（Parnell）和科勒（Cole）给予绿色建筑一个类似于“自维持住宅”的概念——建筑所消耗的能源（电力和燃料）、水等不需要外来供给，垃圾等废物在场地上自行处理。唯一不同的是：前者没有提到材料的重复使用。1981 年，帕尼尔和科勒在墨尔本的郊外建起了一座实验性的绿色建筑 Butt House，该建筑使用了太阳能集热器、雨水收集装置、风力发电机、废木料燃烧炉等手段，但同时在现场安装了一个功率为 2kW 的备用柴油发电机，这点好像和派克的初衷是矛盾的。这就是澳大利亚在绿色建筑理论和实践方面的初期探索。

派克（Alexander Pike）教授当年在剑桥的学生布兰达·威尔（Brenda Vale）和罗波特·威尔（Robert Vale）于 1998 年在英国诺丁汉郡设计并建造了世界上名副其实的“自维持住宅”项目——豪其顿（Hockerton Project）住宅项目（图 6-2），解决了澳大利亚建筑师当年所未解决的问题，其实还是归功于人类对于光生伏打电池技术的开发。威尔夫妇正是后来的澳大利亚建筑环境评估体系 NABERS 主要作者。

图 6-2　豪其顿（Hockerton Project）住宅项目

进入 20 世纪 90 年代，随着澳大利亚城市建筑活动的更加频繁及现代建筑技术的不断成熟，他们对绿色建筑的研究也开始出现两个方面的倾向。一类继续使用着低技术含量的适宜技术在城市的外围对绿色建筑进行实践，他们的主要思路包括利用建筑的自然遮阳手段减少对主动性能源的摄入，利用自然通风手段来调节室内空气质量等。另一类则针对城市内部的一些大型现代建筑，他们不排斥使用某些新的高技术含量的适宜技术。前者如建成在新南威尔士州的 Kempsey 博物馆，设计者在博物馆的屋顶外又加设了一层轻质屋面，两层屋面之间留有较大空间，通过它来完成空气的对流，达到室内不使用空调器的效果。后者包括 2006 年刚刚完成的墨尔本新市政厅大楼（6.3 节将作介绍），使用了一些新的技术手段如冰蓄冷技术、设备余热收集技术、温感遥控外窗开合技术、光感遥控遮阳板自调技术等。

总之，澳大利亚的建筑师们从未停止对绿色建筑理论的勇于探索，和对绿色建筑实践的大胆尝试。

6.1.2　澳大利亚国家绿色建筑评估体系 NABERS 产生的背景

1999 年，ABGRS（Australian Building Greenhouse Rating Scheme）评估体系由澳大利

亚新南威尔士州的Sustainable Energy Development Authority（SEDA）发布，它是澳大利亚国内第一个较全面的绿色建筑评估体系，主要针对建筑能耗及温室气体排放做评估，它通过对参评建筑打星值而评定其对环境影响的等级。

在使用一段时间后，澳大利亚国家环境与资源部（Australian Government Department of the Environment and Heritage）决定编写一套更加全面、更加完善的国家级的绿色建筑评估体系，并为此进行了一次技术投标竞赛。新西兰奥克兰大学的 Brenda Vale 和 Robert Vale 最终在竞赛中胜出，赢得了55 万澳元的研究经费，于 2001 年 4 月开始编写。由于技术指标关于澳大利亚本土，来自澳大利亚塔斯马尼亚大学的 Roger Fay 参与了体系的编制。

Brenda Vale 和 Robert Vale 夫妇在英国从事绿色建筑研究多年，对于英国的绿色建筑评估体系 BREEAM 非常熟悉，他们在编写 NABERS 的时候，一定程度上参考了前者。为了更好地结合澳大利亚国情，初期版本的 NABERS 在评定方法上沿袭了澳大利亚第一个绿色建筑评估体系 ABGRS 的星值评定法。为了使 NABERS 的评定范围更全面，各指标更加合理，Vales 夫妇在其编制 NABERS 的过程中，先后查阅了世界上以有的绿色建筑评估体系和专业分类评估体系上百种，最终完成的 NABERS 是一部条理清晰、分析全面、易于操作的绿色建筑评估体系（图 6-3）。

图 6-3　ABGRS 的 LOGO

6.2 澳大利亚国家绿色建筑评估体系 NABERS 的内容（CONTENTS）

一个正式颁布的绿色建筑评估体系包含的内容是完整的、全面的：它针对不同的评估对象有不同的版本，例如根据建筑的使用性质可划分出办公版本、住宅版本、商业版本等；对于同一评估对象在不同阶段也会有不同版本，同样是办公建筑，旧的版本在使用中得到检验，有不适合的地方需要摒弃，或者需要增加新的内容，也会催生出更高级的办公建筑的版本；更有一些绿色建筑评估体系，为了迎合本国内各不同地区在环境上的差异，细分到了不同的地方版本。

一个完整的绿色建筑评估体系应该包括它的各项参与评价的子项，用于评定的指标，各子项的权重，最终汇总成为评定结果。根据这一结果，绿色建筑评估体系将会对参评对象界定等级，从而完成一次绿色建筑评估的全部内容。

作为澳大利亚国家级的绿色建筑评估体系，NABERS 毫不例外地包含了如上内容，同时，具有一些自己的特点。

6.2.1 NABERS 的不同版本和各自评估内容

NABERS 在 2001 年推出了自己的试行版本（NABERS 2001 版本），一个宗旨是征求来自于建筑所有者和建筑使用者的反馈意见，所以当时的 NABERS 在具体记分的内容上也清晰地分为和建筑自身相关的以及和建筑使用者相关的两部分。

1）NABERS 2001 版本

（1）NABERS 2001 版本的评估原则

NABERS 2001 版本规定了三条基本原则：①澳大利亚境内的所有建筑都可以通过它来评估；②NABERS 既可以评估新建的建筑，也可以评估已存的旧建筑；③NABERS 的评估可以阶段性地进行。

同时，NABERS 的编写者也特地声明：NABERS 不为建筑设计者提供具体的建议，NABERS 不使用模拟的结果，NABERS 的目的不是为了代替现有的绿色建筑评估体系。

（2）NABERS 2001 版本评估内容

NABERS 2001 版本按照评估内容分为两类：NABERS 商业建筑和 NABERS 住宅，具体描述如下。

NABERS 商业建筑包括：办公楼、商场、图书馆、学校、电影院、医院、大酒店、饭店、博物馆、歌剧院、小旅馆等；

NABERS 住宅包括：独立住宅、公寓楼、联排住宅、合租住宅等。

（3）NABERS 2001 版本的评估方法学

NABERS 2001 版本的评估方法学具体有三条：

①表格陈列数据，进行评估；

②各分项在评估过程中，没有权重之分；

③不进行建筑的模拟评估。

2）NABERS 2003 版本

在经过了两年来自于建筑投资人、建筑施工者、建筑管理者和使用者，以及建筑设计专家等多方的反馈，它们中大多数是很有建设意义的，例如较多的反馈希望能将 NABERS 2001 版本的商业类更加细化，这在后来的 NABERS 2003 版本中得到了体现，作者将商业办公类细分为建筑基本性能评估和使用者反馈评估两类。同时，曾经参与了 ABGRS 的制订，来自 Exergy Australia Ltd 的 Paul Bannister 博士加入 NABERS 2003 版本的研发团队。正式的 NABERS 2003 版本于 2003 年年底完成，这是一套更加成熟、更加完善的绿色建筑评估体系。

（1）NABERS 2003 版本的评估目标和原则

①在建筑的设计和运营中，提高建筑的整体环境质量。

②以建筑的实际运营为评估基础，通过实测数据，而非模拟值、预测值和估计值，来完成建筑使用过程对实际环境影响的评价。

③综合考虑建筑自身和使用者两方面的表现，对建筑进行综合评估。

④通过评估，找到现阶段建筑的平均表现水平和最佳值之间的差距。

⑤在建筑的设计和运营中，提高建筑的整体环境质量。

⑥它不要求所有建筑都必须参加评估，参评建筑是自愿的；建筑行为者可以自己对建筑进行打分评价（利用 NABERS 2003 版本的评分表格），但也鼓励更多的建筑参与到专业正规的 NABERS 评估中。

（2）NABERS 2003 版本评估结构的特点

①对商业建筑和独立住宅进行评估（其他类的评估标准会陆续出台）。

②建筑所有者和建筑使用者可以分别对建筑自身情况及使用表现分别做出评价。

③评估指标，评价标准，测量体系等清晰易懂，便于操作。

④对于建筑设计体系和运营体系两方面，易于判断一个指定的得分将对应的体系水准。

⑤各评估指标内各级别对应了合适的评估标准。

⑥它通过对建筑实际运营状况进行评价，而成为其他以设计阶段为评估基础的评估体系，和专业设计工具的良好补充材料。

（3）NABERS 2003 版本的社会意义

①帮助建筑所有者（owners）去评测和监督他们的公共建筑和住宅在环境方面的表

现，NABERS 2003 版本的评分表格将会对建筑的各方面找出差距，最终减少建筑的运营费用。

②建筑管理者（building managers）根据 NABERS 2003 版本提供的信息，能够为建筑所有者、建筑投资者、建筑租赁者报告建筑的表现，并说明应该注意的地方。

③建筑租赁者（tenants）根据 NABERS 2003 版本提供的信息，可为自己选择租赁楼宇或住宅提供参考。

④建筑投资者和供贷方（investors and lenders）根据 NABERS 2003 版本提供的建筑对环境影响的信息，来判断投资行为对社会的影响。

（4）NABERS 2003 版本的商业和环境利益

①依据建筑的实际运营情况，清晰而简要地说明了它在建筑环境方面要达到的目标。

②鼓励使用一些创新手段，特别是低成本的解决方案来处理复杂的建筑环境问题，而非仅依靠专业的技术体系来支持。

③为检测和总结建筑设计过程的实效提供数据。

④鼓励并奖励建筑的使用效率，而非一味地满足消费者的行为。

⑤通过改善建筑的内部环境，提高建筑使用者的工作效率，并减少建筑使用者的缺员。

⑥在根本上为一些商业决策提供信息。

⑦关注于建筑的管理朝着可持续发展的方向进展。

（5）NABERS 2003 版本评估内容

NABERS 2003 版本在 NABERS 2001 版本的基础上进行了修订和说明，共分四个类别，描述如下。

①办公建筑整体评估类：它涵盖了基本性能评估和使用者反馈评估，针对业主和使用者没有明确界限的情况，通常用于评估单一用户的办公建筑，以及大多数的正在使用的政府办公楼、先前的政府办公楼。

②办公建筑基本性能评估类：针对业主和使用者存在明确界限的情况，通常用于评估办公建筑运营的环境性能，不考虑使用者的责任与行为。

③办公建筑使用者反馈评估类：针对业主和使用者存在明确界限的情况，通常用于评估使用者的环境意识与行为，而不考虑办公建筑自身的运营性能。

④住宅评估类：对独立住宅的所有设施及占地进行综合评估，当前版本尚不适合对集合式住宅做评估。

6.2.2 NABERS 的评估指标和权重

1）NABERS 2001 版本的评估指标

NABERS 2001 版本商业类和住宅类在评估指标的设置上是一致的，共计八项，分别是：场地管理、建筑材料、能耗、水资源、室内环境、资源、交通、废物处理等。

以上八项指标又被细分，每个细分指标还特意注明它是和建筑自身相关的还是和建筑使用者相关的。以 NABERS 2001 版本商业类为例，各细分指标分别如下。

（1）场地管理

①场地的自然情况（建筑相关）；

②建筑的容积率（建筑相关）；

③人均占地面积（建筑相关）；

④场地上硬化地面的面积（建筑相关）；

⑤场地上本土植被的栽种面积（使用者相关）。

（2）建筑材料

①每平方米建筑的内含能量（建筑相关）；

②建筑的主体结构、墙体、地面、楼面、屋面的构造形式（建筑相关）；

③建筑使用年数（建筑相关）；

④建筑的维修周期（使用者相关）。

（3）能耗

①单方能源消耗 kWh/m^2（建筑相关/使用者相关）；

②建筑的温室气体基本排放量（建筑相关/使用者相关）；

③可再生能源发电电能的用量（建筑相关/使用者相关）；

④建筑自身产生能源超过其自身消耗能源时，获得的额外加分（建筑相关/使用者相关）；

⑤建筑在节能表现方面的额外加分（建筑相关/使用者相关）。

（4）水资源

整个场地内人均市政供水消耗量（使用者相关）。

（5）室内环境

室内综合环境质量（建筑相关/使用者相关）。

（6）资源

①人均占有建筑面积（建筑相关）；

②建筑每日使用的小时数（使用者相关）；

③建筑每年使用的周数（使用者相关）。

（7）交通

①建筑和最近商场间的距离（建筑相关）；

②建筑和最近市区中心间的距离（建筑相关）；

③场地汽车停车位数量（建筑相关）；

④建筑和公交车站间的距离（建筑相关）；

⑤建筑为骑自行车者提供的设施（建筑相关）。

（8）废物处理

①废物场地自行收集和再使用的设施（使用者相关）；

②废水的再利用（建筑相关）；

③场地排污自行处理设施（建筑相关）。

NABERS 2001 版本住宅类八个指标下的各细分指标和商业类的有一些不同，不再赘述。以上八个指标在参评时没有权重之分（具体参见 6.2.3 NABERS 评估结果的级别划分）。

2）NABERS 2003 版本评估指标

NABERS 2003 版本在 NABERS 2001 版本的基础上，将评估指标由原来的八个调整为 14 个。为了更清晰地归类，更方便地统计最后的得分结果，作者还将此 14 项指标归纳为四大项得分：温室气体排放得分、水资源得分、场地管理得分、使用者反馈得分。

14 项指标分别是：

能源及温室气体，制冷导致的温室效应，交通，此三项指标归类于温室气体排放得分；水资源的使用，雨水排放，污水排放，此三项指标归类于水资源得分；雨水污染，自然景观多样性，有害物资，制冷引起的臭氧层破坏，垃圾排放量和掩埋处理，室内空气质量，此七项指标归类于场地管理得分；使用者满意程度，此项指标归类于使用者反馈得分；

为什么最终确定如上 14 项为 NABERS 2003 版本的评估指标呢？作者做了如下解释。

能源及温室气体：它们是增加大气中二氧化碳含量的主要因素，并导致全球气候变化，如何运营一个建筑对它的能耗需求非常重要。

制冷剂的使用（包括制冷导致的温室效应和制冷引起的臭氧层破坏）：制冷剂的使用对于商业办公建筑来说，是其排放温室气体和破坏臭氧层的罪魁祸首，有效选择合适的制冷剂是解决此问题的关键。

水资源的使用：建筑使用者可以通过自己的行为减少日常用水量，并可以收集那些雨水加以利用，从而节约水资源。

雨水排放：建筑环境已经改变了许多地区的自然雨水排放和渗透情形，将会对地下水和其他饮用水源，以及海洋生物带来负面影响。而通过建筑设计和其选址的优化，可以减少雨水任意排放所带来的损害。

雨水污染：场地的疏于管理造成雨水的肆意排放，这将造成许多污染物如废油、化学物质、一些有机物被冲刷入自然水源。

污水排放量：建筑内部排放入污水处理系统的污水总量，将给现有的污水处理厂和污水处理设施带来过大的负担，给环境污染造成可能的污染。

交通：建筑所处地理位置及建筑使用者对交通工具的选择，将会造成与这些建筑相关交通工具选择的巨大差异，最终导致这些交通工具有害气体排放量的不同。

自然景观多样性：合适的土地使用及景观设计为生物创造出更多的栖息地，从而使环境更好地保持生物多样性。

有毒物质：建筑及其场地上有毒物质的使用，在许多情况下是可以避免的；即使需要使用一些有毒物质，可以通过在场地内正确的搬运、储藏和处置而减少其对环境的破坏。

垃圾处理（包括垃圾排放量和垃圾掩埋处理）：垃圾排放在某种程度上会造成资源的浪费，同时也给环境带来了污染物及废气。垃圾的减量排放可以节约用于掩埋垃圾的土地，还将节约一部分资源。

室内空气质量：建筑提供满意的室内空气质量，对于使用者长期的身心健康非常重要。因为好的室内空气质量对于使用者的满意度、健康和工作效率尤其必要。

使用者的满意度：建筑在减少对环境破坏的同时，必须尽可能地为其使用者提供一个舒适的工作或居住环境。

以上 14 项指标并非在 NABERS 2003 版本的四类（办公建筑整体评估类除外）中同时体现出来，例如：办公建筑使用者反馈评估类中，使用者通常无法控制和决定中央空调系统制冷剂的使用量，它只能在办公建筑基本性能评估类中体现出来；又如建筑所有者不可能控制建筑使用者对上下班交通工具的选择。表 6-1 注明了各评估类别及其对应的评估指标。

NABERS 2003 中评估种类和对应评估指标表　　表 6-1

办公建筑基本性能评估类	办公建筑使用者反馈评估类	住 宅 评 估 类
能源及温室气体	能源及温室气体	能源及温室气体
制冷导致的温室效应和臭氧层破坏		
水资源的使用		水资源的使用
污水排放		污水排放
雨水排放和污染		雨水排放和污染
	交通	交通
自然景观多样性		自然景观多样性
	垃圾处理（含垃圾掩埋）	垃圾处理（含垃圾掩埋）
有害物质的处理	有害物质的处理	有害物质的处理
室内空气质量	室内空气质量	室内空气质量
	使用者满意度	使用者满意度

表内所列的各指标在汇总计算 NABERS 得分时没有明显的权重之分。

6.2.3　NABERS 的评估结果和级别划分

NABERS 在记分方法上仍沿用了 ABGRS 的星值评定法，以 NABERS 2001 版本商业类为例，即规定以上八个分项每项的满分是五星，汇总各分项总分最高是 40 个星值。在评估某个已有建筑时，根据建筑在各分项的不同表现分别给予各自星值，汇总后和 40 个星值相除，得出的百分数即为该建筑的评定结果，例如澳大利亚默多克大学环境技术中心参评中，八个分项总计得到了 24 个星值，它的评定结果是 60%。

如上八个分项各有其子项，分项的星值是由子项汇总得到的，NABERS 2001 版本商业类为每个子项制定了得分标准，以“建筑材料”分项下的“建筑使用年数”子项为例，标准如下：

①设计使用年数超过 100 年，　　5 星；
②设计使用年数 100 年，　　4 星；
③设计使用年数 80 年，　　3 星；
④设计使用年数 60 年，　　2 星；
⑤设计使用年数 40 年，　　1 星；
⑥设计使用年数 20 年，　　没有星值。

又如“资源”分项下的“人均占有建筑面积”子项：

①人均占有建筑面积不大于 10 m^2，　　5 星；
②10 m^2 < 人均占有建筑面积不大于 15 m^2，　　4 星；
③15 m^2 < 人均占有建筑面积不大于 20 m^2，　　3 星；
④20 m^2 < 人均占有建筑面积不大于 25 m^2，　　2 星；
⑤25 m^2 < 人均占有建筑面积不大于 30 m^2，　　1 星；
⑥人均占有建筑面积大于 30 m^2，　　没有星值。

上面的五星值法可以根据实际情况出现 0.5 分，如人均占有建筑面积 23 m^2 时得分为 1.5 分。

NABERS 的作者威尔夫妇使用 NABERS 2001 版本对自己设计的项目——英国谢菲尔德的 Woodhouse Medical Centre 进行了评估，各项得分是:“场地管理——1 星”、“建筑材料——3 星”、“能耗——2.5 星”、“水资源——2 星”、“室内环境——3.5 星”、“资源——2.5 星”、“交通——3 星”、“废物处理——1 星”,得分合计 18.5 星，评定结果为 47%。

NABERS 2003 版本仍旧沿用了近似五星值的五分值。对于 14 项评估指标的对应结果进行了说明分析，其中的一部分列出了清晰的分值标准。

1）能源及温室气体

对于办公建筑来说，可直接参加 ABGR 的分值评定，在 ABGR 中获得 3.5 星的建筑在 NABERS 2003 的得分是 3.5 分。

对于住宅建筑，可参考澳大利亚另一个评价系统 NatHERS，不同之处在于 NatHERS 体系只针对建筑的设计阶段进行模拟评估，而 NABERS 2003 主要评价的是建筑运营阶段的表现，所以作者为此提出了一些修正值（为简化评估，在 NABERS 2006 版中进行了改进，直接使用 Energy Smart Home Rating 来评估）

2）制冷导致的温室效应和臭氧层破坏

作者在选择该部分的温室效应时仍以 CO_2 为参照物，臭氧层破坏情况以冷媒 R_{11} 为标准，根据澳大利亚办公类建筑制冷剂泄露实际情形的统计和经验值总结出表 6-2：

制冷导致的温室效应和臭氧层破坏（NABERS 2003 OFFICE） **表 6-2**

分　数	温室效应（CO_2：kge/m^2）	臭氧层破坏（R_{11}：e/m^2）
1	21.2	3.4×10^{-3}
2	5.26	4.5×10^{-4}
3	1.3	5.8×10^{-5}
4	0.32	7.7×10^{-6}
5	0.08	1×10^{-6}

有关住宅方面，因使用冷媒的不同，该部分在 NABERS 2003 HOME 中不参与评估。

3）交通

作者在对澳大利亚近年来人们工作时对交通工具的选择比例，往返工作和家庭的平均里程，各种交通工具的 CO_2 排放量等综合分析后，得出 NABERS 2003 OFFICE 的分值标准如表 6-3：

交通（NABERS 2003 OFFICE） **表 6-3**

分　值	交通相关的 CO_2 排放量［kg/（人·年）］
5.0	<200
4.5	200 ~ 400
4.0	400 ~ 600
3.5	600 ~ 800
3.0	800 ~ 1 000
2.5	1 000 ~ 1 200
2.0	1 200 ~ 1 400
1.5	1 400 ~ 1 600
1.0	1 600 ~ 1 800
0.5	1 800 ~ 2 000
不记分	>2 000

对于 NABERS 2003 HOME 来讲，作者则是根据单位私人汽车每年的耗油量来判断出其 CO_2 排放量，从而制定分值如表 6-4，统计私人汽车耗油量时要综合考虑其各种用途，如上下班、购物、受教育、社会及娱乐活动、个人事务等。

交通（NABERS 2003 HOME） **表 6-4**

分 值	交通相关的 CO_2 排放量［kg/(人·年)］
5.0	<1 000
4.5	1 000～1 750
4.0	1 750～2 500
3.5	2 500～3 250
3.0	3 250～4 000
2.5	4 000～4 750
2.0	4 750～5 500
1.5	5 500～6 250
1.0	6 250～7 000
0.5	7 000～7 750
不记分	>7 750

4）水资源的使用

作者在分析总结澳大利亚本国近年来办公和住宅建筑对水资源的消耗情况之后，计算出单位内水资源消耗的平均值，根据此数据扩展出各评分等级，构成 NABERS 2003 水资源评分表格如表 6-5、表 6-6：

水资源的使用（NABERS 2003 OFFICE） **表 6-5**

分 值	m^3/(人·年)	m^3/(m^2·年)
5.0	<4	<0.2
4.5	4～8	0.2～0.4
4.0	8～12	0.4～0.6
3.5	12～16	0.6～0.8
3.0	16～20	0.8～1.0
2.5	20～24	1.0～1.2
2.0	24～28	1.2～1.4
1.5	28～32	1.4～1.6
1.0	32～36	1.6～1.8
0.5	36～40	1.8～2.0
不计分	>40	>2.0

水资源的使用（NABERS 2003 HOME） **表 6-6**

分　值	m^3/（人·年）
5.0	<20
4.5	20~40
4.0	40~60
3.5	60~80
3.0	80~100
2.5	100~120
2.0	120~140
1.5	140~160
1.0	160~180
0.5	180~200
不计分	>200

针对公寓式居住建筑，作者单列出评分标准如表 6-7：

公寓式居住建筑的水资源评估标准（NABERS 2003 HOME） **表 6-7**

分　值	m^3/（人·年）
5.0	<14
4.5	14~28
4.0	28~42
3.5	42~56
3.0	56~70
2.5	70~84
2.0	84~98
1.5	98~112
1.0	112~126
0.5	126~140
不计分	>140

5）雨水排放

NABERS 2003 OFFICE 和 NABERS 2003 HOME 的评估方式和标准是相同的。考虑到直接计量雨水排放的不便性，作者采取了间接计算的方法，选用了一个中间系数“雨水排放改变系数”，它代表的是雨水排放的真实情况和雨水完全自行渗透间的差异，该系数求算公式为：

$$S = \frac{\sum_i A_i r_i - \frac{C + E}{\rho}}{A r_{nat}} \tag{6-1}$$

式中 S——雨水排放改变系数；

A_i——场地不同地形的对应面积（m^2）；

r_i——不同排放面的雨水排放系数（见表6-8）；

C——场地收集并加以利用的雨水（一般最终蒸发或排放到污水设施）（m^3/年）；

E——场地上湿地和雨水收集池的蒸发量（m^3/年）；

ρ——气象部门提供的近期降雨量（m/年）；

A——场地面积（m^2）；

r_{nat}——自然地形的雨水排放系数，按照0.25考虑。

依据式6-1计算出的 S 带入如下公式则可得到参评分数 R

$$R = 6.6 - 1.6S \tag{6-2}$$

其中，最高允许分数为5，最低允许分数为0。

雨水排放系数 **表6-8**

雨水排放面类型	排放系数
不渗透型 铁等金属质屋面 沥青和混凝土铺设面层 石材、砖、预制混凝土砌筑面层（密封剂嵌缝） 岩石	0.85
半渗透型 石材、砖、预制混凝土砌筑面层（不嵌缝） 未硬化路面 拍实性黏土面层	0.55
渗透型 自然的灌木丛 花园、草地 沙砾层	0.25

6）雨水污染

NABERS 2003确定的雨水污染物有：松散的有机物、普通生活垃圾、有毒性的垃圾、碳氢类化合物溢流、任何应该排入污水处理系统的物质、其他可能造成雨水污染的行为、洗车（仅针对不渗透型和半渗透型地面）等。

其中各分项得分标准如下：（在计分前，要根据不渗透型、半渗透型和渗透型来对场地进行划分，然后分别按照下列标准计算三部分的得分）

（1）松散的有机物（如排水明沟和屋面的落叶）

①4分：未出现；

②3分：少量程度出现，可轻松被冲走；

③2分：中等程度，松散的有机物在场地出现，但能被冲刷进雨水排放系统；

④1分：严重，松散的有机物较多，造成雨水排放不利，甚至堵塞。

（2）普通生活垃圾

标准同“松散的有机物”。

（3）有毒性的垃圾（任何液态或可溶解的有毒物质）

一旦出现，则该部分得分为0。

（4）碳氢类化合物溢流（如油污、汽油、油脂等）

①4分：未出现；

②3分：少量程度，但不渗透性地面部分未出现该物质，通过设置避免此类物质冲入雨水排放系统；

③2分：中等程度，不渗透性地面部分未出现该物质，通过排水道被排至雨水排放系统；

④1分：严重，碳氢类化合物被冲入雨水排放系统，造成堵塞。

（5）任何应该排入污水处理系统的物质（如冷却塔废水、污水等）

一旦出现，则该部分得分为0。

（6）其他可能造成雨水污染的行为

①化肥（4分：施肥周期为一年或以上时间；3分：施肥周期为3个月~1年；2分：施肥周期为1~3个月；1分：施肥周期为1个月或更短。）

②除草剂（4分：施用周期为一年或以上时间；3分：施用周期为3个月~1年；2分：施用周期为1~3个月；1分：施用周期为1个月或更短。）

③杀虫剂（4分：施用周期为一年或以上时间；3分：施用周期为3个月~1年；2分：施用周期为1~3个月；1分：施用周期为1个月或更短。）

如上三项得分应汇总后除以3得到该部分最后分数。

（7）洗车（仅针对不渗透型和半渗透型地面）

场地内是否洗车（4分：周期为一年或以上时间；3分：周期为3个月~1年；2分：周期为1~3个月；1分：周期为1个月或更短。）

按照不渗透型、半渗透型和渗透型场地划分，分别用各自的如上7项得分（有时不到7项），除以各项最高可能分数，然后加权平均即得出此三种场地的得分率P_i。

同时还要计算出每种场地的排水比率ω_i，可遵照下式：

$$\omega_i = \frac{A_i(1-r_i)}{A_s} \tag{6-3}$$

式中 A_i——不同场地类型的各自面积（m^2）；

A_s——场地总面积（m^2）；

r_i——不同场地类型的雨水排放系数。

最后的得分按照如下公式计算而成：

$$R = 5\sum_{i} \omega_i P_i \tag{6-4}$$

式中 R——最终得分。

NABERS 2003 OFFICE 和 NABERS 2003 HOME 均采用上述计算方法。

7）污水排放

作者根据澳大利亚六个主要城市近年来供水量和排污量（主要是住宅方面的数据）的比重，得出澳大利亚城市平均排污量是供水量的53%，也就是说：市政供水在使用后排入污水处理系统的比例平均数是53%，此数值代表了 NABERS 2003 的平均分2.5分。建筑的供水量和排污量是可以直接获得的，二者的比值去和平均数53%作比较，就可以知道该建筑的 NABERS 2003 得分，但作者在此部分没有最后确定具体的分值等级如何，需要在以后的试用中做调整。

因上面的方法是根据住宅方面的数据推理出来的，对于办公建筑，作者也特意说明因后者对于冷却塔使用的可能性，平均排污量是供水量的53%这一数值对办公建筑来说会偏高，这需要在评估时具体问题具体操作。

8）垃圾总量（含垃圾掩埋）

作者依据澳大利亚近年来官方提供的垃圾总量和掩埋方面的数据，并参考世界上其他一些有代表性的统计结果，分析计算出 NABERS 2003 OFFICE 的评分标准如表6-9。

垃圾总量评分（NABERS 2003 OFFICE） **表6-9**

分　值	kg/(人·年)
5.0	<50
4.5	50～100
4.0	100～150
3.5	150～200
3.0	200～250
2.5	250～300
2.0	300～350
1.5	350～400
1.0	400～450
0.5	450～500
不计分	>500

因为在澳大利亚办公建筑的垃圾总量中，超过80%的部分是废纸和纸板，这部分可回收，只有很少一部分垃圾需要掩埋处理，所以 NABERS 2003 OFFICE 没有将垃圾掩埋

处理列为办公建筑的评估指标，而在 NABERS 2003 HOME 中，垃圾总量和垃圾掩埋同样重要（表6-10）。

垃圾总量和掩埋评分（NABERS 2003 HOME） 表 6-10

分　值	垃圾总量［kg/(人·年)］	垃圾掩埋［kg/(人·年)］
5.0	<50	<20
4.5	50~100	20~70
4.0	100~150	70~120
3.5	150~200	120~180
3.0	200~250	180~230
2.5	250~300	230~280
2.0	300~350	280~330
1.5	350~400	330~380
1.0	400~450	380~430
0.5	450~500	430~490
不计分	>500	>490

9）自然景观多样性

自然景观多样性是一个比较难予评估的范畴，作者列出了三个评估时需要考虑的分项，即：当地植被的覆盖率，植被的立体种植和层次感，建筑密度等。评估者在使用 NABERS 2003 OFFICE 和 NABERS 2003 HOME 对目标建筑做评估时应综合考虑上面三个方面，根据当地实际情况作出评分，也就是说，此部分内容也正在近一步组织和反馈中。

10）有害物质的处理

NABERS 2003 OFFICE 列出了目前认定的有害物质，包括：化学类的油漆和稀释剂、清洁剂、清洗花园和水池的清洁用品、水处理剂等；碳氢化合物类的石油、汽油、柴油和煤油等；电气类的电池、烟感器、灯管和其他的电子设备等。NABERS 2003 HOME 认定的有害物质基本和上面相同，只是不包含一些较大的电子设备。随着 NABERS 2003 的实践和反馈，有害物质的范围可能会扩大改变。

此部分具体评估标准正在近一步组织和反馈中。

11）室内空气质量

NABERS 2003 OFFICE 给出 8 个需参加评分的子项，分别是：CO_2（二氧化碳）、CO（一氧化碳）、O_3（臭氧）、HCHO（甲醛）、TVOC 和 VOCS（可挥发性有机物）、可吸入的尘埃、可通过空气传播的细菌、空气中弥散的霉菌等。分值为 0~5，具体操作时需经过专业的空气质量测试和咨询机构参与。

NABERS 2003 HOME 的评估方式和 NABERS 2003 OFFICE 有所不同，前者以给住户的调查问卷（表6-11）为主，占总分 5 分中的 60%，即 3 分。

空气质量调查表（NABERS 2003 HOME）　**表 6-11**

问　　题	是/不是
地板、橱柜、其他木质家具是否采用了人工二次合成板材？	
车库是否和住宅连在一起，或者就在住宅底层？	
是否使用了没有任何通风装置的气体热源房间取暖器？	
是否使用了气灶？	
是否有开放式的壁炉？	
房间内任何地方是否有受潮迹象？	
室内是否安装了永久固定的地毯？	
室内是否有人吸烟？	
室内是否饲养了猫、狗等带体毛的宠物？	
家庭使用的吸尘器是否未安装高效空气过滤系统？	
在最近两年内，室内是否使用过含有害挥发物的涂料或清漆？	

以上每个问题如回答“是”得 1 分，回答“不是”得 0 分。相加后为总分 T，带入如下公式：

$$K_1 = 3 - 0.273T \tag{6-5}$$

上式中 K_1 最高得分为 3 分，另一部分 K_2（最高得分 2 分）需要专业机构对住宅室内有害气体进行实测评估，需实测的气体包括：NO_2（二氧化氮）、SO_2（二氧化硫）、TVOCS（总挥发性有机物）和 VOC（单独的有机挥发物）、可吸入的尘埃、可通过空气传播的细菌、空气中弥散的霉菌等。

12）使用者满意度

NABERS 2003 OFFICE 和 NABERS 2003 HOME 的评估方式均以调查问卷形式来完成（见表 6-12 和表 6-13）。

使用者满意度调查表（NABERS 2003 OFFICE）　**表 6-12**

热舒适					
整体的室温舒适程度	1 完全不满意	2	3	4	5 完全满意
寒冷的感觉	1 一直特别冷	2	3	4	5 从未有寒冷的感觉
炎热的感觉	1 一直特别热	2	3	4	5 从未有炎热的感觉

续表

热舒适					
温度变化	1 十分明显	2	3	4	5 没有感觉
热舒适程度得分					
空气流通					
整体的空气流通满意程度	1 完全不满意	2	3	4	5 完全满意
空气新鲜程度	1 不新鲜	2	3	4	5 新鲜
空气的流动	1 停滞的	2	3	4	5 舒适的
强气流	1 明显	2	3	4	5 没有感觉
空气流通整体得分					
噪声干扰					
整体的噪声干扰程度	1 完全不满意	2	3	4	5 完全满意
办公噪声干扰	1 明显	2	3	4	5 没有感觉
空调设备和照明灯具的噪声干扰	1 明显	2	3	4	5 没有感觉
室外噪声干扰	1 明显	2	3	4	5 没有感觉
噪声干扰整体得分					
照明					
整体的照明满意程度	1 完全不满意	2	3	4	5 完全满意
办公桌的照度	1 坏	2	3	4	5 好
灯光的眩光	1 明显	2	3	4	5 没有感觉
窗子的眩光	1 明显	2	3	4	5 没有感觉
照明整体得分					
健康：你是否在办公场所曾有如下症状？					
眼睛酸疼	1 每天	2	3	4	5 从未

续表

健康：你是否在办公场所曾有如下症状？					
头疼	1 每天	2	3	4	5 从未
流鼻涕	1 每天	2	3	4	5 从未
嗓子干燥	1 每天	2	3	4	5 从未
皮肤干燥搔痒	1 每天	2	3	4	5 从未
困乏无力	1 每天	2	3	4	5 从未
头昏眼花	1 每天	2	3	4	5 从未
恶心	1 每天	2	3	4	5 从未
健康总得分					

将上面表格中的得分平均后是 NABERS 2003 OFFICE 使用者满意度部分的最后评分。

使用者满意度调查表（NABERS 2003 HOME） **表 6-13**

热 舒 适					
整体的室温舒适程度	1 完全不满意	2	3	4	5 完全满意
寒冷的感觉	1 一直特别冷	2	3	4	5 从未有寒冷的感觉
炎热的感觉	1 一直特别热	2	3	4	5 从未有炎热的感觉
热舒适程度得分					
噪声干扰					
整体的噪声干扰程度	1 完全不满意	2	3	4	5 完全满意
办公噪声干扰	1 明显	2	3	4	5 没有感觉
空调设备和照明灯具的噪声干扰	1 明显	2	3	4	5 没有感觉

续表

噪声干扰					
室外噪声干扰	1 明显	2	3	4	5 没有感觉
噪声干扰整体得分					
照　明					
整体的照明满意程度	1 完全不满意	2	3	4	5 完全满意
自然照明程度（整体）	1 坏	2	3	4	5 好
人工照明程度（整体）	1 坏	2	3	4	5 好
自然照明程度（生活区）	1 坏	2	3	4	5 好
人工照明程度（生活区）	1 坏	2	3	4	5 好
自然照明程度（厨房）	1 坏	2	3	4	5 好
人工照明程度（厨房）	1 坏	2	3	4	5 好
灯光的眩光	1 明显	2	3	4	5 没有感觉
窗子的眩光	1 明显	2	3	4	5 没有感觉
照明整体得分					
健康：你是否在家里曾有如下症状？					
眼睛酸疼	1 每天	2	3	4	5 从未
头疼	1 每天	2	3	4	5 从未
流鼻涕	1 每天	2	3	4	5 从未
嗓子干燥	1 每天	2	3	4	5 从未
皮肤干燥搔痒	1 每天	2	3	4	5 从未
困乏无力	1 每天	2	3	4	5 从未

续表

健康：你是否在家里曾有如下症状？					
头昏眼花	1 每天	2	3	4	5 从未
恶心	1 每天	2	3	4	5 从未
健康总得分					

同样，将上面表格中的得分平均后是 NABERS 2003 HOME 使用者满意度部分的最后评分。

通过如上的标准计算出 14 项子项的分数，带入各自所属的分项，即可推算出温室气体排放、水资源、场地管理、使用者反馈这四个分项的最后分数，NABERS 2003 的最终评分按照四个分项中最低的那个计算（表 6-14）。

NABERS 2003 得分表 **表 6-14**

NABERS 得分	温室气体排放	水资源	场地管理	使用者反馈	级别描述
10	5	5	4	3.5	世界领先
9	4.5	4.5	3.6	3.2	世界级
8	4	4	3.2	2.9	非常好
7	3.5	3.5	2.8	2.6	好
6	3	3	24	2.3	中上等
5	2.5	2.5	2	2	中等
4	2	2	1.6	1.7	较低等
3	1.5	1.5	1.2	1.4	差
2	1	1	0.8	1.1	很差
1	0.5	0.5	0.4	0.8	极差
0	0	0	0	0	完全失败

6.2.4 NABERS 在试行过程中的社会反馈和改进

2003 年，NABERS 的主管部门澳大利亚环境和资源部颁布试行 NABERS 2003，并在 2004 年正式委托新南威尔士洲能源和可持续发展局（Department of Energy，Utilities and Sustainablity，简称 DEUS）对 NABERS 进行商业运作。为了检查该评估体系的实用效果，DEUS 在 2005 年 6 月期间利用 NABERS 2003 OFFICE（也称 NABERS v2 OFFICE）对位于悉尼、墨尔本等大城市的 9 个办公建筑进行评估和信息反馈，这些建筑的面积从 6 000 ~65 000 m^2 不等。

经过对反馈回来的意见和建议进行搜集整理，DEUS 在 2005 年 11 月将主要的结果公布如下：

①NABERS 2003 所定标准是非常合适的；

②NABERS 2003 从全面上补充了现有的一些评价体系；

③NABERS 2003 的商业运作是切实可行的，大致的收费标准在 6 000 澳元左右（不含税）；

④自我进行评估是可行的；

⑤NABERS 2003 中多数评估标准需要更加精炼；

⑥最终的记分方法不妥，需要在以后的版本中考虑修改；

⑦应再对评估方法进行简化。

基于 NABERS 适宜于商业运作这一反馈信息，下一步 DEUS 决定在更大范围内地推广它，然而在推广前，DEUS 也提出了几个亟待解决的问题，以便更好地将它商业化，这几个问题正反应了最终使用者的观点，而可能是编写者（学术界）不一定敏感的情形。

如反馈者反应较多的一个问题是 NABERS 2003 OFFICE 总结归纳了较多的评估指标，达十几项，面面俱到，但主次不明显。以这次对 9 个建筑进行评估的 NABERS 2003 OFFICE（办公建筑基本性能评估类）为例，按照大多数反馈者的意见，在这些指标中，和办公建筑密切相关的是：能源及温室气体、制冷导致的温室效应和臭氧层破坏、水资源的使用、有害物质、室内空气质量等；和办公建筑关系较大的是：雨水排放、污水排放、雨水污染等；而和办公建筑关系较小的有：自然景观多样性等。所以应该进一步减少关键参与评估指标的数目，一些和办公建筑实情关系不大的评估指标甚至可以取消，这样更便于操作，评估过程更清晰，建筑开发商和业主会投入更大的兴趣，从而推动 NABERS 的使用和普及。

另一个反应比较强烈的问题是最后得分的计算方法不科学，现在的方法是总分按照四个（有时是三个）分项中最低的那个计算，势必造成参评建筑最后的得分不会比它在任何分项的分数高。在市场运作时，为开发商提供了一个漏洞，开发商可能为了追求最后的得分，在建筑参评的各分项非常平均，而忽略建筑在某个分项中（如水资源）可能带来的高分，最终造成建筑在各个方面都表现平平。

经过这次实践的检验，NABERS 现管理者 DEUS 明晰了 NABERS 应该发展的方向。在 NABERS 自己的网站 www. nabers. com. au 上，NABERS 2006 评估能源及温室气体和水资源的使用两个指标做到了更简单，更清晰，客户可以在网上自己预评。

以 NABERS 2006 评估能源及温室气体为例，步骤如下。

第一步：打开在线评估表 http://www. nabers. com. au/selfassessments. aspx，在“条款规定（Terms and Conditions）”一栏选择“同意”；

第二步：按照提示和要求，依次输入自我预评建筑的总体资料（Building details），即① 建筑名称（Building Name）→地址（Address）→所在城市（Location）→州或地区（State）→邮编（Postcode）；② 建筑面积等参数（Rated area），即需评估面积（Area）→

使用率，h/周（Occupancy）；③ 选择评估类型（Rating type），即建筑整体类（Whole Building）或建筑基本性能类（Base Building）或建筑使用者反馈类（Tenancy）。

第三步：进入实时评估区，以建筑基本性能类（Base Building）为例，依次需要选择和填写的分别是①能源类型（Fuel type），可选项有电（Electricity）、气（Gas）、煤（Coal）、石油（Oil）等；②能源对应单位，分别是电/kWh、气/kMJ（或 MJ 或 m^3）、煤/t（或 kMJ）、石油/L（或 kMJ）等；③能耗数量（Quantity）；④不同能源的温室气体排放率，以 CO_2 公斤数为能源单位，如选择电，输入 0.94 kg/kWh；可再生能源所占比例（从 0～100%）。

第四步：提交表格，评估结果给出。

现在以建筑甲（600 m^2 的办公建筑）举例说明如何做建筑基本性能类评估的。第一步略；第二步中：评估面积输入 600 m^2，使用率为 40 h/周，评估类型选择建筑基本性能类评估；第三步中：能源类型为电（如果场地上还使用了其他类型的，则要多选），单位选择千瓦时，年耗电输入 80 000 kWh，可再生能源比例为 0；第四步：提交。

评估结果出来，经修正后的 CO_2 排放量为 163 kg/(m^2·年)，位于 135～167 之间（参见表 6-16），得分为 2 星。

以上结果，需要注意有几点：

①年耗电为 80 000 kWh，按照给出的电能的 CO_2 的排放率 0.94，年 CO_2 排放总量原始数据应是 75 200 kg，建筑面积为 600 m^2，这里不能简单用 75 200 kg/年 ÷ 600 m^2 = 125 kg/(m^2·年）来衡量单方 CO_2 排放量，而需要根据建筑使用频率进行调整，得出结果是 163 kg/(m^2·年)，如果上面提到的建筑甲使用率更低，仅为 20 h/周，则修正后的单方 CO_2 排放量更高，为 214 kg/(m^2·年)。

②可再生能源部分不产生 CO_2 的排放，其比例越高，得分越高，如果达到 100% 时，则整个建筑的单方 CO_2 排放量为 0。

③建筑基本性能类、建筑使用者反馈类、建筑整体类三者的评分标准是不一样，具体可参照表 6-15～表 6-17。

能源及温室气体（NABERS 2006 OFFICE 建筑整体类） **表 6-15**

分　值	温室气体排放 CO_2 ［kge/(m^2·年)］
5	<134
4	134～193（不含 193，下同）
3	193～253
2	253～313
1	313～372
0	>372

能源及温室气体（NABERS 2006 OFFICE 建筑基本性能类） 表 6-16

分　值	温室气体排放 CO_2 [kge/(m^2 · 年)]
5	<71
4	71 ~ 103（不含 103，下同）
3	103 ~ 135
2	135 ~ 167
1	167 ~ 199
0	>199

能源及温室气体（NABERS 2006 OFFICE 建筑使用者反馈类） 表 6-17

分　值	温室气体排放 CO_2 [kge/(m^2 · 年)]
5	<62
4	62 ~ 89（不含 89，下同）
3	89 ~ 117
2	117 ~ 144
1	144 ~ 172
0	>172

NABERS 2006 HOME 则直接选择了 DEUS 开发的另一个住宅节能评估系统（Energy Smart Home Rating）作为自己的评估标准。Energy Smart Home Rating 对住宅能耗的评估采用星值法（1 ~ 5 星），网上自我评估过程类似于 ABGRS，即第一步：接受条款 →第二步：输入待评住宅的类型，如 2 ~ 4 居室、1 ~ 2 室的公寓等，输入居住人数 →第三步：输入全年住宅的使用时间 →第四步：选择能源形式，共有电、再生能源发电、天然气、液化石油气、煤炭、汽油（含柴油）、木材七种可选 →第五步：输入采用的各种能源的消耗量 →第六步：得到评估结果。具体操作可参考网站 http://www.energysmarthome.com.au/main1.1/tools.asp。

在水资源评估方面，NABERS 2006 制定了自己的最新标准，并可网上实时评估，评估过程如下。

第一步：同 NABERS 2006 评估能源及温室气体过程；

第二步：基本同 NABERS 2006 评估能源及温室气体过程，但在选择评估类型（Rating type）时，只有建筑整体类（Whole Building）和建筑基本性能类（Base Building）两种可选择。

第三步：进入实时评估区，以建筑基本性能类（Base Building）为例，依次输入用水量（上年 12 个月的总数），计量单位（如立方米），外部再循环水的使用比例（如收集的雨水）。

第四步：提交表格，评估结果给出。

值得注意的是对于建筑整体类（Whole Building）和建筑基本性能类（Base Building）两种类型的评估，评分标准是一样的，如表6-18。

水资源（NABERS 2006 OFFICE） 表6-18

分 值	用水量（1 000L/[（m^2·年）]
5	<0.35
4	0.35~0.7（不含0.7，下同）
3	0.7~1.04
2	1.04~1.39
1	1.39~1.73
0	>1.73

关于上表中每一级别得分所对应建筑在该项目上的表现，作者的描述如下。

5分：最好，建筑通过设计、运营、管理和水源的选择几方面手段，在水资源的有效使用上均处于领先水平。

4分：很好，通过设计和管理手段，建筑在对水资源的使用上表现很好，水系统和用水设备的使用效率也不错。

3分：中等偏上，建筑在对水资源的使用方面，表现高于市场平均水平，但仍有较大潜力提高自身的用水效率。

2分：中等偏下，建筑在对水资源的使用方面，表现低于市场平均水平，有较多机会可减少其水耗，降低该方面的运营费用，减轻用水负担。

1分：表现很差，建筑浪费了大量的没有必要消耗的水资源，在减少水耗，降低运营费用、减轻用水负担等方面，建筑本身存在非常明显的改良机会。

NABERS 2006 HOME 评估水资源的最终标准正在探讨中，也会在2006年出台。

其他各评估指标在分析2005年反馈报告之后，正在研究和完善之中，DEUS 正在全心致力于 NABERS 适应市场的工作。

6.2.5 NABERS 的评估程序和市场运作

除了在6.2.4中介绍的客户上网自己对建筑进行预评估，DEUS 现在非常鼓励参评者选择有资质的评估人员通过商业模式进行正式评估，只有通过该途径，参评建筑才可能获得正式授权的评估结果和报告，藉此结果，建筑或者因其较好的得分而更具市场商业竞争力，或者因其较差的分数而引起开发和运营者足够的重视，进一步对建筑进行改造优化。

NABERS 的注册评估师（Accredited Assessor）选拔程序很严格，他们一般都熟知建筑的管理和运营程序，精于节能和节水方面的知识，在获得评估资格之前，申请者要先经过筛选，通过筛选的人才可以参加培训并通过考试，最终取得评估资质证书。目前，ABGRS 的能源及温室气体排放评估师即自动成为 NABERS 的能耗评估师，NABERS 的水资源使用评估师单独取得资质。在 NABERS 官方网站上公布的 NABERS 评估师名单中，大部分是同时拥有两项评估资质的。其实 DEUS 现在有一种倾向，即将 NABERS 的各分项单列出去评估，建筑可选择参加几项而非全部进行评估，评估师的资质也按分项去划分，如现在的能源及温室气体排放评估资质、水资源使用评估资质，以后可能还会出现室内环境质量方面的评估资质，这一发展趋势是和其他一些绿色建筑评估体系不太一样的。

客户在申请对建筑进行评估前，可查阅 NABERS 官方网站，直接找寻自己认知的注册评估师，或者根据网站上的线索，如评估师所在城市、评估师所拥有资质（能耗、水耗或二者均持有），自己搜索。查到评估师的联系方式（人名、所在公司、电话、电子信箱等），就可以联系洽商下一步的委托业务。评估费用要根据评估建筑的类型、建筑规模、资料收集的难度等方面做浮动（当前，DEUS 给出的办公建筑能耗和水耗均参评的市场指导价格是 6 000 澳元/一次）。评估合同签订后，评估师要收集参评建筑在上一年 12 个月中能耗和水耗的一些指标，最重要的是电费和水费单据，同时包括那些次要能源（如可能的天然气、煤、石油类等）和次要水源（如场地雨水收集并加以利用等）的使用数据，具体的评估过程和上面介绍的网上自我评估的程序大致相同。除了这些数字性资料，评估人员还要对建筑现场进行周密考查，收集使用者对能源和水资源使用的具体情况，考查的目的在于：一是能更全面地综合考虑到和建筑使用相关的所有能耗和水耗，二是可以为日后建筑进行能耗、水耗品质提高提供指导。

在评估师进行实质性的评估过程中，因为场地复杂性和其他方面的一些特殊情况可能会给评估结果造成一些偏差，评估师可根据自己的经验，并结合同地区经手的相似案例对于评估结果进行合理的调整。

最终返回客户手中的是带有 NABERS 和 ABGRS 标识的正式结果，可作为建筑开发者和管理者商业宣传的证明。如果客户对于评估结果有异议，评估师有义务进行解释，并对下步改造提出纲要性的建议。

在市场运作的过程中，NABERS 的主管部门 DEUS 强调了 NABERS 和澳大利亚现行的一些评估系统的密切关系。NABERS 2006 OFFICE 对于办公建筑能源及温室气体排放分项的评估直接采用了 ABGRS 的评估方法，NABERS 2006 HOME 对于住宅能源及温室气体排放分项的评估直接采用了 Energy Smart Home Rating 的评估方法。同时，DEUS 也强调对于新建住宅的评估，仍应该采用原有的 BASIX 体系和 NatHERS 和 AccuRate 评估软件。

6.3 NABERS 的评估案例（CASE STUDIES）

NABERS 的正式评估必须委托专业的持证评估人员进行，NABERS 网站公布联系方式的专业评估人员有 60 多位，他们遍布澳大利亚各个地区。目前对于一个办公建筑的评估费用约为 6 000 澳元（税前），但根据建筑的规模和复杂程度、参评建筑基本资料准备的情况、评估周期的长短等，费用可做调整。

目前，参与 NABERS 建筑体系进行评估的案例有 100 多项，其中的一部分仅做了能源及温室气体排放分项的评估，而未参与水资源的评估。这其中不乏成绩优异者，如下文介绍的墨尔本市的新市政厅办公楼，但整体平均分数在 2 ~3 分之间。下面将介绍三个来自澳大利亚和新西兰的评估案例——澳大利亚墨尔本的 Central Tower 和新市政厅办公楼，新西兰奥克兰的 Landcare Research 中心，前两个建筑参与了 NABERS 的正式评估，第三个案例是作者在制定评估标准时进行了试验性的评估。

6.3.1 评估案例一：澳大利亚墨尔本中心大厦（Melbourne Central Tower）

该大厦（图 6-4）位于澳大利亚第二大城市墨尔本市中心，总高 52 层，由澳大利亚最大的地产投资公司之一的 General Property Trust（GPT）投资建成于 1991 年。目前该建筑是墨尔本市最大、最著名的商业办公建筑，墨尔本当地一家著名的公司 Jones Lang LaSalle（JLL）管理其物业，因建筑地理位置优越、设施与服务完善等软硬件到位，该建筑的租用率非常高，其中不乏一些知名企业如：Ericsson Austrilia、BP Australia、Telstra 等。在使用 ABGRS（NABERS 在评估能耗及温室气体排放时使用 ABGRS 的标准）对其评估前，该建筑也曾参加过两次其他有些类似的评估，反映均良好，可是它在 ABGRS 的评估结果仅为“2 星”（一般最高分为 5 星），也就是说在能耗表现方面，该建筑仅为一般水平。墨尔本中心大厦的投资方 GPT 和管理方 JLL 对这个结果都感到很意外，因为该大厦在整个墨尔本市宣传形象很好。针

图 6-4 墨尔本中心大厦

对评估委托方的疑惑，ABGRS 的评估专员做了具体的解释，造成此结果的主要原因在于：周末能耗相当高，上班人数只是平时的 5%，而能耗却达到平时的一半；一个 24 h 运转的客户电话服务中心消耗不少原本可以节约的能源，使得一个为 52 层楼，40 天空调使用期匹配设计的中央空调系统常常因为它而满负荷运转；冷气控制的不合理，不能根据气温的变化来调整空调温度。

GPT 对于如上的解释非常重视，即马上针对建筑能耗高的问题进行硬件上的改造和软件上的培训，这些措施包括：对现有冷却设备和锅炉进行改造，更新其建筑管理系统（BMS），对于客户提出的可能影响中央空调系统运转的要求重新审视，客户在对中央空调正确使用行为上的教育等。GPT 的目标是尽快执行这些提高能源使用效率的手段，每年达到 ABGRS 进行核定的节能数字 70 000 澳元。

6.3.2 评估案例二：澳大利亚墨尔本新市政厅办公楼

墨尔本市的新市政厅办公楼（图 6-5）位于墨尔本市的繁华地段 Little Collins 大街，

图 6-5 墨尔本市新市政厅办公楼

今年年初刚刚落成。全楼地上十层，另有一层地下车库，总建筑面积 12 536 m²，可容纳 540 人同时办公。该建筑因为在可持续发展各因素方面做出的大胆尝试而在 2005 年获得 ABGRS 最高级别奖——6 星级（6 Star Design Rating，一般最高到 5 星），这代表着该市政厅办公楼成为世界领先级的绿色办公建筑。

ABGRS 的得分之所以如此高，归功于该建筑在节能方面的诸多创新和实践。

1）独到的换风系统设计

在传统的空调房间内，大部分空气是在循环对流使用的，新风量低必定造成室内空气质量的下降，给使用者的健康带来不利影响。而在墨尔本市的新市政厅办公楼内，通过设计使得进入房间的是百分之百的新鲜空气，新鲜的室外空气通过建筑南侧的送风管道进入建筑后被送至各层地板下的夹层内，再经夹层上开向室内的送风口完成下送风过程，新风进入室内后，经过建筑使用者和电器设备散发的热量加热后上升，并升入顶棚内，最终进入建筑北侧的排风管道排到室外，完成回风过程（图 6-6）。整个过程基本是通过自然手段完成的，达到的效果却是显著的，该建筑内新风量达 22. 5 L/(S·人)，远高于 7. 5 L/(S·人) 的澳大利亚国家标准。

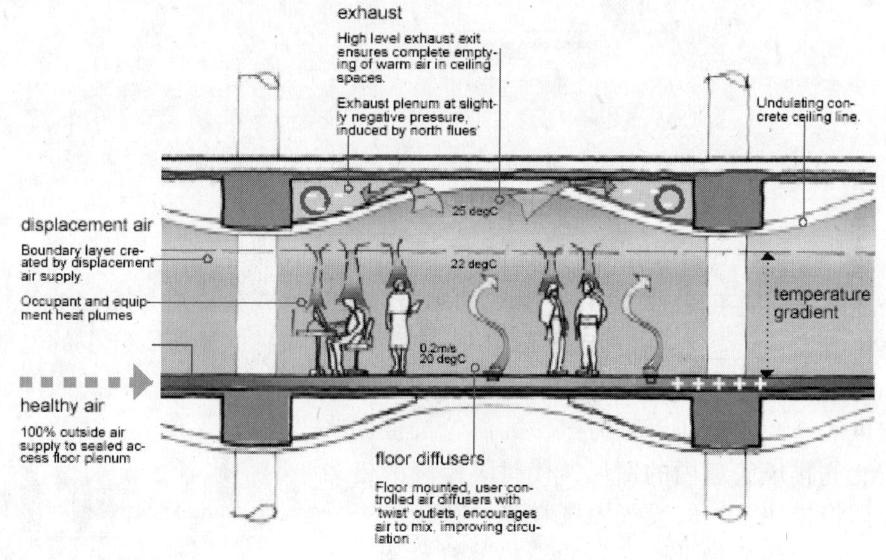

图 6-6　独到的换风系统

2）低能耗的制冷措施

一些几乎不用任何能耗但却达到理想制冷效果的手段在市政厅办公楼得到应用。建筑的南立面设计了五个 17m 高的水喷淋塔，所有即将进入室内的新鲜空气都要流经该塔，通过时，喷淋水使空气温度由 17℃降到 13℃，这样温度的新鲜空气最终由下送风口送入室内时，非常有利于室内的制冷（图6-7）。一个更古老但有效的方法也在该楼发挥着作用，夜间，建筑的所有外窗将一定程度地开启（一楼商铺除外），利用室外的冷空气直接给白天的室温制冷，外窗的开启与闭合是通过电脑自动控制的，当夜间遇到刮风、下雨天气或室内温度已经低于室外温度时，外窗将自动闭合。

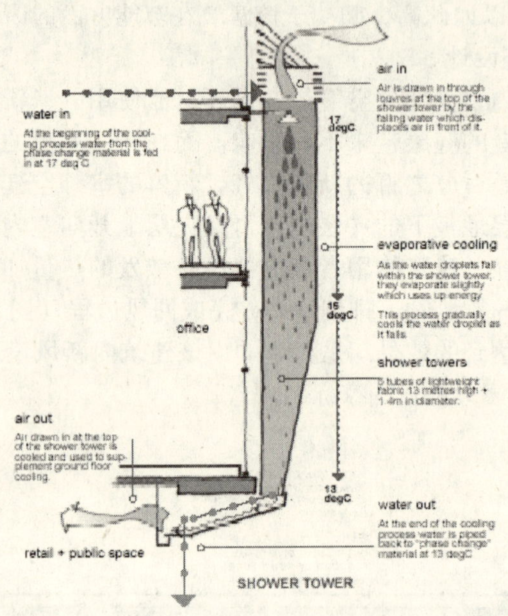

图6-7　用于空气制冷的水喷淋塔

3）综合的节能手段

办公建筑的节能手段比较多样化，墨尔本市新市政厅办公楼更是综合了各种可以利用的节能机会，主要包括：①屋面安装了26 m^2 的光生伏打电池板，产生的电能用来控制西立面的电动木百叶。②屋面安装了48 m^2 的太阳能集热板，建筑内的大部分热水是通过它提供的。③六个利用风力工作的涡轮机被用来抽走建筑北侧排风管道内的回风，代替了传统的电力风机。④即将排往室外的废气温度较高，在排到室外前，它自身的一部分热量被专门的集热装置收集，这部分能量最终又被用来加热（冬季时）或冷却（夏季时）即将进入室内的新风。⑤建筑屋面安排了一个燃油发电机，用来减轻市政供电压力，该发电机工作时产生大量的热能，设计者将此部分废热进行收集利用。⑥建筑北立面的排风管道被设计成黑色（图6-8），利用自身管壁吸收阳光，然后加热流经它内部的废空气，

图6-8　建筑北立面

使废气更容易排出管道。⑦节能的灯具和用电设备（如电脑等）。

4）自然采光和遮阳

为了多利用自然光源，该建筑有两处较好的措施：一是将北和南立面低楼层的外窗设计的比高楼层的大，以便吸收更多阳光（一般低楼层采光差于高楼层）；二是在北侧（朝阳面）外窗中上部加设了一道金属反光板（图 6-9），可以将更多的室外阳光反射到室内顶棚上，同时也使室内光线更加柔和。人工照明作为自然光源的补充，是通过光感应来自动调节的，根据室内光线量自动开启和关闭。

该建筑三个需要遮阳的立面分别采用了不同的方式，北立面的外阳台设计了空中花园（图 6-9），东立面则选择了穿孔金属遮阳板，考虑到西晒，西立面整面墙外挂了木质百叶，这个百叶墙是会随着太阳照射角度进行开启角度自动调节的（图 6-10）。

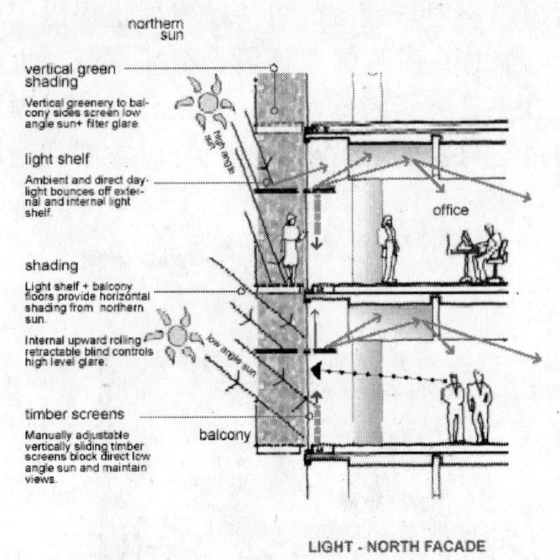

图 6-9　北立面的反光板和空中花园

图 6-10　西立面的木质百叶墙

5）绿色建筑的增加成本和回报

墨尔本市新市政厅办公楼的建筑总造价约为 5 104. 5 万澳元，其中用于绿色建筑元素（如节能设施、节水改造等）方面的额外投资为 1 130 万澳元，约占总投资额的 22. 1%，这部分花费的回收期是十年（通过绿色建筑手段在运营费用中摊平）。然而，这个建筑给人类带来的经济利益并非要到十年后才能实现，根据权威人士的测算，通过这些绿色建筑设计，使该建筑为使用者提供了一个健康愉快的工作环境，员工的工作效率将大幅提高，而患“建筑类病”的几率大幅降低，从而使工作人员的生产力整体提高 4. 9%，相当于每年为墨尔本市增加 112 万澳元的收入。

在该建筑的设计过程中，设计者有两处思路特别值得学习：第一，很好地处理了绿色建筑技术和建筑造型的关系，完成后的建筑，不仅没有因为增加许多绿色建筑设备和手段而使建筑外立面很不协调，相反，这些和绿色建筑有关的处理手法还丰富了立面的构成。第二：设计者尽可能地利用可再生能源，每一个需要能源才可以实现的绿色建筑手段，设计者总是想方设法通过另一种绿色建筑手段来提供该能源（如西立面为了遮阳，设计了可自动调节的木百叶，而控制百叶的电能是通过屋面的光电板产生电能实现的等）。

建成后的新市政厅办公楼和原有办公楼比较，节电达85%，节约燃油达87%，节水达72%，而单方二氧化碳的释放量仅为老建筑的13%。因此，它也成为了世界范围可持续发展办公建筑的经典作品。

6.3.3 评估案例三：新西兰奥克兰市 Landcare Research 中心

Landcare Research 中心（图6-11）建成在奥克兰市的 East Tamaki 地区，该地区是未来几年奥克兰市的重点发展地区，但奥克兰市议会对该地区的可持续发展也提出了较为苛刻的要求，Landcare Research 中心本身是一个对新西兰国家环境、植被土壤、生物多样性等方面进行专业研究的机构，因此选址在该处有其特殊意义，业主和设计者预计将它建成一个可持续发展建筑的实验基地，通过它自身的运营来检验可持续发展理论的可操作性。

图6-11 奥克兰市 Landcare Research 中心

1）设计阶段融入了多方人士关于可持续发展的建议

建筑设计者在有了自己的设计思路之后并未马上付之于行动，而是广泛征求了未来使用者和该项目相关的市政工作人员、新西兰国家环境保护部门、其他对可持续发展感兴趣的人等各方面的建议和意见。通过这一程序，设计者又得到了许多新的灵感，其中国家环境保护部门及市政工作人员对于该建筑和周围环境保护方面提出了一些宝贵的改进方案。而建筑的未来使用者们在关于建筑内部空间划分及室内环境质量方面的建议更让设计者受益匪浅，这些来自看似外行的反应真正意义上的保证了该建筑某些可持续发展概念的实现。

2）利用自然采光和通风

现代办公建筑因其自身的局促往往采取人工照明和机械通风的方式，它的不利之处也是显而易见的，一方面建筑能耗大幅度增加，另一方面建筑使用者长期处在一种人工营造的办公环境中，缺少和自然的接触，对其身心健康造成危害，由此生成一系列的“建筑类病”。Landcare Research 中心设计了一个较大的室外天井（图6-12），所有的办公空间环绕着它，并开窗向这个室外天井，室内部分的每个工作台或办公桌距离外窗的距离不超过5m，使得这些工作面仅依靠自然光线和通风就可以满足要求。同时，天井内种植了高大的乔木，用以遮挡日晒，它也自然成为了建筑使用者休息和交流的一个公共空间。

图6-12　室外天井

3）对能源的高效利用

主要包括四个方面：①对可再生能源的利用，建筑的屋面上放置了11 组太阳能热水器，它们提供的热水足够满足所有实验室的需要，同时还向就餐区及咖啡厅提供热水。除了利用太阳能外，设计者还考虑了风能的开发，场地上的一个小型风力发电机产生的电力将雨水收集罐中的雨水抽至屋顶水箱，用以冲刷小便器。②利用外遮阳措施减少建筑对空调或风扇的依赖（图6-13），建筑的外立面设计了铝制的遮阳百叶，减少太阳直射引起的室内升温。③利用热回收设备收集冰箱、冷却系统和除湿系统散失的热量，并将其用于房间及热水器的加热。④使用节能型的用电设备，这包括了节能型的灯具、电脑、其他用电设施。

4）雨水的利用和节水措施

场地上的两个容积各为25 000 L的大储水罐用来收集储存屋面落下的雨水（图6-14），收集后的雨水被加以利用，主要作用是冲刷小便器和浇灌花园。同时，建筑内的各种用水器具也被设计成节水型的，如无水冲刷式座便器，小水流量的水嘴和淋浴器。

图6-13　外遮阳板

图6-14　雨水收集罐

5）固体垃圾的变废为宝

办公建筑内卫生间排放出的固体垃圾往往直接流入市政的排污管道，不仅无法加以利用，还会给市政设施造成一定的压力。而Landcare Research中心做到了此部分垃圾场地处理，卫生间的座便器直接和室外的一个堆肥处理装置相连接（图6-15），垃圾流入该装置后，和人工放入的树叶等花园植物垃圾进行反应产生肥料。堆肥装置每隔半年清理一次，清理出的肥料可直接培植于花园中。

图 6-15　堆肥处理装置

6）对可持续发展的贡献

主要表现在环境、经济和社会三个方面。对环境的贡献：①将较为先进的技术应用于实践，证明了许多可持续发展建筑的理论是可行的，且是经济的。②建筑设计使用年限超过 100 年，减少了因其拆除重建对环境的不利影响。③建筑本身利用了一些生态设计的手段，将它对环境的破坏降至最低值。④大量使用了以后可更新使用的建筑部件，可循环被新建筑利用的建筑材料，建造时使用了一些旧建筑拆下的材料。⑤固体垃圾、废水、雨水在场地自行处理。

对经济的贡献：①使用周期长，经济价值提高。②低运营和维修费用。③能源花费低。④灵活分割、适应性强、多功能性的内部空间，提高了建筑的使用率。

对社会的贡献：①利用自然采光和通风等手段营造出健康的室内人性化办公环境。②共享空间和私密性空间的设置提高使用者的工作效率，同时便于员工交流。③友好的操控系统界面（办公设备等）。

对该建筑的一项研究报告显示：它的建造费用和同等规模、相同作用的办公建筑相差无几，而在能源和水的消耗上却比同等建筑分别减少了 60% ~70% 和 50%。再加上它在其他可持续发展建筑因素方面取得的成绩，Landcare Research 中心获得了 NABERS 2003 OFFICE 中 60% 的得分，这是一个非常高的分数，代表着该建筑在土地利用、材料使用、节约能源、节水、资源利用、室内环境、废物处理等诸方面均达到了可持续发展的要求。

6.4 结语（SUMMARY）

NABERS（National Australian Building Environmental Rating System）是澳大利亚第一个国家建筑环境评估体系，它由澳大利亚能源与资源部（DEH）于2001年组织编制，并于2003年颁布试行。经过一段时期的市场试运作和学术上的再完善，DEH在2004年正式委托新南威尔士洲能源和可持续发展局（Department of Energy，Utilities and Sustainablity，简称DEUS）对NABERS进行商业运作。

NABERS目前包含OFFICE版本（又分OFFICE BASE和OFFICE TENANT）和HOME版本，分别针对已建办公和住宅建筑进行建筑环境的综合评估。鉴于NABERS在市场运作过程中得到的评价和反馈，同时也为了下一步NABERS能更好地走向市场，它的一些评估指标和标准尚需完善或更改，因此，当前主要可以应用的是对能源与温室气体排放、水资源的使用两部分的专业评估。

NABERS的一个非常重要的特点是其主要针对已建建筑通过实测获得数据进行建筑环境优劣的评估，不同于一些只针对设计阶段进行模拟分析作出评估的体系。另外，NABERS也非常重视建筑使用者对建筑使用情况的真实反映，在NABERS的两个指标室内环境质量和使用者满意程度上，均采用了用户表格评分的形式，这是在其他评估体系中不常用的方法。目前在澳大利亚已经有多处建筑参加了NABERS在能源和水资源方面的评估，相对来说，它是一个对建筑要求严格，较难获得高分的评估体系。

NABERS同样也在影响着其他国家绿色建筑体系的创建或绿色建筑的发展，中国的绿色建筑奥运评估体系（GBCAS）在编写过程中也参考了NABERS的一些方法和指标。在新西兰，NABERS同样在影响着该国的绿色建筑实践，越来越多的绿色建筑研究者和实践者开始关注这一来自邻国的绿色建筑评估体系。

同样有理由相信，NABERS在改进之后，将会更加适应市场，推动世界绿色建筑评估体系的进一步发展。

本章参考文献

[1] Vale，B and R，Vale.（1975）. *The Autonomous House：design and planning for self-sufficiency*. London：Thames and Hudson.

[2] Vale，B and R，Vale.（1991）. *Green Architecture：Design for a Sustainable Future*. London：Thames and Hudson.

7　基于生态足迹理论的绿色建筑评估

7.1　产生背景

绿色建筑，可以视为一切“将其环境影响控制在自然承受能力范围内的建筑”的统称，绿色建筑评估标准的建立，主旨也在于为衡量“建筑究竟在多大程度上与其所处的生态环境和谐相处”提供依据，从这一角度看，绿色建筑评估标准实际是为建筑确立一种统一的生态评估尺度。

当前建立统一生态评估尺度的工作主要在两个方向展开：

一个方向是采用建筑环境基准代码来评估建筑的环境表现，是基于权重与专家决策的评估方法，像英国的BREEAM体系、美国的LEED体系、加拿大的GBT体系等本书讨论的主体都属于这一类型，它们的工作思路大致都为：通过权重实现对绿色建筑不同生态特征的整合，进而形成统一的比较与评估尺度。由于这类评估标准体系所具有的简单、易用等特点，使其迅速成为当前“建立统一生态评估尺度”工作的主流。

另一个方向我们称为“基于自然的清单考察”评估方法，这类研究包括马尔科姆·威尔斯（Malcolm Wells）的“荒野基准清单”、“积极变化净值”分析和“塔多希克”（Tadoseec）清单等，这种“清单考察”评估方法的基本思想逻辑是：一切人类活动（包括他们所享受到的服务）都依赖于自然生态系统，为了使我们的这种“消费”具有可持续性，应有意识地对我们自身活动进行约束，以使其所带来的“自然扰动最小”，同时依据“扰动”强度的不同划出级别，从而为补偿性设计确定不同的深度要求。在实际操作中，这类方法主要是通过引入如能值、二氧化碳排放量、生态包袱、生态足迹等与自然生态承载力、生态特征直接相关的、具体评价环境健康程度的生态指标，对人类活动的生态影响进行评价，结合一定区域的自然生态承载力水平，确立绿色设计目标，这些指标同时也用于约束、评价人类行为的可持续性水平。

“整体的环境考量”是绿色建筑的核心价值，在操作层面，这种“整体性”包括两重意义：其一，是指节能、节水、节材、节地、环保、文化等绿色建筑的不同生态特征，需要在设计时予以整体考虑；其二，是指建筑的环境影响与区域乃至整个地球的生态承载力需要进行整体考虑。这两重意义共同构成了完整的绿色建筑“整体性”特征。由此我们不难发现，虽然第一类方法在一定程度上，实现了对绿色建筑各生态特征的有效整合，但对第二层面——建筑与环境间的“整体性”，则往往缺乏直接的表达和评估（很多时候，这些内容被分散隐含到了评估标准所依托的诸多基础性规范之中），这成为这类方法的一大缺陷。

与此同时，由于以权重（包括德尔斐法、专家调查法、频数统计分析法、主成分分析法、层次分析法（AHP）[1]、模糊逆方程法等，其中 AHP 法是目前绿色评估体系权重确定的最常用方法）为基础的评估体系，归根结底是一种建立在主观判断基础上的评估方法，尽管在操作上通过数学的手段，对其主观性意味进行了规避和削弱，但受到基础数据的影响，这种方法不可避免带有浓重的主观性色彩，尤其在对于“绿色建筑”这样的新鲜概念而言，即使专家们的认识也是“与时俱进”的，这就使得由此形成的指标可能会有比较明显的“时效性”特征，据此得出的评估结果，其客观性和全面性因而在一定程度上是可疑的。

实际上，在 BREEAM、LEED 等体系得到越来越多的应用时，此类质疑（或困惑）也在不断出现。例如对于 LEED 体系而言，250 000 m^2 的规模的“金质”建筑其环境表现是优于一栋 25 000 m^2 的“银质”建筑的，但一栋规模达 10 倍的建筑其实际的环境影响无论如何会高于一栋小规模的建筑，这种逻辑上的混乱、甚至误导，正来自于评价方法本身对建筑实际环境影响的忽视。

第一类方法所具有的种种缺陷，恰恰可以通过第二类方法予以修正和弥补。为了更清楚地说明第二类方法的现实操作问题，我们将以“生态足迹分析方法”为例，通过考察其基本的原理、优缺点以及它在绿色建筑评价中的应用等内容，较全面地展示提出第二类方法的意义与价值。

7.2 “生态足迹分析方法”的基本原理及其优缺点

7.2.1 生态足迹分析方法的原理

生态足迹分析方法——Ecological Footprint Analysis（简称 EFA），是加拿大哥伦比亚大学规划系教授 W·E·里斯（William·E·Rees）和 M·沃克内格尔（Wackernagel）于 1996 年合著的《我们的生态足迹——减轻人类对地球的冲击》一书中提出的，它是一种用以衡量人类对自然资源的利用程度，以及自然界为人类提供的生命支持服务功能的方法。

生态足迹分析方法的提出基于以下两个基本事实：

（1）人类能够确定自身所消费的绝大多数资源及其所产生的废弃物；

（2）这些资源和废弃物大部分能够被转换为相应的具有生产力和生物量的生物生产性土地或水域。

---

[1] AHP 法将复杂问题分解为不同层次要素，构建多层次分析判断矩阵，通过计算这一判断矩阵的最大特征值及相应的特征向量，得出该层要素对于上一层要素的权重，进而计算出各层要素对总体目标的组合权重，是一种定性分析与定量计算相结合的系统分析方法。

生态足迹分析方法（图7-1）的基本原理在于通过跟踪国家或区域的能源和资源消费，并将它们转化为提供这种物质流所必需的生物生产土地面积，并同国家和区域范围所能提供的这种生物生产土地面积进行比较，从而判断一个国家或区域的生产消费活动是否处于当地生态系统承载力范围内，是否具有安全性。

图7-1 生态足迹研究方法图解

通过生态足迹的计算和分析，还能在全球和区域范围内比较自然资产的产出和人类的消费情况。生态足迹分析方法实际是“用生物生产性土地面积来表示自然资本，既反映了人类对自然资本的占用，又反映了人类消费对自然产生的影响，从而为国家和区域间进行比较提供了一个简便、通用的便利手段”❶。正是由于生态足迹方法所具有的这些便捷性，自其被提出之日起，短短数年间就在许多国家和地区得到应用，像澳大利亚、加拿大、丹麦、荷兰、意大利、墨西哥、北爱尔兰、挪威、苏格兰、西班牙、瑞典、美国和威尔士等，都将这一方法应用到了国家和区域层面的可持续发展研究中，并取得了一系列的成果。

7.2.2 生态足迹基本计算公式

生态足迹的生成分为两个基本换算过程，一是从物质向土地面积的转换，即将物质消耗分别归类于化石能源、耕地、林地、牧地、水域以及建筑用地等六种类型，其计算表达式为：

$$D_j = \sum_{i=1}^{n} \frac{r_i \times C_i \times B_i}{A_i} \tag{7-1}$$

式中 D_j——j种土地的年均占用量（$ghm^2/year$）；

r_i——i种物品的均衡因子；

C_i——i种物品的年消费量（t/year）；

B_i——i种物品的能源密度（GJ/t）；

A_i——i种物品的全球均衡产出（GJ/ghm^2）。

第二个换算过程是将六种土地类型的计算结果进行汇总，形成最终的生态足迹指标，其计算表达式为：

---

❶ Wackernagel M. What We Use and What We Have: Ecological Footprint and Ecological Capacity. http://www.rprogress.org/resources

$$ef = \sum_{j=1}^{6} \frac{s_j \times D_j}{P} \tag{7-2}$$

式中 ef——人年均生态足迹（ghm^2/cap·year）；

s_j——j 种土地的均衡因子；

D_j——j 种土地的年均占用量（ghm^2/year）；

P——人口总数（cap）。

生态承载力计算与第二个换算过程基本类似，计算表达式为：

$$ef_{\mathrm{bc}} = (1 - 12\%) \sum_{j=1}^{6} \frac{s_j \times E_j \times Y_j}{P} \tag{7-3}$$

式中 ef_{bc}——人年均生态承载力（ghm^2/cap·year）；

s_j——j 种土地的均衡因子；

E_j——j 种土地的年均供给量（ghm^2/year）；

Y_j——j 种土地的产出因子；

P——人口总数（cap）。

根据 Redefining Progress2002 年的研究❶，中国六类土地的均衡因子 s 分别为：化石能源用地 1.1、耕地 2.9、牧草地 0.6、林地 1.1、建筑用地 2.9、水域 0.2；产出因子 Y 分别为：化石能源用地 0.61、耕地 1.82、牧草地 0.94、林地 0.61、建筑用地 1.82、水域 1.00。Ai 、Bi 、ri 等基本数据，目前可从 Redefining Progress 网站（http://www.rprogress.org）中查到，国内的相关研究也正在跟进。计算生态承载力时所扣除的 12% 土地，主要用以保护生物多样性，这是世界环境与发展委员会（WCED）在《我们共同的未来》中所提出的最低要求。

7.2.3 两种不同的计算方法——综合法与成分法

针对于不同层面的问题，生态足迹采取两种不同的计算方法，自上而下的利用国家级数据进行归纳的综合法（Compound approach）和自下而上的利用微观层面数据进行计算的成分法（Component approach）。

生态足迹的层级关系：全球→国家→区域→城市→社区→建筑→设备

综合法估算 成分法估算

以区域统计年鉴数据为基础的综合法计算已经相对成熟，一般采用 Excel 格式的数据表，输入对应的数据值，就可自动生成目标年度的生态足迹、生态承载力与生态赤字指标。

---

❶ 转引自张坤民，温宗国，杜斌，宋国君等编著．生态城市评估与指标体系．北京：化学工业出版社，环境科学与工程出版中心，2003，245.

成分法❶由西蒙兹和钱伯斯（Simmons & Chambers）于1998年首次提出，刘易斯和巴里特（Lewis & Barett）完善，主要采取"清单"式的方法（图7-2），研究评价目标的物质流动与能量构成状况，最后换算成足迹指标。目前，成分法已大量应用于交通工具、家电产品、建筑、大学等微观与中观目标的生态足迹计算中。

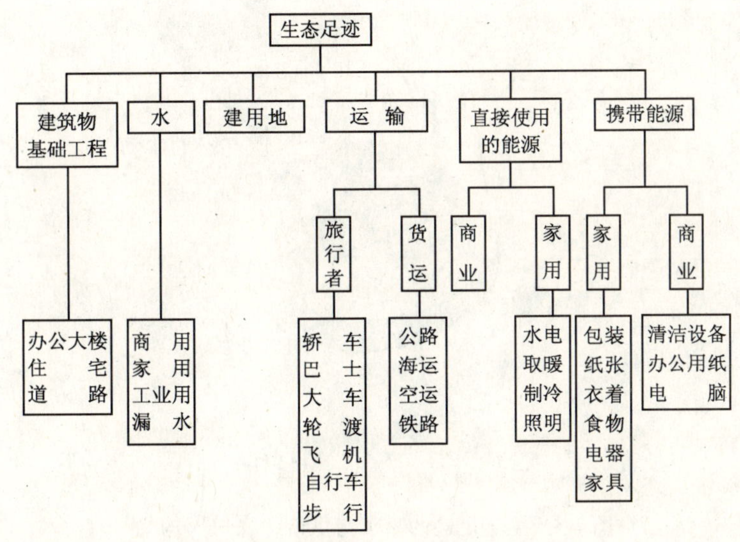

图7-2 "成分法"分类（资料来源：陶在朴）

7.2.4 因子转化过程

在生态足迹账户核算中，各种物质消费、能源消费等均应按相应的换算比例折算成相应的土地面积。生物生产土地面积主要考虑如下6种类型：可耕地、草地（这两部分又被称为生物生产土地）、林地、化石燃料土地（这两部分又被称为能源土地，主要供给能源和吸收相应的废弃物）、建筑用地（建筑和道路用地）和水域（又被称为生物生产水域）。由于可耕地、草地、林地、化石燃料土地、建筑用地和水域等的单位面积的生物生产能力差异很大，因此在计算生态足迹的需求时，为了使这几类不同的土地面积和计算结果可以比较和加总，要在这几类不同的土地面积计算结果前分别乘上一个相应的均衡因子，以转化为可比较的生物的生产土地均衡面积。而在计算生态足迹的供给时，由于不同国家或地区的各种生物生产面积的产出差异很大，为了使这几类不同的土地面积的计算结果可以比较和加总，要在这几类不同的土地面积前分别乘上一个相应的产出因子，以转化成生物生产均衡面积。在具体计算一个国家或地区的生态足迹时，各种商品

❶ 详细介绍参见陶在朴．生态包袱与生态足迹．北京：经济科学出版社，2003，186.

的贸易量也要换算成相应的生物生产土地面积（图7-3）。

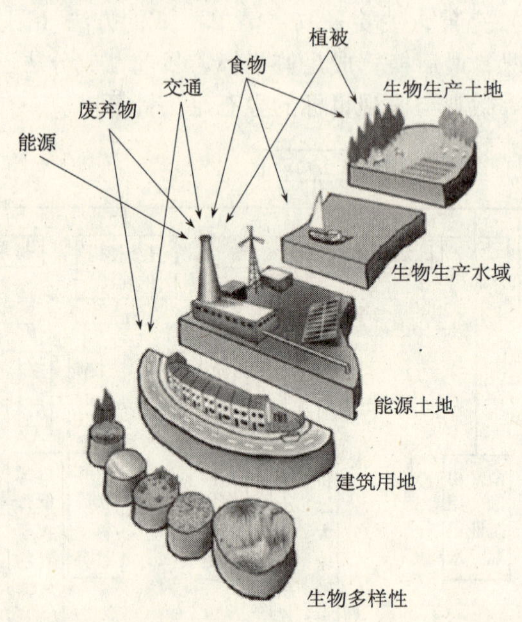

图7-3 生态足迹的需求与供给“账户”构成

在因子转化中，以较难处理的能源用地类型为例，一般采用能源土地转化因子的办法来估计能源用地。确定能源—土地转化的因子通常有三种方法：

①计算提供化石燃料替代物甲醇和乙醇所占用的土地面积来获得能源用地，研究表明提供这些化石能源类似物的生产力平均是80～150 GJ/hm^2·year；

②计算吸收燃烧化石燃料排放CO_2所需要的土地面积。早期的研究表明平均每1 hm^{2}森林每年能吸收燃烧100 GJ化石燃料所排放的CO_2；

③计算以化石燃料枯竭的速率重建资源资产替代的形式所需要的土地面积。估计表明在森林立木中平均每1 hm^{2}每年能积累80 GJ的可恢复生物量能源❶。

7.2.5 生态足迹模型的优点

①生态足迹模型紧扣可持续发展理论，是涉及系统性、公平性和发展的一个综合指标；

②将生态足迹的计算结果与自然资产提供生态服务的能力进行比较，能反映在一定的社会发展阶段和一定的技术条件下，人们的社会经济活动与当时生态承载力之间的差距；

---

❶ Wackernagel, Mathis, and William Rees. Our Ecological Footprint: Reducing Human Impact on the Earth. Gabriola Island, BC: New Society Publishers, 1996, 61～83.

③测算指标采用生产土地的面积，易于理解和进行尝试性测算。

7.2.6 生态足迹模型的缺点

①由此生态足迹模型的计算结果只反映经济决策对环境的影响，而忽略了土地利用中其他的重要影响因素，因此该模型目前计算结果有高估区域生态状况的可能；

②生态足迹模型只是对人类的生态足迹需求与自然生态系统能提供的生态服务的一种生物物理量的测量，不能对人类可持续发展所涉及的其他众多方面做出全面衡量。

7.2.7 在绿色建筑评估中引入“生态足迹分析方法”的基本考量

（1）统一、简单、易懂是绿色建筑生态价值评估指标的必要条件

要确立一个定量化的可持续性目标我们需要哪些条件呢？布林克[❶]（Brink）认为这些信息应该具有以下性质：需要有明确的指标表示可持续性目标是否已经达成、可以表征整个系统、具有定量化参数、非专业人士也可以理解、参数可以长期有效（十年以上）。

同时，应确立与评估主体具有相同环境、技术、文化背景的评估标准。真正意义的绿色建筑是基于特定区域层面的，即建筑的材料、能源、水、废弃物等系统的全生命周期影响是否与所在区域的供应、运输、吸纳承载力相匹配。评估标准建立的基础是全面需要了解建筑从加工到拆除的全生命周期内对资源的需求状况、选择场地、区域或国家作为评价边界以确定资源收支状况、描述所在区域自然环境现状及其承载力水平，并将所有的影响归纳为统一的指标。

由于建筑师的设计决策能在许多方面对建筑全生命周期内的环境表现产生深刻影响，如何能准确度量自己决策的环境表现，是所有关心绿色建筑的建筑师们普遍关注的问题。虽然使用可再生能源、提高能源利用效率、采用节水型设备、利用雨水和中水、保护原生植被、使用低附加能材料都可为降低建筑的环境危害程度做出贡献，但是由于分属能源、水、生物资源等多个领域，衡量这些生态贡献的指标常常各有不同，这使得对于这些设计策略的生态价值进行相互比较是一项棘手的工作。

由于“绿色”或可持续性概念本身的模糊性和复杂性，为了达到对绿色建筑进行全面的分析，研究者往往需要将抽象的“绿色建筑”概念，拆分为大量单独的要素或指标，这导致绿色建筑决策者往往面对的不是信息缺乏，而是信息的细碎化问题，他们不仅缺乏统一的度量单位，而且对于许多生态要素只能通过定性的指标进行评估，缺乏统一的

---

❶ Brink, B. J. E. T. The AMOEBA approach as a useful tool for establishing sustainable development. In: Kuik, O., Verbruggen, H. (Eds.), In Search of Indicators of Sustainable Development. The Netherlands: Kluwer Academic Publishers, 1991, 126.

系统化指标成为绿色建筑设计策略决策的主要障碍。瓦克纳戈尔（Wackernagel，1996，2001）、巴利特（J. Barrett，2001）、兰晢（Manfred Lenzen，2001）、徐中民（2003）、陶在朴（2003）等学者所进行的研究表明，EF 分析方法不仅在统一性方面具有明显的优势，同时由于其将抽象的生态评估归结为简单的面积指标，也有利于非专业人员理解与判断。

（2）与常规做法相比，EF 指标更为灵活和有针对性

我们在讨论绿色建筑时，包含两个相互联系着的基本学科——建筑学与生态学，在一种理想的境界中，绿色建筑的设计者必须了解生态系统的规则、组织和结构，从生态环境的角度思考建筑的影响，通过使用生态学的理念、方法和语言，有意识地使建筑融入自然系统之中。绿色建筑的生态目标不应简单归结为“零能耗”、“自维持”或某个百分比等一成不变的数值，而要建立起与当地的自然、气候等生态环境状况的密切联系。有针对性的生态基准应可以客观度量建筑的积极或消极影响的程度，可以被不同类型、规模、区位的建筑作为统一的评估基础。

前文我们所提到过的采用建筑环境基准代码来评估建筑的环境表现的方法，虽然简单易行，但却无法衡量据此建造的建筑究竟与当地的可持续发展需要存在怎样的关系。与之相比，EF 指标不仅可以评估大部分微观设计策略的生态价值，也可用于评估不同宏观环境的生态承载力水平，从而帮助在绿色建筑的生态影响与其所处的环境间建立起定量化的联系。同时，由于计算方法相对简单，EF 方法非常便于设计师、策划师等实践机构学习和掌握。

7.3 “生态足迹分析方法”在绿色建筑评估中的应用

由于人类社会的发展，原来统一的地球生态系统逐渐分裂为自然与人工生态系统两个部分。自然界的顶极群落是一个稳定的生态系统，但仅仅依靠它的净生产量无法满足人们的生产、生活的需要，人类于是逐步建立起农业、人工林、城市等非自然的——人工生态系统。通常人工生态系统都很不稳定，不仅需要人类来主动维持，而且非常依赖于自然生态系统帮助其完成自然代谢过程，因而从本质而言，人工生态系统给自然生态系统带来的多为负干扰。

作为一个稳定的自然生态系统是具有一定程度的抗干扰能力的，但这样的抗干扰能力并非没有限度，在干扰超出其承载力时，自然生态系统不可避免走向衰退，并最终崩溃，这意味着要实现地球生态系统的稳定，需要将非生态系统的负干扰，控制在自然生态系统的承载力范围内。因而基于生态承载力的“量入为出”思想是生态学的一个基本理念。作为人工生态系统一部分的建筑的建造和使用活动，会对自然生态系

统带来环境压力，因此定量评估这些压力和其所处环境的承载力成为提出绿色建筑生态目标的依据。

7.3.1 生态承载力

地球生态系统在能量供给和废弃物吸纳方面存在某种极限，而要想实现可持续发展的目标，意味着我们要将人类的活动限制在地球“生态承载力”的范围内，传统经济发展模式的主要问题在于忽视了自然资源的有限性，将经济的发展建立在资源的无限消耗上，从而破坏了自然生态平衡，出现严重的环境问题并最终成为经济发展的“瓶颈”。

生态承载力概念的提出最早可追溯到柏拉图（Plato，公元前427～347年），他认为：所谓最适宜的市民人口数是无法确定的，一块土地必须大到足够供养既定数量的人口，并供给舒适感与食物[1]。

目前虽然不同学者对于生态承载力有着各种描述，但其基本的内核是相同的，都将生态承载力确定为特定地理区域与生活其中的有机体数量间的函数，指的是生态系统通过自我维持、自我调节，所能支撑的最大社会经济活动强度和具有一定生活水平的人口数量。

长期以来，人类对经济发展的评估并没有将由于使用自然资源、生态系统的退化而带来的环境成本计算其中，这使得我们忽略了巨大的被“外部化”的社会成本。假如化石燃料（传统能源）、全球变暖和气候变化之间确实存在因果关系，那么未来我们将会为今天没有节制地滥用能源而付出高昂的代价，并有可能使今天的许多努力化为乌有。因此，人们陆续在理论和实践的不同层面，开始探讨如何在自然系统的承载力范围内重构我们的经济系统（魏兹察克 Von Weizsäcker1997，霍肯 Hawken1999，雅各布斯 Jacobs2000 等人的著作），其中包括迅速提高资源效率、产业生态学理论、以服务经济取代物质经济、恢复并扩大自然资本等，在操作层面，则更提倡以对所有的需求进行全面的设计整合，取代贸易过程的妥协（霍肯 Hawken1999）。

如果把自然生态系统作为经济生产大系统的一部分来考虑，我们就会像传统工业经济考虑资本的投入一样，考虑生产中生态系统的成本。这意味着我们在向自然界索取资源时，必须考虑生态系统有多大的承载能力，如果透支，则要考虑它有多大的自我修复能力，这就要有一个生态成本总量控制的概念。所谓生态成本，就是指当我们进行经济生产给生态系统带来破坏后，再人为修复所需要的代价。生态成本应该有一个总量控制的概念。

当然由于“生态承载力”与每个人占用的资源总量息息相关，这使得它仍然是一个备

---

[1] 陶在朴．生态包袱与生态足迹：可持续发展的重量及面积观念．北京：经济科学出版社，2003，144.

受争议的概念，因为对于经济发展处于不同阶段的国家，这一概念的侧重并不一致，在发达国家“过载”的原因常常来自过度消费，而在发展中国家“过载”则更多来源于人口的过快增长，因此在将“生态承载力”作为一种工具应用于发展决策时，要更为深入地探讨造成“过载”或“盈余”背后的原因，从而有针对性地提出不同的解决方案（图7-4）。

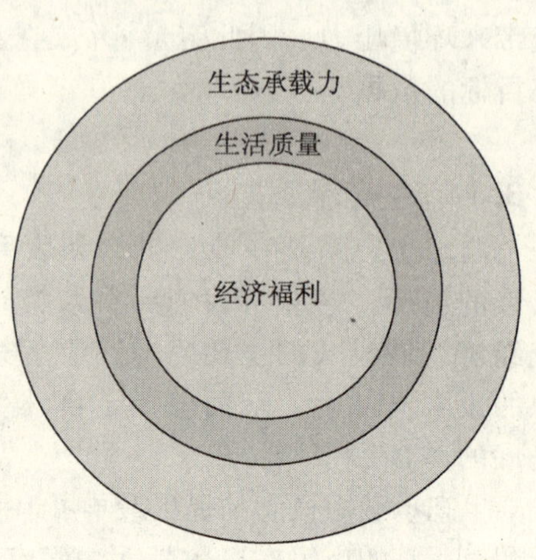

图7-4 社会经济的生态边界

（资料来源：Macnaghten and Jacobs，1997：9）

7.3.2 如何用EF指标进行绿色建筑评估

用EF指标表征绿色建筑项目的生态目标包含两部分工作：

（1）确定区域的生态承载力、生态压力与生态赤字水平

对于宏观区域进行生态承载力与生态压力评价是EF分析方法的强项，有关全球、国家以及区域层面的承载力与压力水平的计算方法已经比较成熟，由于在大多数地区每年都要进行全面的国民经济统计，并形成统计年鉴，使得以统计年鉴为基础的EF计算，在基础数据方面往往能得到有效支持，这也是EF分析方法迅速成为各地、各国乃至联合国有关机构评价本区域范围生态承载力与生态压力的常用方法。世界自然基金（WWF）、联合国环境规划署世界守恒检测中心（UNEP-WCMC）和“发展重定义”组织（Redefining Progress），已经先后共同推出了多版以EF分析方法为基本模型的全球生态承载力与生态压力发展水平报告——《生命行星报告》（Living Planet Report2000，2002，2004），对全球平均和主要国家的生态足迹发展水平进行计算，这份报告正成为衡量世界可持续发展水平的重要指针。美国、英国、加拿大以及欧洲各国的学术机构也都开始采用这一模型评估本国的可持续发展水平（图7-5）。

在我国，相关的研究在近两年也取得了较大的发展，如2003年徐中民❶等对中国1999年的生态足迹，2004年张颖❷等对1999年中国省（市）区的生态足迹，2004年刘宇辉❸等对中国1962～2001年生态足迹演变，2000年张志强、徐中民❹等对西部12省（区市）1999年的生态足迹进行了计算和分析，崔风暴❺等对北京市2002年的生态足迹，

❶ 徐中民，张志强，程国栋，陈东景．中国1999年生态足迹计算与发展能力分析．应用生态学报，2003，14（2）：280～285.

❷ 张颖，王万茂．中国省（市）区生态足迹差异实证分析．中国土地科学，2004，18（4）：19～24.

❸ 刘宇辉，彭希哲．中国历年生态足迹计算与发展可持续性评估．生态学报，2004，24（10）：2257～2262.

❹ 张志强，徐中民．中国西部12省（区市）的生态足迹．地理学报，2001，56（5）：599～609.

❺ 崔风暴，王虹．北京市生态可持续发展定量分析研究．统计教育，2005（1）：14～18.

梁星[1]等对1985～1999年上海地区的生态足迹，高长波[2]等对1990～2002年广东省的生态足迹，章鸣[3]等对1995～2002年杭州市的生态足迹，白艳莹[4]等对90年代苏锡常地区的生态足迹，李静[5]对2000年深圳市的生态足迹，张水龙[6]等对1998年天津市的生态足迹的计算与分析等，生态足迹分析方法的易用性与易理解性是其得以迅速推广的重要原因，同时也使得这一方法在绿色建筑中进行应用时，更容易得到来自多学科的支持。

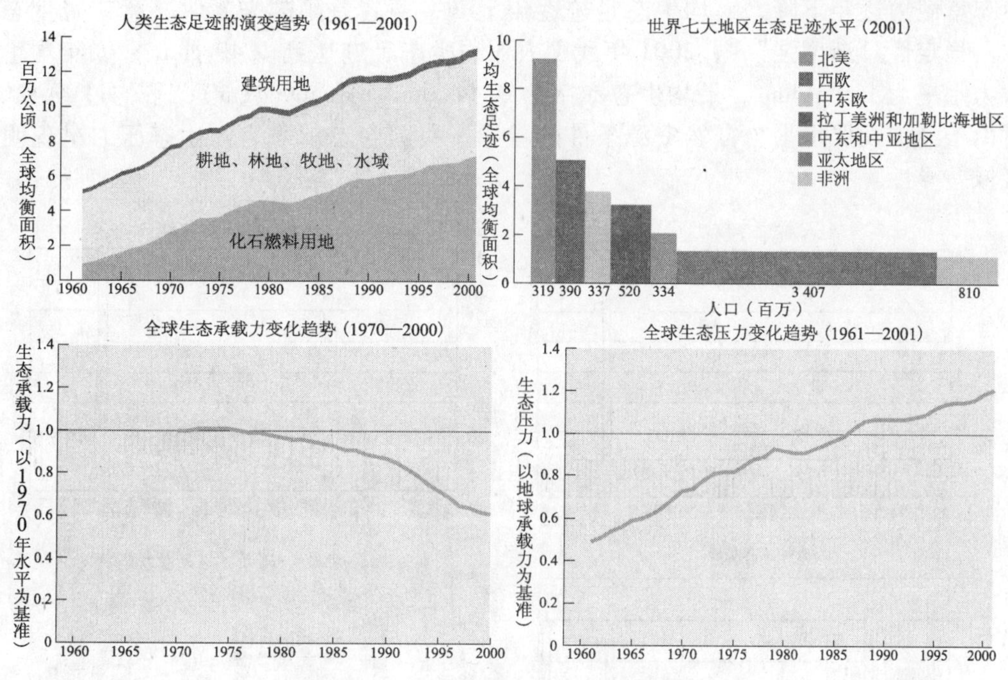

图7-5　全球生态足迹与生态承载力演变

（资料来源：LPR2004）

有关全球生态足迹演变的研究[7]表明，从20世纪的六七十年代到2000年，人类对于生态的占用水平在持续提高，而同时由于污染和资源消耗使得地球的生态承载力水平不断下降，到2001年全球人年均生态足迹达到2.2 ghm^2（全球均衡面积，Global Hectare），

---

❶ 梁星，王祥荣．上海地区可持续发展状况的生态痕迹评价．复旦学报（自然科学版），2002，41（4）：388～394.

❷ 高长波，张世喜，莫创荣，陈新庚．广东省生态可持续发展定量研究．生态环境，2005，14（1）：57～62.

❸ 章鸣，叶艳妹．杭州市生态足迹计算与分析．中国土地科学，2004，18（4）：25～30.

❹ 白艳莹，王效科，欧阳志云，苗鸿．苏锡常地区生态足迹分析．资源科学，2003，25（6）：33～36.

❺ 李静．基于生态足迹分析的深圳市可持续发展评价．国土与自然资源研究，2004（4）：7～9.

❻ 张水龙，李德生，孙旭红，朱殿兴，李玉花．天津市1998年生态足迹分析．天津理工学院学报，2004，20（1）：60～63.

❼ WWF，UNEP，Redefining Progress. Living Planet Report 2004. 10. www. panda. org/livingplanet

当年全球人年均生态承载力水平为 1.8 ghm^2，平均生态赤字为 0.4 ghm^2/（cap·year），平均过载 21%。

有关我国生态足迹演变与现状的研究表明（图 7-6），“从 1962 年至 2001 近 40 年中，中国总生态足迹和总生态承载力均有所上升，但总生态足迹上升速度明显快于总生态承载力，并最终超过总生态承载力，造成生态赤字的出现；从人均水平来看，人均生态承载力逐年下降，人均生态足迹逐年上升，两者差距越来越大，意味着生态系统的不稳定性日渐增强”❶，2001 年我国人年均生态足迹达到 1.49 ghm^2，人年均生态承载力水平为 1.05 ghm^2，平均生态赤字为 0.44 ghm^2/（cap·year），平均过载 42%。同时由于经济发展水平与自然资源条件的差异，我国生态承载力与生态压力呈现明显的区域差异性。

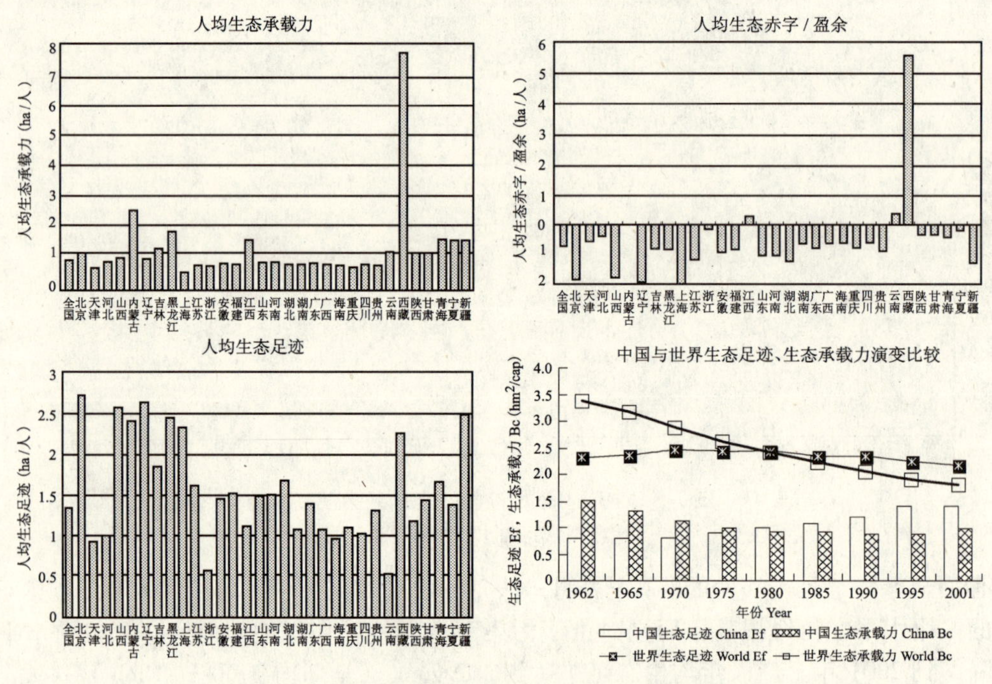

图 7-6　我国生态足迹与生态承载力演变

（资料来源：刘宇辉）

（2）确定绿色建筑的生态目标

目前，应用生态足迹指标我们可以度量某一区域的生态承载力水平以及它所能提供的

❶ 刘宇辉，彭希哲．中国历年生态足迹计算与发展可持续性评估．生态学报，2004，24（10）：2259.

生态服务❶的数量，同样我们可以应用生态足迹指标度量常规建筑对自然资源的消耗与占用程度，并以此为基础计算出常规建筑的环境影响水平。由于一般认为绿色建筑的生态目标应为：使建筑的环境影响维持在生态承载力的水平（图 7-7❷），因此，以生态足迹指标为衡量的绿色建筑生态目标是：使绿色建筑比较常规建筑实现的生态足迹削减量与社会总体生态目标削减量持平。如：以我国 2001 年生态赤字水平为标准，要实现生态的可持续发展，社会总体的生态目标应是使人类活动的生态足迹降低 42%，即人年均减少 0.44 ghm^2，据此❸绿色建筑的生态目标也应确定为比常规同类建筑实现生态足迹削减 42%，或人年均减少 0.44 ghm^2（人年均指标主要用于住区等人员指标比较明确的建筑类型）。

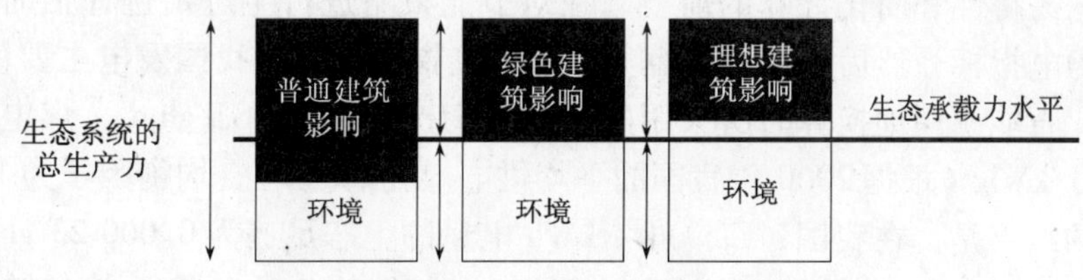

图 7-7 不同建筑与生态承载力的关系
（资料来源：Victor Olgyay）

通常有两种基本途径有助于实现绿色建筑的生态目标：一方面是通过精心的设计、仔细的材料选择——提高建筑生态效率实现目标；另一方面，也可以在设计建造阶段，将建筑行为视为修复生态系统的一部分，通过提高场地的生态生产力水平——生态承载力水平，实现生态目标。自然生态系统遵循营养自给循环——通过吸收太阳能量转化为生物质构建越来越复杂的系统，并不断储存、消耗和传递能量。在人工建筑系统中借鉴自然生态系统的营养自给原理，将有可能提高建筑的环境表现。因此我们认为通过提高建筑的效率（减小规模、削减建造和使用的环境影响）或提高建筑和场地的生态生产力都是有效提高设计可持续性的途径和方法。

❶ 生态服务指的是生态系统提供的服务功能，被生态学认为是维持地球生命系统正常运转的关键。虽然不同的生态服务总是相互关联、相互依存，我们仍有可能分辨建筑的建造和使用对环境产生影响的关键方面。生态系统为建筑提供原材料、吸纳其排出的各种废弃物，同时也决定了建筑所面临的气候特性。温室气体大量累积所导致的全球气候变暖，说明人类现在的活动已经超越了地球生态系统的承载力水平。在美国，建筑每年消耗 68% 的国家电力，其中 75% 来自化石能源，建筑的建造过程也消耗大量的能源同时释放出二氧化碳，这些生态影响都要求有定量化的度量方法，以使我们可以采取有效的应对策略。

❷ Victor Olgyay, Julee Herdt. The application of ecosystems services criteria for green building assessment. Solar Energy, 2004, 77: 391.

❸ 这里实际隐含了一个对建筑环境影响分担度的简化过程。由于社会总体生态足迹由包括建筑在内的多种因素构成，从宏观层面看，要达成削减社会总体生态足迹的目标，除了所有的因素同时等比例削减之外，还有可能通过调节因素间的比例（如产业结构调整等）实现，因此削减过程本身是相对复杂的，但是考虑到本论文所进行的讨论是基于建筑设计策略展开的，不可能从过于宏观的层面实现这样的优化，因此在提出绿色建筑的生态目标时，我们假设项目所处环境的社会总体生态足迹构成要素的比例保持不变，这时就要求所有要素都进行等比例的削减。

根据全生命周期原理，建筑的环境影响来自其生产、使用、废弃的全过程，因此以生态足迹表征的绿色建筑生态目标时，需要获取三方面数据：建造阶段环境影响数据、使用阶段环境影响数据、区域生态承载力水平。其中建造和使用阶段的环境影响主要来自资源（包括水和材料等）与能源消耗两方面，通过使用生态足迹指标，对建筑在建造、使用阶段的水、材料、能源等的消耗以及废弃物的排放进行评估，并与区域生态承载力进行比较，我们就可以了解建筑行为对区域环境的生态影响，从而制定有针对性的改善策略。

（3）绿色建筑不同生态特征的 *EF* 评估方法

• 节能策略的生态足迹评估

出于数据易得性和简化计算的需要，在对节能策略进行生态足迹评估时，往往将能源消耗换算为电指标，然后再统一换算为生态足迹指标。由于我国发电主要依靠的是煤，因此在进行化石能源用地换算时所采用的全球均衡产出为 55 GJ/ghm^2，煤电的能源密度为0.011 5 GJ/kWh（根据2000 年我国的平均供电煤耗[1]计算），均衡因子为 1.1。经过公式换算得出的结果是：在我国，每消耗 1 kWh 电量的生态足迹为 0.000 23 ghm^2（由于影响较小，该值不包含电厂建筑用地的足迹指标），节能策略的环境贡献在转化为节电量后，可以计算出其带来的生态足迹削减量。

$$EF_{能源} = \alpha_{电} \times 等价电量$$

其中，$\alpha_{电}$ 为单位电量生态足迹，在我国以煤电为主的情况下，取 0.000 23。

同理，作为主要能源方式之一的天然气，其全球均衡产出为 71 GJ/ghm^2，能源密度为0.037 25 GJ/m^3，均衡因子仍取 1.1，因此单位体积天然气的生态足迹值为 0.000 58 ghm^2（即 $\alpha_{天然气值}$）。

$$EF_{能源} = \alpha_{天然气} \times 用气量$$

• 节水策略的生态足迹评价

目前一般认为水资源的生态足迹由三部分内容组成：一是水处理能耗形成的生态足迹（包括抽取、净化、输送、污水处理等过程的能耗），二是提供相应水量所需集水土地面积的生态足迹，三是建设水处理厂房所需要建筑用地的生态足迹，即

$$EF_{水资源} = EF_{能耗} + EF_{集水} + EF_{建筑}$$

①经过换算每吨自来水的取水、洁净电耗约为 0.25 ~0.33 kWh（根据泵房扬程高度不同有所差异），换算为生态足迹约为 0.000 058 ~0.000 076 ghm^2，每处理一吨生活废水的电耗约为 0.15 ~0.20 kWh[2]，换算为生态足迹约为 0.000 035 ~ 0.000 046 ghm^2。

---

[1] 彭启珍，方国元，于淑梅，张树芳．我国适度发展天然气联合循环的必要性及对策建议．电站系统工程，2004，20（3）：5.

[2] 李海，孙瑞征，陈振选．城市污水处理技术及工程实例．北京：化学工业出版社，2002，139.

②根据美国的有关研究❶，每1英寸降雨量相当于为每英亩土地提供2 907.75立方英尺水量，按照10%计算，1英寸降雪量相当于为每英亩土地提供290.8立方英尺水量，换算成公制该数据为：每1 mm降水量相当于为每公顷土地提供8.011 t水。通过查找项目所在地区的气候统计资料，可以了解到区域的年均降水量，从而换算出该地区每年单位面积的雨水量。以深圳为例，该地区的年均降水量一般为1 600 ~ 2 000 mm，以1 933.3 mm作为标准，经过计算可得出深圳地区每年每公顷通过降雨得到的水量约为15 487.67 t，经过反算，深圳地区1t水的*EF*集水值为0.000 065 ghm^2。

③只要确定了处理规模，建设水处理厂房所需要建筑用地的生态足迹就是相对固定的，主要计算依据来自国家《城市给水工程规划规范》（GB 50282—98）的相关要求（根据规模不同，水处理用房的建设标准为日处理水每吨0.5 ~ 0.7 m^2）。

由于水处理技术主要通过节水达到降低能耗的目的，因此水处理技术所带来的生态足迹削减主要来自前两部分，即减小用水、废水处理的能耗和对取水压力的缓解，越是缺水的地区，第二部分的贡献越发明显。

- 节材策略的生态足迹评估

目前一般有两种关于建筑材料生态足迹的计算方法，一是基于全生命周期阶段划分的计算方法，另一个是基于“蕴能量”的计算方法。

基于全生命周期阶段划分的计算方法：

建材的生态足迹主要来自建筑材料在采集、生产、运输、施工、使用、废弃处理等阶段所消耗的能源，因此建筑材料的生态足迹由建材在制造、建造和使用三个主要阶段的生态足迹构成，即

$$\begin{aligned} EF_{建材} &= EF_{制造} + EF_{建造} + EF_{使用} \\ &= (EF_{采集} + EF_{生产}) + (EF_{运输} + EF_{施工}) + (EF_{使用} + EF_{废弃处理}) \end{aligned}$$

其中，各种建材的采集、生产能耗一般可以从产品参数中获得，也可由厂家提供；运输过程的生态足迹由运输工具和运输距离决定；而建材的废弃处理是其在使用期内生态足迹的主要来源，该部分能源消耗数据一方面可以来自相关的材料研究成果，在进行简化计算时，也可参考一般垃圾处理的生态足迹计算方法（垃圾处理的生态影响主要体现在垃圾堆放、运送、处理的能耗。根据清华大学张坤民等人的研究❷，目前我国处理每吨生活垃圾生态足迹约为0.135 ghm^2）。统计资料表明❸，一般情况下，建材在制造、运输及施工、使用三个阶段的能耗比约为4∶2∶1。

---

❶ Emily Pezzetta Wright，the Ecological Footprint of the Colorado College：an Examination of Sustainability. 2002. www.coloradocollege.edu/sustainability.

❷ 张坤民，温宗国，杜斌，宋国君等编著．生态城市评估与指标体系．北京：化学工业出版社，环境科学与工程出版中心，2003，245.

❸ 中国建筑材料科学研究院．绿色建材与建材绿色化．北京：化学工业出版社，2003，46.

基于“蕴能量”的计算方法

$$EF_{\text{建材}} = \sum_{i=1}^{n} \frac{M_i \times e_i}{A_e} \tag{7-4}$$

式中 M_i——材料使用量；

e_i——材料单位“蕴能量”，其指标可参考贝克曼（Beckman）、威尔夫妇（Robert and Branda Vale）、里勒（Johne Tillman Lyle）❶ 以及中国建筑材料科学研究院等机构提供的相关研究成果；

A_e——化石能源的全球均衡产出，一般取 71 GJ/ghm²。

建筑材料在制造与建造阶段的环境影响数值通常都会数倍于区域生态承载力水平，然而制造与建造阶段的环境影响只发生一次，而在其使用期内（除了废弃处理时）一般不再产生明显的环境影响，这使得其所产生的生态赤字有可能通过使用期的节约和剩余生命周期内区域环境生产得以逐步弥补。例如：某材料在制造与建造阶段的生态足迹值为45.6 ghm²/cap，这意味着假如该材料的寿命为 45 年的话，其全生命周期的生态足迹值为 1 ghm²/（cap · year），假如是 152 年的话，相应的生态足迹值为 0.3 ghm²/（cap · year）。正是基于建筑材料环境影响所具有的这一显著特点，使得耐久性——使用期长的建筑材料被认为是更为“绿色”的。

- 节地与环保策略的生态足迹评估

如前文所述，绿色建筑节地策略的核心是提高土地的利用效率，其中包括了鼓励公共交通、利用地下空间、废弃地的改造等内容，由于涉及的内容比较复杂，对于这部分设计策略的生态足迹评价应根据不同的情况，灵活对待。如对于公共交通（每人每公里能耗为 1 MJ❷）鼓励措施所带来的生态贡献，可通过估计由此带来的私人小汽车（每人每公里能耗为 4 MJ）使用量的减小，计算其带来的生态足迹削减值；对于提高建筑容积率带来的生态贡献，可以通过人均生态占用的降低体现等（表 7-1）。

不同交通方式的生态足迹指标❸ **表 7-1**

交通方式	小汽车	公共汽车	摩托车	火 车	飞 机
生态足迹（ghm²/cap · year · km）	0.000 036 4	0.000 029 3	0.000 020 7	0.000 002 4	0.000 073 5

❶ 宋晔皓．结合自然 整体设计．北京：中国建筑工业出版社，2000，165.

❷ 张坤民，温宗国，杜斌，宋国君等编著．生态城市评估与指标体系．北京：化学工业出版社，环境科学与工程出版中心，2003，242.

❸ 数据来源：John Barrett and Anthony Scott. An Ecological Footprint of Liverpool：Developing Sustainable Scenarios（A Detailed Examination of Ecological Sustainability）. Stockholm Environment Institute. 2001. 24. www.york.ac.uk/inst/sei/footprint/liverpool.html.

对于环保策略的生态足迹评价，虽然它仅包含对外部自然环境与室内环境等两部分考量，但由于每一部分中都有许多内容，因此也同样面临着相似的复杂性困扰。以外部自然环境为目标的环保策略，主要包括保护原生生态、减少有害废弃物排放、环境绿化等内容，应用生态足迹指标表征该部分的生态贡献时，需要灵活应对，如原生土地的保护可以直接换算为相应的土地类型面积指标，有害废弃物的排放可以换算为相应的吸纳土地面积指标（如二氧化碳的生态影响可换算为吸纳其所需的林地指标，根据 WWF 的 LPR2002 年报告中提供的数据：全球平均每公顷林地每年可以吸收 5.2 t 二氧化碳[1]）；以室内环境为目标的环保策略，主要包括保持健康的温湿度、日照水平、通风次数、空气质量等内容，由于实现这些目标的手段主要依靠被动设计与人工控制系统，因此该部分环保策略的生态足迹评估，最终都可以归结于对人工控制系统的能源消耗评估上。

7.3.3 实践案例

（1）项目概况

BedZED——贝丁顿零能耗开发项目（图 7-8）是由皮博迪查斯特地方生态开发集团（The Peabody Trust with the Bioregional Development Group）投资兴建的环保住宅小区，由于在生态实践方面的创新性研究，该项目的建设还得到了当地政府和世界自然基金会（WWF）的资助，是邓斯特领导的 ZED 研究迄今为止所完成得最为成功的设计作品，它在实现与经济相结合的可持续性建筑研究方面做出了成功的探索。

图 7-8 BedZED 外景
（资料来源：《世界建筑》2004/08：78）

[1] 陶在朴．生态包袱与生态足迹．北京：经济科学出版社，2003，188．

项目位于伦敦萨顿区的海克布里奇（Hackbridge，Sutton），开发用地原为城市污水处理厂，总占地1.65 hm^2，包括了82套公寓、联排住宅和2 500 m^2 的办公、商业服务设施（图7-9），总建筑面积10 388 m^2。

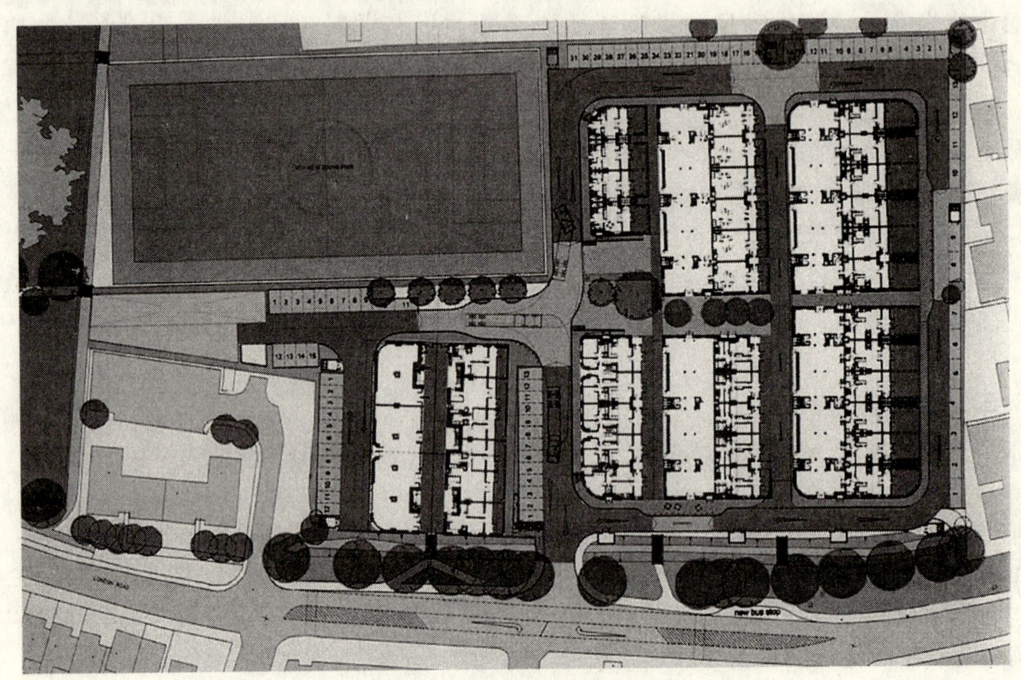

图7-9　BedZED总平面图

（资料来源：《世界建筑》2004/08：76）

（2）依据EF确定设计策略

以英国人的平均生活状态为基础的，在传统的房地产项目中按照传统建筑规范2000兴建起来的新住宅中，按照普遍的生活方式计算，每个英国人的平均生态足迹是5.45 ghm^2，是全球平均生态承载力的3倍。基于这样的背景，BedZED将其绿色设计目标设定为：通过采纳一系列对应着一定的生态足迹削减量的设计策略（其中每一个策略都可以改善发展的环境表现或使居住者可以选择好的生活方式选择，即不牺牲现代的舒适性又可以减小对环境的影响），将该社区居民的平均生态足迹降至全球平均水平。

以此为目标，BedZED规划实践了21个策略，所有策略的生态贡献加起来，可以使居住者对环境造成的人均生态足迹值削减至1.98 hm^2。

具体策略及其生态贡献分布，如表7-2❶所示，各策略的生态足迹减量组成如图7-10。

---

❶ 转引自Bill Dunster architects ZEDfactory Ltd. From A to ZED：Realising Zero（fossil）Energy Developments. 2003，20～21.

BedZED 的绿色设计 21 策略 表 7-2

步骤	类别	设计策略	EF 削减值	EF 值
1	区位	如果在选址十分钟的步行范围内有良好的公共交通节点，将可以有效降低居民对小汽车的依赖程度	0.05	5.40
2	密度	增加 30% 的住宅密度，可以将人均道路、铺装、草地的占有量从 80 m^2 降低到 15 m^2，引入空中花园与景天属植草屋面可以保证环境的舒适性	0.09	5.31
3	电力	使用节电设备（A 级大型家电和低能耗照明）可以每人每天减少 3°电力消耗	0.09	5.22
4	建筑构造	使用满足 ZED 规定的建筑构造可以使每年每平方米空间热耗减少至 16.2 kWh（相当于英国普通标准的 12%、建筑标准 2000 要求的 27%），同时可以使户均每天热水消耗减少至 6 kWh（相当于英国普通标准的 43%、建筑标准 2000 要求的 56%）	0.12	5.10
5	就地提供办公场所与就业机会	引入办公、家政服务、IT 基础设施和其他非居住功能使得一部分居民可以就地工作，避免了通勤的需要。在更大型的开发中，可以有更多的居民在区内实现就业·按照 BedZED 的规模，100 户居民中假如有 10% 实现区内就业可以减少 0.02 hm^2 的生态足迹·按照 ZED 街区的规模，400 户居民中假如有 25% 实现区内就业可以减少 0.04 hm^2 的生态足迹	0.04	5.06
6	节能型工作空间	在南向住宅阴影区内建造工作空间，如果满足 ZED 的建造标准，能量消耗将与同类的传统办公空间减少 40%。应尽量为区内的工作人口提供足够的就业空间，尽管许多居民依然会到区外就业，其他的就业者也会来到区内上班，建筑内的人均节能量是一样的	0.03	5.03
7	小学	在 400 户的开发规模中，应包含一所小学，按照 ZED 节能标准建造并尽量使居民不使用汽车就可以方便地与学校联系	0.04	4.99
8	功能复合设施	居住、运动设施、托幼、零售与健康设施等功能在区域内的良好组织将有助于进一步减少居民的出行需要。估算建立在假设支撑区域居民所需的服务有 50% 可以在区域内解决，并且依据 ZED 的标准进行建造的基础上	0.06	4.93
9	汽车俱乐部	引入汽车俱乐部提供车辆共享服务，使居民可以在不牺牲机动性的情况下放弃私家汽车。假设有 25% 的车辆拥有者放弃了私家车，将使他们的年里程数降低至原来的 1/5	0.1	4.83
10	绿色出行计划	除了功能设施的复合以及汽车俱乐部的引入，建立自行车存放设施和鼓励使用自行车的措施。鼓励使用公共交通和分户投送服务	0.05	4.78
11	替代性交通工具	使用替代型燃料汽车和更为节能的高效汽车	0.08	4.70

续表

步骤	类别	设计策略	EF削减值	EF值
12	生态旅游机构	在区域内引入生态旅游服务机构，通过为英国与欧洲旅游目的地提供特别协议、提供欧洲之星协议和与欧洲农场组织和WWOOFers（生态农场自愿服务者组织）建立联系鼓励生态旅游，将平均的飞行距离从每周14 km减少到每周10 km。在整体的交通影响中，贝丁顿零耗能（化石能源）开发项目的节省量为0.38 hm^2。由于有更广泛的服务和设施可以提供，400户规模的ZED街区在这方面将有更大的潜力，相应也有更大的削减出行需要的潜力，整体的交通节省量将可以达到0.43 hm^2	0.07	4.63
13	可再生热源	用可再生资源满足所有的家庭用热需要——包括木材和太阳能采暖	0.09	4.54
14	可再生电能	用可再生资源满足所有的家庭用热需要——包括木材和太阳能发电	0.12	4.42
15	非居住设施中的可再生能源利用	用可再生能源为工作空间和非居住设施提供所需的全部能量	0.14	4.28
16	建筑材料	建立使用低环境影响的、本地的和低能量附加的建筑材料（满足ZED建造标准）的政策，原材料也尽可能来自可回收和可再生的资源	0.08	4.20
17	绿色饮食	在场地中引入农产品市场和种植空间，建立与当地农场和当地有机包装计划的联系，鼓励素食甚至严格的素食食谱·购买70%当地新鲜产品的生态素食者可以比平均水平减少40%的浪费，生态足迹值可以削减1.25 hm^2·温和的生态撒玛利坦者也是素食主义者，他们的食品中50%来自当地新鲜产品，可以比平均水平减少20%的浪费，生态足迹值可以削减0.82 hm^2·食肉的生态主义者奉行低肉食谱，他们购买70%当地新鲜产品，比平均水平减少40%的浪费，生态足迹值可以削减0.88 hm^2·不完全生态主义者也奉行低肉食谱，他们每周参加一次打包活动，可以减少食物浪费20%，生态足迹值可以削减0.6 hm^2	0.82	3.38
18	面包房	区内的面包房将烧烤的余热储存起来用于供暖	0.01	3.37
19	社区生活垃圾收集计划	建立社区生活垃圾收集计划，鼓励社区自愿者回收厨房和花园的有机废物，经过处理的有机废物可以用于花园和食品种植	0.74	2.63
20	回收设施	使用简便的回收设施并且标明回收种类	0.51	2.12
21	减少物质消耗	鼓励居民购买更少的消费品，尽可能购买由环境影响小的原料生产的产品·物质消耗减少10%，生态足迹值可以削减0.06 hm^2·物质消耗减少25%，生态足迹值可以削减0.14 hm^2·物质消耗减少50%，生态足迹值可以削减0.29 hm^2	0.14	1.98

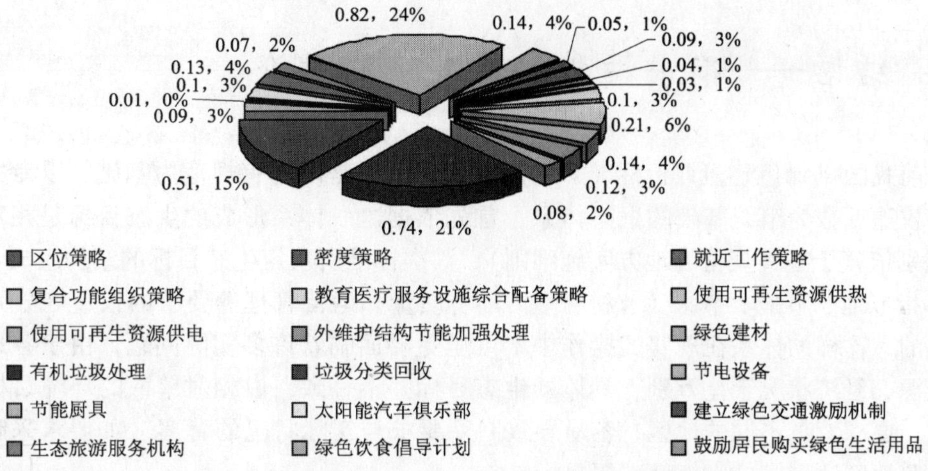

图 7-10　BedZED 各绿色设计策略的生态足迹减量组成关系

（单位 ghm^2，资料来源：From A to ZED）

（3）EF 指标在材料环境性能评价中的应用

通过与产品供应商合作，ZED 形成了包含 26 类产品、部件和服务的产品清单，其中的 25 种产品与建筑的设计建造直接相关。以生态足迹作为产品的环境表现评价指标，力图使每种产品都满足既定的环境标准，这样它们的共同使用，就可以使 ZED 建筑所形成的环境压力平均比普通建筑减小 1/3。除了对环境性能有了充分的保证，系列产品链条形成的重要目标在于通过设计沟通生产与需求的联系，帮助实现环保产品的规模生产，形成降低成本和推广使用的良性循环（图 7-11）。

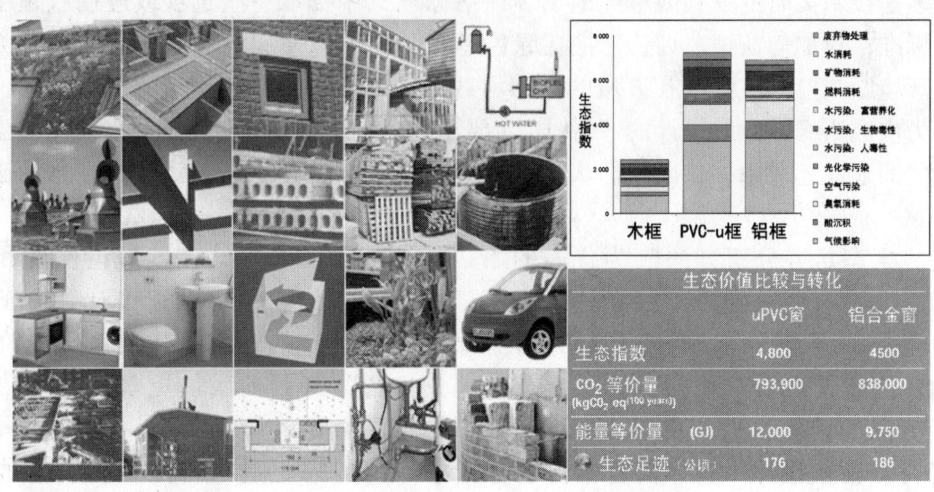

图 7-11　基于环境评价的产品供应链条

（资料来源：www. zedfactory. com）

7.4 结语——有关两种评估方法的讨论

当前我国《绿色建筑评价标准》的制定，沿用的是以既有规范为基础、以专家系统形成的权重系数为组织基础的框架体系，首先依据这一体系形成的生态目标是相对单一的（差别依赖于各种规范的地方实施细则），其次标准所规定生态目标的结构组成与相互关系（指节地、节能、节水、节材、室内环境质量和运营管理等要求的权重划分）是相对固定的，这样的体系在现实的操作中不可避免要面临着许多实际问题，由于各地区的自然资源、经济状况千差万别，具体的生态目标并不一致，以相对单一的环境目标与结构组成，要求背景不同的地区，容易导致制度要求与实际状况的背离（如要求采暖地区与非采暖地区达到同样的能耗减幅目标）。

“生态足迹分析法”是近十年来涌现的一种新的方法，得到了越来越多的应用，其有效性在一定程度上得到了印证。虽然目前其应用的领域主要集中在大尺度的城市层面——宏观领域，在微观领域的应用也仅局限于一些产品（如手机、电冰箱、洗衣机等），在小区、建筑等中观领域的研究还非常少见，我们认为由于这一分析方法所具有的通用性、易理解性等特征，还是值得在建筑领域进行研究并有探讨其推广的可能性的。

同时，建立以生态承载力为基础的绿色建筑评估体系，是改变目前绿色建筑研究、设计目标混乱的一次尝试。不能否认，目前我们绿色建筑的研究和实践很多时候是盲目的，更多是技术策略的罗列或单纯地在“评估标准”中抽取一些选项或遵循或超越国家的节能标准，对如何认识、评价、把握绿色建筑的“绿”度，认识不清。我们认为，将建筑的环境影响控制在其所在区域的生态承载力水平内，是绿色建筑的根本目标，即生态承载力应成为绿色建筑设计的“底线”。要在区域生态承载力与建筑设计策略的生态价值判断之间建立起联系，目前我们认为最直接、最易于理解的方法就是“生态足迹分析法”。

以“生态足迹分析方法”为代表的第二类评估方法，尽管在其理论发展和应用等方面，远没有第一类“评估指标”方法那样广泛，但它们更贴近设计，由于可以为设计者提供更直接的信息和指导，对于绿色建筑设计的现实操作而言，也许具有更大的现实意义。至于如何评价“生态足迹分析法”和目前我们更多采用的“评价指标”方法的孰优孰劣，我们的建议是：不要轻易否定甚至摒弃某一种方法，而应各取所长、相互弥补。具体而言，即综合考虑到“生态足迹分析法”所具有的易理解性、客观化优势和操作相对繁复（与“评估指标”法相比）的劣势，可以引入生态足迹方法，结合当前《绿色建筑评价标准》、《中国生态住宅技术评估手册》等所采用的建筑环境基准代码评估方法，共同构建完整的、以生态承载力为基础的环境发展目标体系，这样的结合有利于同时发挥基准代码评价方法的简单易用优势和生态足迹方法的客观性特点，使两种体系相互印证、取长补短，共同应对我国绿色建筑实践所面临的复杂现实。

后记：聚拢一个圈子，形成一种信仰，分享一种生活

TopEnergy 绿色建筑论坛管理员　黄俊鹏

“聚拢一个圈子，形成一种信仰，分享一种生活”，这本是京城某个豪华楼盘的广告词，在吃饭的时候偶然看到它，忽然发现这句话用来描述 TopEnergy 其实也很贴切。

印象很深的是好友 simonhxm 的博客，在他的博客上多是他正式发表的论文，偶尔有一两篇从水木清华 BBS 上转载过来的帖子，他的文章读起来思路清晰脉络分明，不像有的沉迷于“主义”的建筑师们写得云山雾罩不知所云。而让我感兴趣的，则是他博客的名字：绿色乌托邦。

乌托邦这个词，维基百科的解释是：

乌托邦（Utopia）是托马斯·摩尔写的一部拉丁语的书的名字，全名为《关于最完全的国家制度和乌托邦新岛的既有益又有趣的全书》。它出版于约 1516 年。乌托邦的原词来自两个希腊语的词根：ou 是没有的意思，另一个说法是 eu 是好的意思，topos 是地方的意思，合在一起是“没有的地方”或“好地方”的意思，是一种理想国，并非一个真实的国家，而是一个虚构的国度，有着至美的一齐，没有纠纷。

《理想国》涉及柏拉图思想体系的各个方面，包括哲学、伦理、教育、文艺、政治等内容，主要是探讨理想国家的问题。

今天乌托邦往往有一个更加广泛的意义。它一般用来描写任何想象的、理想的社会。有时它也被用来描写今天社会试图将某些理论变成现实的尝试。往往乌托邦也被用来表示某些好的，但是无法实现的（或几乎无法实现的）建议。

摩尔本人的乌托邦是一个完全理性的共和国，在这个国家里所有的财产都是共有的，在战争时期它雇佣临近好战国家的雇佣兵，而不使用自己的公民。摩尔本人是一个信仰很深的人。他曾经想过做牧师，他的小说可能受到耶稣会的影响。

广义的乌托邦可以是理想的或实际的，但一般来说这个词更强调乐观的、理想的和不可能的完美事物。

就像硬币的两面，既然有乌托邦，就应该有反乌托邦（Dystopia）：

反乌托邦主义反映的是反面的理想社会。在这种社会中物质文明泛滥并高于精神文明，精神依赖于物质，精神受控于物质，人类的精神在高度发达的技术社会并没有真正的自由。

在表面上提高了人类的生活水平，而本质上掩饰着虚弱空洞的精神世界。人被关在亲自制造的钢筋水泥牢笼里，这里阴暗冰冷、精神压抑。在这种生存状态下，物质浪费蔓延，道德沦丧，民主受压迫，等级制度横行，人工智能背叛人类，最终人类文明在高科技牢笼中僵化、腐化，走向毁灭。

由 TopEnergy 想到乌托邦不仅仅因为他们的字母构成中都有 t-o-p，还因为 TopEnergy 建设之初、发展的源动力以及各位骨干对他将来的定位都是基于一个 Utopia 的理想，以至于这种坚持被有的朋友视为判断绿色建筑行业、节能行业是否有发展前景的依据，而这与我当初所想其实已经差了很远。

当初建设 TopEnergy 绿色建筑论坛的初衷是感慨自己所从事的行业同行者甚少，希望通过类聚效应认识一些关注这个行业发展的朋友，或者耕耘于这个行业的工程师们，这在节能行业并不被看好，绿色建筑更多的停留在概念阶段还不大为人所知的 2003 年，无异于大海捞针。但所幸的是，通过 TopEnergy 这个交流平台，我还真找到了一个、两个、三个、四个……

但三年过去了，我觉得离自己当初的目标似乎更加遥远了：这样的一群人似乎触手可及，他们在论坛里议论、争辩、互相帮助尔后认识，然而由于空间的限制，他们的认识往往停留在此刻的需求上，当迫在眉睫的问题一旦解决，他们便如流星般擦肩而过，在自己的记忆里只留下一个似曾相识的 ID。这些鲜活的 ID 们却不曾一起做过什么，更不用说，作为一个特殊的群体的汇聚——有着可持续发展思想的建筑师们、有环保意识的工程师们——却并没有对社会产生多大的影响，促进大众或自己所在的更大的群体的环境意识和节能意识，这不能不说是 TopEnergy 的一个失败。记得经常光顾论坛的几位暖通界前辈也曾提出过，通过 TopEnergy 做一个“工程师环保宣言”、绿色联盟之类的活动，将论坛分散的会员们团结起来，成为一股促进社会进步的力量。现在回想起这些“伟大的”idea，由于缺乏生长的土壤，而只能成为大家心目中的乌托邦。

但凡事并不是完全不可能。The wind is changing，谁知道今天的少数不是明天的多数呢？问题在于我们有没有勇气走出第一步。TopEnergy 一直在努力。三年来我们不仅翻译了两本关于可持续发展的英文著作（因版权问题，未正式出版），而且举办了大大小小很多次建筑节能技术和绿色建筑相关话题的学术沙龙、研讨会，而我们在讨论绿色建筑相关的技术话题时，很少涉及人文的关注，这让我现在看来至少我们的争论是不全面的，我们可以讨论得更加深入，在深入讨论的基础上，逐步形成一个共同的信仰，并由这个信仰衍生出一种生活方式，那才是 TopEnergy 的 Utopia。